高等职业教育系列教材

传感器与检测技术
第 3 版

董春利　编著

机 械 工 业 出 版 社

本教材根据高等职业教育的特点，以职业岗位核心能力为目标，精选教学内容，力求题材新颖、叙述简练、学用结合。

本教材按照传感器的物理和化学效应，以传统的电阻式、电容式、电感式、压变式、磁电式、热电式，以及新兴的光电式、半导体式、声波式和数字式传感器为单元，以效应原理、电路处理、性能参数、应用实例为步骤讲述各种传感器在实际工作中的应用。同时结合工程实际，讲解了检测技术的基础知识、测量信号的基本处理技术、智能传感器的现状与检测技术的发展。

本教材可以作为高职高专和成人高校的电气自动化技术、工业过程自动化技术、应用电子技术、机电一体化技术、建筑智能化工程技术以及相关专业的教材，也可以供自动化相关领域的从业人员参考。

本教材配有授课电子课件和习题答案，需要的教师可登录机械工业出版社教育服务网 www.cmpedu.com 免费注册后下载，或联系编辑索取（微信：13261377872，电话：010-88379739）。

图书在版编目（CIP）数据

传感器与检测技术 / 董春利编著．—3 版．—北京：机械工业出版社，2022.3
高等职业教育系列教材
ISBN 978-7-111-70009-8

Ⅰ．①传…　Ⅱ．①董…　Ⅲ．①传感器-检测-高等职业教育-教材
Ⅳ．①TP212

中国版本图书馆 CIP 数据核字（2022）第 013389 号

机械工业出版社（北京市百万庄大街 22 号　邮政编码 100037）
策划编辑：曹帅鹏　　责任编辑：曹帅鹏
责任校对：张艳霞　　责任印制：常天培

固安县铭成印刷有限公司印刷

2022 年 5 月·第 3 版第 1 次印刷
184mm×260mm · 17.75 印张 · 437 千字
标准书号：ISBN 978-7-111-70009-8
定价：65.00 元

电话服务

客服电话：010-88361066
　　　　　010-88379833
　　　　　010-68326294

封底无防伪标均为盗版

网络服务

机　工　官　网：www.cmpbook.com
机　工　官　博：weibo.com/cmp1952
金　书　网：www.golden-book.com
机工教育服务网：www.cmpedu.com

Preface
前　言

　　本教材是根据职业教育教学改革"淡化理论，够用为度，培养技能，重在运用，能力本位"的指导思想编写的，力图使学生在学完本课程后能获得生产一线技术和运行人员所必须掌握的传感器应用知识、抗干扰技术和测量技术应用等方面的基本知识和基本应用技能。

　　在传感器技术的讲解中，着重提炼出各种传感器的规律性内容，以传感器的物理和化学效应为主线脉络，从效应入手讲解原理，使学生知其所以然，并以此作为理解其他内容的基础；通过对信号电路和性能参数的讲解，学生能够熟悉传感器使用的方式方法；最后，通过应用实例为学生打开运用传感器的思路。在检测技术的讲解中，主要介绍了检测技术的基本知识和检测装置的信号处理技术，使学生在应用中遇到类似问题时能够找到解决方法。最后一章介绍了目前传感器领域正在研究开发的智能传感器和先进检测技术，以开阔学生的视野和思路。

　　本教材的主要特点在于结合实际来提高职业院校学生的知识水平和解决实际问题的能力，压缩了大量的理论推导，突出了高职高专教材的实用性。在取材方面，既考虑了检测技术日新月异的发展趋势，又考虑到目前高职高专教育对象的学习基础与特点，使得本教材既有深度又有广度。

　　本教材具有一定的独立性，因此在教学中，可以根据专业方向和特点选用不同的章节，安排总学时从 48 ~ 96 学时的教学内容。

　　本教材由大连职业技术学院董春利编著。全书由上海电机学院梁森教授担任主审，在此表示衷心感谢。本教材在编写过程中，还得到了大连职业技术学院和辽宁省精品课程"传感器与检测技术"课题组其他老师的帮助，在此一并表示衷心的感谢！

　　由于编者的水平有限，本教材在内容选择和安排上，不免会存在遗漏和不妥之处，诚请读者批评指正。

编　者

二维码清单

二维码名称	二维码图形	二维码名称	二维码图形
1-1 传感器的定义、组成与分类		1-2 传感器的基本特性	
1-3 检测技术的基础知识		2-1 电阻应变式传感器	
2-2 固态压阻式传感器		2-3 热电阻式传感器	
2-4 热敏电阻传感器		3-1 电容式传感器的原理与结构	
3-2 电容式传感器的特点		3-3 电容式传感器的测量电路	
3-4 电容式传感器的应用		4-1 自感式电感传感器	
4-2 差动变压器式传感器		4-3 电涡流式传感器	
5-1 压电式传感器的工作原理		5-2 压电式传感器的测量电路	
5-3 压电式传感器的应用		5-4 压磁式传感器的基本原理	

二维码名称	二维码图形	二维码名称	二维码图形
5-5 压磁式传感器的结构		5-6 压磁式传感器的应用	
6-1 磁电感应式传感器		6-2 磁电感应式传感器的应用	
6-3 霍尔传感器		6-4 霍尔传感器的应用	
7-1 热电效应与测温原理		7-2 热电偶及其分度表	
7-3 热电偶的结构		7-4 热电偶传感器的应用	
7-5 热释电效应与工作原理		7-6 热释电传感器的应用	
8-1 光电效应		8-2 光电元器件	
8-3 光电传感器		8-4 光电传感器的应用	
8-5 光纤的结构和传输原理		8-6 光纤传感器的组成与应用	
8-7 红外传感器		8-8 激光的形成原理	

二维码名称	二维码图形	二维码名称	二维码图形
8-9　激光器的种类、结构与应用		8-10　CCD 图像传感器	
8-11　CMOS 图像传感器		8-12　图像传感器应用实例	
9-1　气敏传感器的原理、结构和种类		9-2　气敏传感器的应用	
9-3　湿敏传感器的原理、特性和结构		9-4　湿敏传感器的应用	
9-5　色敏传感器		10-1　超声波的基本知识	
10-2　超声波传感器的组成与应用		10-3　微波传感器	
11-1　光栅的基本知识与莫尔条纹		11-2　光栅测量系统与应用	
11-3　接触式码盘编码器		11-4　光电式编码器与应用	

目 录 Contents

第7章 热电式传感器技术 ···································120

第8章 光电式传感器技术 ···································138

第9章 半导体式传感器技术 ·································185

第 10 章 波式传感器技术……………200

第 11 章 数字式传感器技术……………214

第 12 章 检测装置的信号处理技术……………233

第 13 章 智能传感器与检测新技术……………247

Contents 目录

第1章 传感器与检测技术概论

随着物联网技术和工业 4.0 技术的发展，几乎没有任何一种生产活动和科学技术的发展能离开信息的采集与信号的探测技术的支持，就连人们的日常生活也与信息资源的开发、采集、传送和处理息息相关。原理不同、功能各异、形式多样的探测器和传感器作为信息感知、捕获和探测的窗口，在信号探测与信息处理系统中起着极为重要的作用。

1.1 传感器的定义、组成和分类

1.1.1 传感器的定义与组成

1. 传感器的定义

1-1 传感器的定义、组成与分类

国际电工委员会（International Electrotechnical Commission，IEC）对传感器的定义为："传感器是测量系统中的一种前置部件，它将输入变量转换成可供测量的信号"。"传感器是包括承载体和电路连接的敏感元件"，而"传感器系统则是组合有某种信息处理（模拟或数字）能力的系统"。传感器是传感系统的一个组成部分，它是被测量信号输入的第一道关口。

中国国家标准 GB/T 7665—2005《传感器通用术语》对传感器下的定义是："能感受规定的被测量并按照一定的规律转换成可用信号的器件或装置，通常由敏感元件和转换元件组成"。

可见，传感器是一种检测装置，能感受到被测量的信息，并能将检测中所感受到的信息，按一定规律变换成为电信号或其他所需形式的信息输出，以满足信息的传输、处理、存储、显示、记录和控制等要求。它是实现自动检测和自动控制的首要环节。

在有些学科领域，传感器又称为敏感元件、检测器及转换器等。这些不同提法，反映了在不同的技术领域中，根据器件用途对同一类型的器件使用不同的技术术语的现象。

在电子技术领域，常把能感受信号的电子元件称为敏感元件，如热敏元件、磁敏元件、光敏元件及气敏元件等；在超声波技术中，则强调的是能量的转换，如压电式换能器。这些提法在含义上有些狭窄，而传感器一词是使用最为广泛而概括的用语。

传感器的输出信号通常是电量，它便于传输、转换、处理及显示等。电信号有很多形式，如电压、电流、电容及电阻等，输出信号的形式由传感器的原理确定。

2. 传感器的组成

传感器的组成框图如图 1-1 所示。通常，传感器由敏感元件和转换元件组成。其中，敏感元件是指传感器中能直接感受或响应被测量的部分；转换元件是指传感器中将敏感元件感受或响应的被测量转换成适于传输或测量的电信号的部分。由于传感器的输出信号一般都很微弱，因此需要有信号调理与转换电路对其进行放大、运算调制等。随着半导体器件与集成技术在传感器中的应用，传感器的信号调理与转换电路可能安装在传感器的壳体里，或与敏感元件一起集成在同一芯片上。此外，信号调理与转换电路以及传感器工作必须有辅助的电源，因此，信号调理与转换电路以及所需的电源都应作为传感器组成的一部分。

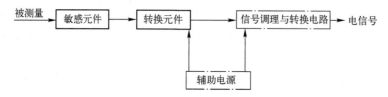

图 1-1　传感器的组成框图

1.1.2　传感器的分类

传感器技术是一门知识交叉和密集型的技术，它与许多学科有关。传感器的分类目前尚无统一规定，传感器本身又种类繁多，原理各异，检测对象五花八门，给分类工作带来一定困难，通常传感器按下列原则进行分类。

1. 按工作原理分类

按工作原理分类是以传感器的工作原理作为分类依据，可分为应变式、电容式、电感式、压变式及磁电式等类别。

这种分类适用于两类人员，一类是初次接触这门技术的人，可以从工作原理出发，了解各种各样传感器的结构、材料、电路和应用特点。另一类是那些从事传感器技术开发、研制和生产检测设备的技术人员。这种分类方法有利于传感器专业工作者从原理和设计上做归纳性的分析和研究。

2. 按被测参数分类

按被测参数分类是以被传感器测量的参数作为分类依据。大类划分为热工量、机械量、几何量、成分量、状态量及电工量等被测类。细类划分为温度、压力、位移、速度、厚度、角度、浓度、浊度及启停等被测量。按被测参数分类见表 1-1。

表 1-1　按被测参数分类

被测量类型	被测量	被测量类型	被测量
热工量	温度、热量、比热容、热流、热分布、压力（压强）、压差、真空度、流量、流速、物位、液位及界面	物性和成分量	气体、液体、固体的化学成分、浓度、黏度、湿度、密度、酸碱度、浊度、透明度及颜色
机械量	直线位移、角位移、速度、加速度、转速、应力、应变、力矩、振动、噪声及质量（重量）	状态量	工作机械的运动状态（启动、运行、停止等）、生产设备的异常状态（超温、过载、泄漏、变形、磨损、堵塞及断裂等）
几何量	长度、厚度、角度、直径、间距、形状、平行度、同轴度、粗糙度、硬度及材料缺陷	电工量	电压、电流、功率、电阻、阻抗、频率、脉宽、相位、波形、频谱、磁场强度、电场强度及材料的磁性能

这种分类方法适用于在工程实际中的使用者，便于他们以被测参数为准，合理选择和使用传感器以及由其组成的测量系统。

本书中的传感器主要讨论的是将非电量转换为电量的，因此，表 1-1 中电工量的测量，不在本书的讨论范围内。

3．按工作机理分类

按工作机理分类是以传感器的工作机理为分类依据，可分为结构型和物性型两大类。

结构型传感器是利用物理学中场的定律和运动定律等构成的。物理学中的定律一般是以方程式给出的。对于传感器来说，这些方程式也就是许多传感器在工作时的数学模型。这类传感器的特点是传感器的性能与它的结构材料没有多大关系。以差动变压器为例，无论使用坡莫合金或铁氧体做铁心，还是使用铜线或其他导线做绕组，都是作为差动变压器而工作的。

物性型传感器是利用物质法则构成的。物质法则是表示物质某种客观性质的法则。这种法则大多数以物质本身的常数形式给出。这些常数的大小决定了传感器的主要性能。因此，物性型传感器的性能随材料的不同而异。例如所有的半导体传感器，以及所有利用各种环境变化而引起的金属、半导体、陶瓷以及合金等性能变化的传感器都是物性型传感器。

4．按能量传递方式分类

按能量传递方式分类是以传感器中能量的传递方式为分类依据。按照这种方式传感器可分为有源传感器和无源传感器两大类。

有源传感器是不依靠外加能源工作的传感器。有源传感器将非电能量转化为电能量，只转化能量本身，并不转化能量信号的传感器，因此也称为能量转换性传感器或换能器。常常配合有电压测量电路和放大器，例如压电式、热电式及磁电式等传感器。

无源传感器是依靠外加能源工作的传感器。无源传感器本身并不是一个换能器，被测非电量仅对传感器中的能量传递起控制或调节作用，所以它必须具有辅助能源——电源。无源传感器的输出是输入信号的一个函数。

另外，根据传感器输出是模拟信号还是数字信号，可分为模拟传感器和数字传感器；根据转换过程可逆与否可分为双向传感器和单向传感器等。

1.2　传感器的基本特性

在生产过程和科学实验中，要对各种参数进行检测和控制，就要求传感器能感受被测非电量的变化并将其不失真地变换成相应的电量，这取决于传感器的基本特性，即输出-输入特性。

> 1-2　传感器的基本特性

如果把传感器看作二端口网络，即有两个输入端和两个输出端，那么传感器的输出-输入特性是与其内部结构参数有关的外部特性。传感器的基本特性可用静态特性和动态特性来描述。

1.2.1　传感器的静态特性

传感器的静态特性是指被测量的值处于稳定状态时的输出-输入关系。只考虑传感器的静态特性时，输入量与输出量之间的关系式中不含有时间变量。

衡量静态特性的重要指标是线性度、灵敏度、迟滞性和重复性等。

1．线性度

传感器的线性度是指传感器的输出与输入之间数量关系的线性程度。

输出与输入关系可分为线性特性和非线性特性。从传感器的性能看，希望具有线性关系，即具有理想的输出-输入关系。但实际遇到的传感器大多为非线性的，如果不考虑迟滞和蠕变等因素，传感器的输出与输入关系可用一个多项式表示：

$$y = a_0 + a_1 x + a_2 x^2 + \cdots + a_n x^n \tag{1-1}$$

式中，a_0 为输入量 x 为零时的输出量；a_1，a_2，$\cdots$，a_n 为非线性项系数。

可见，各项系数不同，决定了特性曲线的具体形式各不相同。

静态特性曲线可通过实际测试获得。在实际使用中，为了标定和数据处理的方便，希望得到线性关系，因此引入各种非线性补偿环节。例如，采用非线性补偿电路或计算机软件进行线性化处理，从而使传感器的输出与输入关系为线性或接近线性。

如果传感器非线性的幂次不高，输入量变化范围较小，则可用一条直线（切线或割线）近似地代表实际曲线的一段，几种直线拟合方法如图 1-2 所示，使传感器输出-输入特性线性化。所采用的直线称为拟合直线。

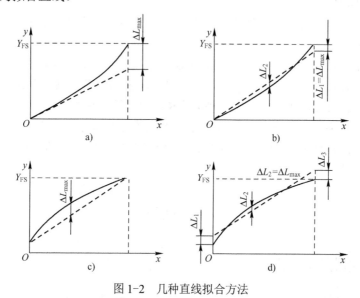

图 1-2 几种直线拟合方法

a) 理论拟合 b) 过零旋转拟合 c) 端点连线拟合 d) 端点平移拟合

实际特性曲线与拟合直线之间的偏差称为传感器的非线性误差（或线性度），通常用相对误差 γ_{L} 表示，即

$$\gamma_{\mathrm{L}} = \pm \frac{\Delta L_{\max}}{Y_{\mathrm{FS}}} \times 100\% \tag{1-2}$$

式中，$\Delta L_{\max}$ 为最大非线性绝对误差；Y_{FS} 为满量程输出。

从图 1-2 可见，即使是同类传感器，拟合直线不同，其线性度也是不同的。选取拟合直线的方法很多，用最小二乘法求取的拟合直线的拟合精度最高。

2. 灵敏度

灵敏度 S 是指传感器的输出量增量 Δy 与引起输出量增量的输入量增量 Δx 的比值，即

$$S = \frac{\Delta y}{\Delta x} \tag{1-3}$$

式中，S 为灵敏度；Δy 为传感器输出量增量；Δx 为输入量增量。

对于线性传感器，它的灵敏度就是它的静态特性的斜率，即 S 为常数。对于非线性传感器，它的灵敏度 S 为一变量，用下式表示：

$$S = \frac{dy}{dx} \tag{1-4}$$

传感器的灵敏度如图 1-3 所示。

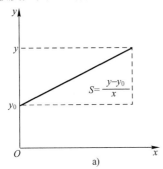 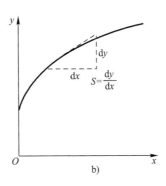

图 1-3　传感器的灵敏度

a) 线性传感器　b) 非线性传感器

3. 迟滞性

传感器在正行程（输入量增大）和反行程（输入量减小）期间其输出-输入特性曲线不重合的现象称为迟滞性，如图 1-4 所示。也就是说，对于同一大小的输入信号，传感器的正反行程输出信号大小不相等。

产生这种现象的主要原因是由于传感器敏感元件材料的物理性质和机械零部件的缺陷所造成的，例如弹性敏感元件的弹性滞后、运动部件摩擦、传动机构的间隙以及紧固件松动等。

迟滞大小通常由实验确定。迟滞性误差可由下式计算：

$$\gamma_H = \pm \frac{1}{2} \frac{\Delta H_{max}}{Y_{FS}} \times 100\% \tag{1-5}$$

式中，γ_H 为迟滞误差；ΔH_{max} 为正反行程输出值间的最大差值；Y_{FS} 为全量程的输出值。

4. 重复性

重复性是指传感器在输入量按同一方向做全量程连续多次变化时，所得特性曲线不一致的程度，重复性特性图如图 1-5 所示。

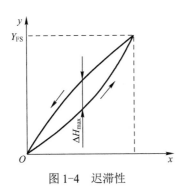 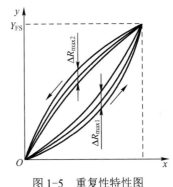

图 1-4　迟滞性　　　　　　　　　图 1-5　重复性特性图

重复性误差 γ_R 属于随机误差，常用标准偏差表示，也可用正反行程中的最大偏差 $\Delta R_{\max}$ 表示，即

$$\gamma_R = \pm\frac{1}{2}\frac{\Delta R_{\max}}{Y_{FS}}\times 100\% \qquad (1\text{-}6)$$

式中，γ_R 为重复性误差；$\Delta R_{\max}$ 为正反行程中的最大偏差；Y_{FS} 为全量程的输出值。

1.2.2 传感器的动态特性

传感器的动态特性是指其输出对随时间变化的输入量的响应特性。若被测量是时间的函数，则传感器的输出量也是时间的函数，其间的关系要用动态特性来表示。

一个动态特性好的传感器，其输出将再现输入量的变化规律，即具有相同的时间函数。实际上除了具有理想的比例特性外，输出信号不会与输入信号具有相同的时间函数，这种输出与输入间的差异就是所谓的动态误差。

为了说明传感器的动态特性，下面简要介绍动态测温的问题。

在被测温度随时间变化，或传感器突然插入被测介质中，以及传感器以扫描方式测量某温度场的温度分布等情况下，都存在动态测温问题。

如把一支温度计从温度为 t_0 的环境中迅速插入一个温度为 t_1 的恒温水槽中（插入时间忽略不计），这时环境温度从 t_0 突然上升到 t_1，而温度计反映出来的温度从 t_0 变化到 t_1，需要经历一段时间，即有一段过渡过程，传感器的动态特性如图1-6所示。

温度计反映出来的温度与介质的实际温度的差值就称为动态误差。造成温度计输出波形失真和产生动态误差的原因，是因为温度计有热惯性（由传感器的比热容和质量大小决定）和传热热阻，使得在动态测温时传感器的输出总是滞后于被测介质的温度变化。

例如带有套管的热电偶的热惯性要比裸线热电偶大得多。

这种热惯性是温度计固有的，它决定了温度计测量快速

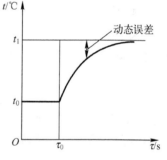

图1-6 传感器的动态特性

温度变化时会产生动态误差。影响动态特性的"固有因素"任何传感器都有，只不过它们的表现形式和作用程度不同而已。

动态特性除了与传感器的固有因素有关之外，还与传感器输入量的变化形式有关。也就是说，我们在研究传感器动态特性时，通常是根据不同输入变化规律来考察传感器的响应的。

虽然传感器的种类和形式很多，但它们一般可以简化为一阶或二阶系统（高阶可以分解成若干个低阶环节），因此一阶和二阶传感器是最基本的。

传感器的输入量随时间变化的规律是各种各样的，下面在对传感器动态特性进行分析时，采用最典型、最简单、易实现的正弦信号和阶跃信号作为标准输入信号。对于正弦输入信号，传感器的响应称为频率响应或稳态响应；对于阶跃输入信号，则称为传感器的阶跃响应或瞬态响应。

1. 瞬态响应特性

传感器的瞬态响应是时间响应。在研究传感器的动态特性时，有时需要从时域中对传感器的响应和过渡过程进行分析。这种分析方法是时域分析法，传感器对所加激励信号的响应称为瞬态响应。常用激励信号有阶跃函数、斜坡函数及脉冲函数等。

下面以传感器的单位阶跃响应来评价传感器的动态性能指标。

（1）一阶传感器的单位阶跃响应

在工程上，一般将式（1-7）视为一阶传感器单位阶跃响应的通式。

$$\tau \frac{\mathrm{d}y(t)}{\mathrm{d}t} + y(t) = x(t) \tag{1-7}$$

式中，τ 为时间常数；$x(t)$、$y(t)$ 分别为传感器的输入量和输出量。它们都是时间的函数，表征传感器的时间常数，具有时间"秒"的量纲。

一阶传感器的单位阶跃响应信号为

$$y(t) = 1 - \mathrm{e}^{\frac{t}{\tau}} \tag{1-8}$$

相应的响应曲线如图 1-7 所示。

由图 1-7 可见，传感器存在惯性，它的输出不能立即复现输入信号，而是从零开始，按指数规律上升，最终达到稳态值。

理论上传感器的响应只在 t 趋于无穷大时才达到稳态值，但实际上当 $t=4\tau$ 时其输出达到稳态值的 98.2%，可以认为已达到稳态。τ 越小，响应曲线越接近于输入阶跃曲线，因此，τ 值是一阶传感器重要的性能参数。

（2）二阶传感器的单位阶跃响应

二阶传感器的单位阶跃响应的通式为

$$\frac{\mathrm{d}^2 y(t)}{\mathrm{d}t^2} + 2\xi\omega_\mathrm{n} \frac{\mathrm{d}y(t)}{\mathrm{d}t} + \omega_\mathrm{n}^2 y(t) = \omega_\mathrm{n}^2 x(t) \tag{1-9}$$

式中，ω_n 为传感器的固有频率；ξ 为传感器的阻尼比。

二阶传感器对阶跃信号的响应在很大程度上取决于阻尼比 ξ 和固有频率 ω_n。图 1-8 为二阶传感器的单位阶跃响应曲线。

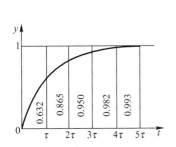

图 1-7　一阶传感器的单位阶跃响应曲线

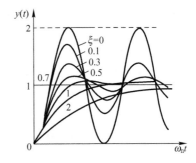

图 1-8　二阶传感器的单位阶跃响应曲线

固有频率 ω_n 由传感器主要结构参数所决定，ω_n 越高，传感器的响应越快。当 ω_n 为常数时，传感器的响应取决于阻尼比 ξ。

阻尼比 ξ 直接影响超调量和振荡次数。$\xi=0$，为临界阻尼，超调量为 100%，产生等幅振荡，达不到稳态。$\xi>1$，为过阻尼，无超调也无振荡，但达到稳态所需时间较长。$\xi<1$，为欠阻尼，衰减振荡，达到稳态值所需时间随 ξ 的减小而加长。$\xi=1$ 时响应时间最短。但实际使用中常按稍欠阻尼调整，ξ 取 0.7～0.8 为最好。

（3）瞬态响应特性指标

1）时间常数 τ：一阶传感器时间常数 τ 越小，响应速度越快。

2）延时时间：传感器输出达到稳态值的50%所需时间。

3）上升时间：传感器输出达到稳态值的90%所需时间。

4）超调量：传感器输出超过稳态值的最大值。

2. 频率响应特性

传感器对正弦输入信号的响应特性，称为频率响应特性。频率响应法是从传感器的频率特性出发研究传感器的动态特性。频率响应特性指标包括如下内容。

1）频带：传感器增益保持在一定值内的频率范围为传感器频带或通频带，对应有上、下截止频率。

2）时间常数：用时间常数 τ 来表征一阶传感器的动态特性。τ 越小，频带越宽。

3）固有频率：二阶传感器的固有频率 ω_n 表征了其动态特性。

1.3　检测技术的基础知识

信息时代，人们从事的任何生产和科学实验等活动主要依靠对信息资源的开发、获取、传输和处理，这一系列工作的根本都离不开信息的采集——感知、获取与检测。传感器就是处于研究对象与测控系统的中介位置，一切科学实验和生产过程，特别是自动控制系统要获取的信息，都要通过传感器将其转换为容易传输与处理的电信号。

 1-3　检测技术的基础知识

检测或者称为测量，就是采用传感器技术来获取被测对象信息的大小，即被测量的大小。这样，信息采集的主要含义就是检测，取得检测数据。

检测系统或称测量系统这一概念是传感技术发展到一定阶段的产物。当工程中需要传感器与多台设备组合在一起，才能完成信号的检测时，这样便形成了检测系统。尤其是随着计算机技术及信息处理技术的发展，检测系统所涉及的内容也在不断充实。

为了更好地掌握传感器，需要对测量的基本概念、测量系统的特性、测量误差及数据处理等方面的理论及工程方法进行学习和研究，只有了解和掌握了这些基础理论，才能更有效地完成检测任务。

1.3.1　测量技术与非电量测量

测量是以确定量值为目的的一系列操作。所以测量也就是将被测量与同种性质的标准量进行比较，确定被测量对标准量的倍数。它可由下式表示：

$$x = nu \tag{1-10}$$

$$n = \frac{x}{u} \tag{1-11}$$

式中，x 为被测量值；u 为标准量，即测量单位；n 为比值（纯数），含有测量误差。

1. 测量技术

由测量所获得的被测的量值称为测量结果。测量结果可用一定的数值表示，也可以用一条曲线或某种图形表示。但无论其表现形式如何，测量结果应包括两部分：比值和测量单位。确切地讲，测量结果还应包括误差部分。

被测量值和比值等都是测量过程所产生的信息，这些信息依托于物质才能在空间和时间上进行传递。

参数承载了信息而成为信号。选择其中适当的参数作为测量信号，例如热电偶温度传感器的工作参数是热电偶的电动势，差压流量传感器中的孔板工作参数是差压。

测量过程就是传感器从被测对象获取被测量的信息，建立起测量信号，经过变换、传输及处理，从而获得被测量的量值。

2．非电量测量

在工程上所要测量的参数大多数为非电量，这促使人们用电测的方法来研究非电量，即研究用电测的方法测量非电量的仪器仪表，研究如何能正确和快速地测得非电量的技术。

非电量电测量技术优点是测量精度高，反应速度快，能自动连续地进行测量，可以进行遥测，便于自动记录，可以与计算机连接进行数据处理，可采用微处理器做成智能仪表，能实现自动检测与转换等。

自动检测技术广泛应用于机械制造行业、石油与化工行业、冶炼行业、轻工与纺织行业、制药与食品行业、烟草行业、环境保护部门、文物保护领域、现代物流行业和科学研究和产品开发等关系国计民生的各行各业中，与我们的生产、生活密切相关。它是自动化领域的重要组成部分，尤其在自动控制中，如果对控制参数不能有效准确地检测，控制就成为无源之水，无本之木。

1.3.2　测量的一般方法

实现被测量与标准量比较得出比值的方法，称为测量方法。针对不同测量任务进行具体分析以找出切实可行的测量方法，这对测量工作是十分重要的。

对于测量方法，从不同角度，有不同的分类方法。

1）根据获得测量值的方法可分为直接测量、间接测量和组合测量。

2）根据测量的精度因素情况可分为等精度测量与非等精度测量。

3）根据测量方式可分为偏差式测量、零位式测量与微差式测量。

4）根据被测量变化快慢可分为静态测量与动态测量。

5）根据测量敏感元件是否与被测介质接触可分为接触测量与非接触测量。

6）根据测量系统是否向被测对象施加能量可分为主动式测量与被动式测量等。

1．直接测量、间接测量与组合测量

在使用仪表或传感器进行测量时，对仪表读数不需要经过任何运算就能直接表示测量所需要的结果的测量方法称为直接测量。例如，用磁电式电流表测量电路的某一支路电流，用弹簧管压力表测量压力等，都属于直接测量。直接测量的优点是测量过程简单且迅速，缺点是测量精度不高。

在使用仪表或传感器进行测量时，首先对与测量有确定函数关系的几个量进行测量，将被测量代入函数关系式，经过计算得到所需要的结果，这种测量称为间接测量。间接测量的测量手续较多，花费时间较长，一般用在直接测量不方便或者缺乏直接测量手段的场合。

若被测量必须经过求解联立方程组才能得到最后结果，则称这样的测量为组合测量。组合测量是一种特殊的精密测量方法，操作手续复杂，花费时间长，多用于科学实验或特殊场合。

2．等精度测量与非等精度测量

用相同仪表与测量方法对同一被测量进行多次重复测量，称为等精度测量。

用不同精度的仪表或不同的测量方法，或在环境条件相差很大时对同一被测量进行多次重复测量，称为非等精度测量。

3．偏差式测量、零位式测量与微差式测量

用仪表指针的位移（即偏差）确定被测量的量值的测量方法称为偏差式测量。应用这种方法测量时，仪表刻度事先用标准器具标定。在测量时，输入被测量，按照仪表指针在标尺上的示值，决定被测量的数值。这种方法测量过程比较简单、迅速，但测量结果精度较低。

用指零仪表的零位指示检测测量系统的平衡状态，在测量系统平衡时，用已知的标准量确定被测量的量值，这种测量方法称为零位式测量。在测量时，已知标准量直接与被测量相比较，已知量应连续可调，指零仪表指零时，被测量与已知标准量相等。例如天平、电位差计等。零位式测量的优点是可以获得比较高的测量精度，但测量过程比较复杂，费时较长，不适用于测量迅速变化的信号。

微差式测量是综合了偏差式测量与零位式测量的优点而提出的一种测量方法。它将被测量与已知的标准量相比较，取得差值后，再用偏差法测得此差值。应用这种方法测量时，不需要调整标准量，而只需测量两者的差值。即

$$x = N + \Delta \tag{1-12}$$

式中，N 为标准量；x 为被测量；Δ 为两者之差。

由于 N 是标准量，其误差很小，且使用的是 ΔN，因此可选用高灵敏度的偏差式仪表测量 Δ，即使测量 Δ 的精度较低，但因测量的是 Δx，故总的测量精度仍很高。

微差式测量的优点是反应快，且测量精度高，特别适用于在线控制参数的测量。

1.3.3 测量系统

1．测量系统的构成

测量系统是传感器与测量仪表、变换装置等的有机组合。图 1-9 为测量系统原理结构框图。

图 1-9 测量系统原理结构框图

1）系统中的传感器是感受被测量的大小并输出相对应的可用输出信号的器件或装置。

2）数据传输环节用来传输数据。当测量系统的几个功能环节独立地分隔开的时候，就必须由一个地方向另一个地方传输数据，数据传输环节就是用来完成这种传输功能。

3）数据处理环节是将传感器输出信号进行处理和变换。如对信号进行放大、运算、线性化、数-模或模-数转换，变成另一种参数的信号或变成某种标准化的统一信号等，使其输出信号便于显示、记录，既可用于自动控制系统，也可与计算机系统连接，以便对测量信号进行信

息处理。

4）数据显示环节将被测量信息变成人感官能接受的形式，以实现监视、控制或分析的目的。测量结果可以采用模拟显示，也可采用数字显示，还可以由记录装置进行自动记录或由打印机将数据打印出来。

2. 开环测量系统与闭环测量系统

（1）开环测量系统

开环测量系统全部的信息变换只沿着一个方向进行，开环测量系统框图如图 1-10 所示。

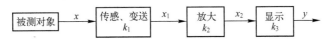

图 1-10　开环测量系统框图

输入与输出的关系为

$$y = k_1 k_2 k_3 x \tag{1-13}$$

式中，x 为输入量；y 为输出量；k_1、k_2、k_3 为各个环节的传递系数。

采用开环方式构成的测量系统，其结构较简单，但各环节特性的变化都会造成测量误差。

（2）闭环测量系统

闭环测量系统有两个通道，一个为正向通道，另一个为反馈通道，闭环测量系统框图如图 1-11 所示。

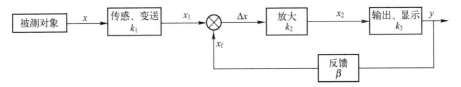

图 1-11　闭环测量系统框图

由图 1-11 可知：

$$y = k\Delta x = k(x_1 - x_f) = kx_1 - k\beta y \tag{1-14}$$

当 $k \gg 1$ 时，有

$$y = \frac{k_1}{\beta} x \tag{1-15}$$

式中，x 为输入量；y 为输出量；Δx 为正向通道的输入量；β 为反馈环节的传递系数；k 为正向通道的总传递系数，$k = k_2 k_3$，k_1、k_2、k_3 为各个环节的传递系数。

显然，这时整个系统的输入输出关系由反馈环节的特性决定，放大器等环节特性的变化不会造成测量误差，或者说造成的误差很小。

根据以上分析可知，在构成测量系统时，应将开环系统与闭环系统巧妙地组合在一起加以应用，才能达到所期望的目的。

1.3.4　测量误差

测量的目的是希望通过测量获取被测量的真实值。但由于种种原因，例如传感器本身性能不十分优良，测量方法不十分完善，外界干扰的影响等，都会造成被测参数的测量值与真实值不一致，两者的不一致程度用测量误差表示。

测量的可靠性至关重要，不同场合对测量结果可靠性的要求也不同。例如，在量值传递、经济核算及产品检验等场合应保证测量结果有足够的准确度。当测量值用作控制信号时，则要注意测量的稳定性和可靠性。因此，测量结果的准确程度应与测量的目的与要求相联系、相适应。那种不惜工本、不顾场合，一味追求越准越好的做法是不可取的，要有技术与经济兼顾的意识。在使用仪表和传感器时，经常也会遇到基本误差和附加误差两个概念。

1. 测量误差的基本概念

测量误差的表示方法有多种，含义各异。通常我们定义测量值为利用测量装置对被测物体的某个参数测得的值，又称为示值。真值是被测物体这个参数的真实值。

（1）绝对误差

绝对误差又称为示值误差，是指测量值与被测参数真值之间的差值，即测量值不能准确表示真值的程度，它反映了测量质量的好坏。

$$\Delta = x - L_0 \tag{1-16}$$

式中，Δ 为绝对误差；L_0 为真值；x 为测量值。

对测量值进行修正时，要用到绝对误差。修正值是与绝对误差大小相等、符号相反的值，实际值等于测量值加上修正值。

采用绝对误差表示测量误差，不能很好地说明测量质量的好坏。例如在温度测量时，绝对误差 $\Delta=1℃$，对体温测量来说是不允许的，而对测量钢水温度来说却是一个极好的测量结果。

（2）相对误差

相对误差的定义由下式给出：

$$\gamma = \frac{\Delta}{L_0} \times 100\% \tag{1-17}$$

$$\xi = \frac{\Delta}{x} \times 100\% \tag{1-18}$$

式中，γ 为相对误差；Δ 为绝对误差；L_0 为真值；ξ 为标称相对误差；x 为测量值。

由于被测量的真实值无法知道，实际测量时用测量值代替真实值进行计算，这个相对误差称为标称相对误差。

（3）引用误差

引用误差是一种实用方便的相对误差，常常在多档和连续刻度的仪器仪表中使用。这类仪表的测量范围不是一个点，而是一个量程，这时按照式（1-17）和式（1-18）计算，由于分母是随着被测量的变化而变化的变量，所以计算很麻烦。

为了计算和划分仪表精度等级的方便，通常采用引用误差，它是从相对误差演变过来的，其分母是常数，取自仪器仪表的量程值，因而它是相对于仪表满量程的一种误差。一般也用百分数表示，即

$$\delta = \frac{\Delta}{R} \times 100\% \tag{1-19}$$

式中，δ 为引用误差；Δ 为满量程绝对误差；R 为仪表满量程。

2. 基本误差与附加误差

这些讨论基本针对仪表的静态误差。静态误差是指仪表静止状态时的误差，或被测量变化十分缓慢时所呈现的误差，此时不考虑仪表的惯性因素。仪表静态误差的应用更为普遍。仪表还存在动态误差，动态误差是指仪表因惯性迟延所引起的附加误差，或变化过程中的误差。

（1）基本误差

任何测量都是与环境条件相关的，测量仪表应严格按规定来使用。

基本误差是指仪表在规定的标准条件下（即参比工作条件）进行测量所得到的误差，这些环境条件包括环境温度、相对湿度、电源电压和安装方式等。例如，仪表是在电源电压为（220±5）V、电网频率为（50±2）Hz、环境温度为（20±5）℃、湿度为 65%±5% 的条件下标定的。如果这台仪表在这个条件下工作，则仪表所具有的误差为基本误差。测量仪表的精度等级是由基本误差决定的。

（2）附加误差

附加误差是指当仪表的使用条件偏离额定条件下出现的误差。例如温度附加误差、频率附加误差、电源电压波动附加误差等。因此，在非参比工作条件下进行测量所获得的误差为

$$\Delta = \Delta_B + \Delta_A \tag{1-20}$$

式中，Δ 为误差；Δ_B 为基本误差；Δ_A 为附加误差。

3. 误差的性质与分类

根据测量数据中的误差所呈现的规律，将误差分为三种，即系统误差、随机误差和粗大误差。这种分类方法便于测量数据的处理。

（1）系统误差

对同一被测量进行多次重复测量时，如果误差按照一定的规律出现，则把这种误差称为系统误差。例如，标准量值的不准确及仪表刻度的不准确而引起的误差。

引起系统误差的原因主要是仪表制造、安装、使用方法不正确，也可能是测量人员的一些不良的读数习惯引起的。

系统误差是一种有规律的误差，可以采用修正值或补偿校正的方法来减小或消除。

（2）随机误差

对同一被测量进行多次重复测量时，绝对值和符号不可预知地随机变化，但就误差的总体而言，具有一定的统计规律性的误差称为随机误差。

引起随机误差的原因是很多难以掌握或暂时未能掌握的微小因素，一般无法控制。例如电磁场的微变，零件的摩擦，空气的扰动，气压或湿度的变化等。

对于随机误差不能用简单的修正值来修正，只能用概率和数理统计的方法去计算它出现的可能性的大小。

（3）粗大误差

明显偏离测量结果的误差称为粗大误差，又称疏忽误差。这类误差是由于测量者疏忽大意或环境条件的突然变化而引起的。对于粗大误差，首先应设法判断是否存在，然后将其剔除。

习题与思考题

1．某线性位移测量仪，当被测位移由 4.5mm 变到 5.0mm 时，位移测量仪的输出电压由 3.5V 减至 2.5V，求该仪器的灵敏度。

2．某测温系统由以下 4 个环节组成，各自的灵敏度如下：铂电阻温度传感器为 0.35Ω/℃；电桥为 0.01V/Ω；放大器为 100（放大倍数）；笔式记录仪为 0.1cm/V。

求：测温系统的总灵敏度；记录仪笔尖位移 4cm 时所对应的温度变化值。

3．有 3 台测温仪表，量程均为 0～600℃，引用误差分别为 2.5%、2.0% 和 1.5%，现要测量 500℃ 的温度，要求相对误差不超过 2.5%，问选哪台仪表更合理？

4．检测及仪表在控制系统中起什么作用？两者的关系如何？

5．典型的检测仪表控制系统的结构是怎样的？各单元主要起什么作用？

6．传感器由哪几部分组成？请叙述各部分的作用。

7．传感器的静态特性有哪些？表征的是传感器的哪些性质？

8．某同学做了一个位移测量实验，使用同一台仪器，来回测量了 3 次，获得实验数据见表 1-2，请画出曲线，绘制出拟合直线并列出其方程。并计算其线性度、灵敏度、迟滞性和重复性。问：当位移量程为-1.0～+1.0 区间时，精度等级是多少？

表 1-2　实验数据

第一次测量	位移/mm	-3.0	-2.5	-2.0	-1.5	-1.0	-0.5	0.0	0.5	1.0	1.5	2.0	2.5	3.0
	电压/mV	61	50	41	31	21	11	1	-10	-19	-29	-38	-49	-60
第二次测量	位移/mm	3.0	2.5	2.0	1.5	1.0	0.5	0.0	-0.5	-1.0	-1.5	-2.0	-2.5	-3.0
	电压/mV	-60	-51	-41	-32	-20	-10	0	10	19	30	39	50	61
第三次测量	位移/mm	-3.0	-2.5	-2.0	-1.5	-1.0	-0.5	0.0	0.5	1.0	1.5	2.0	2.5	3.0
	电压/mV	61	51	40	31	20	9	-1	-11	-21	-30	-41	-51	-62

第2章　电阻式传感器技术

如果被测量的变化能引起某种物质的电阻值发生变化，我们就可以利用这种物理现象开发出一种传感器，这种传感器从原理上通常被归类为电阻式传感器。

如果因为应力的变化使得金属应变片的电阻阻值发生了变化，这种传感器叫作电阻应变式传感器。如果因为压力的变化使得半导体应变片的电阻阻值发生了变化，这种传感器叫作压阻式传感器。如果因为温度的变化使得金属导体的电阻值发生了变化，这种传感器叫作热电阻式传感器。如果因为温度的变化使得半导体电阻的阻值发生了变化，这种传感器叫作热敏电阻式传感器。

2.1　电阻应变式传感器

电阻应变式传感器是利用电阻应变片将应变转换为电阻变化的传感器，传感器由在弹性元件上粘贴电阻应变敏感元件构成。

2-1　电阻应变式传感器

当被测物理量作用在弹性元件上时，弹性元件的变形引起应变敏感元件的阻值变化，通过转换电路将其转变成电量输出，电量变化的大小反映了被测物理量的大小。

电阻应变式传感器目前广泛用于测量力、力矩、压力、加速度以及重量等参数。

2.1.1　电阻应变效应

电阻应变片的工作原理是基于应变效应，即在导体产生机械变形时，它的电阻值相应发生变化。

1. 应变效应的理论

一根金属电阻丝，在其未受力时，原始电阻值为

$$R = \rho \frac{L}{S} \tag{2-1}$$

式中，ρ 为电阻丝的电阻率；L 为电阻丝的长度；S 为电阻丝的截面积。

金属电阻丝的应变效应如图 2-1 所示，当电阻丝受到拉力 F 作用时，将伸长 ΔL，横截面积相应减小 ΔS，电阻率将因晶格发生变形等因素而改变 $\Delta \rho$，故引起电阻值相对变化量为

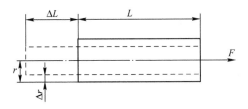

图 2-1　金属电阻丝的应变效应

$$\frac{\Delta R}{R} = \frac{\Delta L}{L} - \frac{\Delta S}{S} + \frac{\Delta \rho}{\rho} \qquad (2\text{-}2)$$

式中，$\Delta L/L$ 为长度相对变化量，用应变 ε 表示；$\Delta S/S$ 为圆形电阻丝的截面积相对变化量；$\Delta \rho/\rho$ 为圆形电阻丝的电阻率相对变化量，即

$$\varepsilon = \frac{\Delta L}{L} \qquad (2\text{-}3)$$

$$\frac{\Delta S}{S} = \frac{2\Delta r}{r} \qquad (2\text{-}4)$$

由材料力学可知，在弹性范围内，金属丝受拉力时，沿轴向伸长，沿径向缩短，那么轴向应变和径向应变的关系可表示为

$$\frac{\Delta r}{r} = -\mu \frac{\Delta L}{L} = -\mu\varepsilon \qquad (2\text{-}5)$$

式中，μ 为电阻丝材料的泊松比，负号表示为应变方向相反。

将式（2-3）、式（2-4）、式（2-5）代入式（2-2），可得

$$\frac{\Delta R}{R} = (1 + 2\mu)\varepsilon + \frac{\Delta \rho}{\rho} \qquad (2\text{-}6)$$

通常把单位应变能引起的电阻值变化称为电阻丝的灵敏度系数。其物理意义是单位应变所引起的电阻相对变化的量，其表达式为

$$K = \frac{\dfrac{\Delta R}{R}}{\varepsilon} = (1 + 2\mu) + \frac{\dfrac{\Delta \rho}{\rho}}{\varepsilon} \qquad (2\text{-}7)$$

2. 应变效应的结论

（1）灵敏度系数

灵敏度系数受两个因素影响，一个是受力后材料几何尺寸的变化，即（$1+2\mu$）；另一个是受力后材料的电阻率发生的变化，即（$\Delta\rho/\rho$）$/\varepsilon$。

1）对金属材料电阻丝来说，灵敏度系数表达式中（$1+2\mu$）的值要比（$\Delta\rho/\rho$）$/\varepsilon$ 大得多，而半导体材料的（$\Delta\rho/\rho$）$/\varepsilon$ 项的值比（$1+2\mu$）大得多。

2）大量实验证明，在电阻丝拉伸极限内，电阻的相对变化与应变成正比，即 K 为常数。

（2）应变的测量

用应变片测量应变或应力时，根据上述特点，在外力作用下，被测对象产生微小机械变形，应变片随之发生相同的变化，同时应变片电阻值也发生相应变化。当测得应变片电阻值变化量 ΔR 时，便可得到被测对象的应变值。

根据应力与应变的关系，得到应力为

$$\sigma = E\varepsilon \qquad (2\text{-}8)$$

式中，σ 为试件的应力；ε 为试件的应变；E 为试件材料的弹性模量。

由此可知，应力值 σ 正比于应变 ε，而试件的应变 ε 正比于电阻值的变化，所以应力 σ 正比于电阻值的变化，这就是利用应变片测量应变的基本原理。

2.1.2　电阻应变片的结构与特性

1. 电阻应变片的种类

电阻应变片品种繁多，形式多样。但常用的应变片可分为两类：金属电阻应变片和半导体电阻应变片。半导体电阻应变片是基于压阻效应的，将在下一节中讨论。

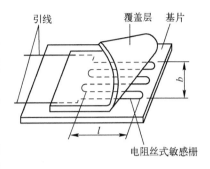

图 2-2　金属电阻应变片的结构

金属电阻应变片由电阻丝式敏感栅、基片、覆盖层和引线等部分组成，如图 2-2 所示。

电阻丝式敏感栅是应变片的核心部分，它粘贴在绝缘的基片上，其上再粘贴起保护作用的覆盖层，两端焊接引线。

金属电阻应变片的种类如图 2-3 所示。金属电阻应变片的敏感栅有丝式（见图 2-3a）、箔式（见图 2-3b）和薄膜式 3 种。

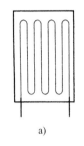 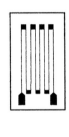 

a)　　　　　　　　　　　　b)

图 2-3　金属电阻应变片的种类

a) 丝式　b) 箔式

（1）丝式应变片

丝式应变片是将金属丝按照图示形状弯曲后用黏合剂贴在衬底上而成，基底可分为纸基、胶基和纸浸胶基等。电阻丝两端焊有引线，使用时只要将应变片贴于弹性体上就可以构成应变式传感器了。

（2）箔式应变片

箔式应变片是利用光刻、腐蚀等工艺制成的一种很薄的金属箔栅，其厚度一般在 0.003～0.01mm。其优点是散热条件好，允许通过的电流较大，可制成各种所需的形状，便于批量生产。

（3）薄膜式应变片

薄膜式应变片是采用真空蒸发或真空沉淀等方法在薄的绝缘基片上形成 0.1μm 以下的金属电阻薄膜的敏感栅，最后再加上保护层。它的优点是应变灵敏度系数大，允许电流密度大，工作范围广。

2. 横向效应

图 2-4 所示为应变片轴向受力及横向效应，当将应变片粘贴在被测试件上时，由于其敏感栅是由 n 条长度为 l_1 的直线段和（$n-1$）个半径为 r 的半圆组成，若该应变片承受轴向应力而产生纵向拉应变 ε_x 时，则各直线段的电阻将增加，但在半圆弧段受到从 $+\mu\varepsilon_x\sim-\mu\varepsilon_x$ 之间变化的应变，圆弧段电阻的变化将小于沿轴向安放的同样长度电阻丝电阻的变化。

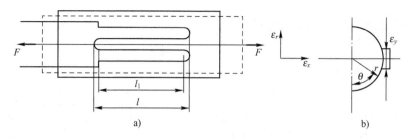

图 2-4　应变片轴向受力及横向效应

a) 应变片承受轴向应力图　b) 应变片横向效应图

综上所述，将直的电阻丝绕成敏感栅后，虽然长度不变，应变状态相同，但由于应变片敏感栅的电阻变化较小，因而其灵敏系数 K 较电阻丝的灵敏系数 K_0 小，这种现象称为应变片的横向效应。

当实际使用应变片的条件与其灵敏系数 K 的标定条件不同时，如 $\mu \neq 0.285$ 或受非单向应力状态，由于横向效应的影响，实际 K 值要改变，如仍按标称灵敏系数来进行计算，可能造成较大误差。当不能满足测量精度要求时，应进行必要的修正，为了减小横向效应产生的测量误差，现在一般多采用箔式应变片。

3. 应变片的温度误差

由于测量现场环境温度的改变而给测量带来的附加误差，称为应变片的温度误差。产生应变片温度误差的主要因素有热阻效应引起的温度误差和热胀冷缩引起的温度误差。

（1）热阻效应引起的温度误差

敏感栅的电阻丝阻值随温度变化的关系可用下式表示：

$$R_t = R_0(1 + \alpha_0 \Delta t) \tag{2-9}$$

式中，R_t 为温度为 t 时的电阻值；R_0 为温度为 0℃ 时的电阻值；α_0 为金属丝的电阻温度系数；Δt 为温度变化值（$\Delta t = t - t_0$）。

当温度变化 Δt 时，电阻丝电阻的变化值为

$$\Delta R_t = R_t - R_0 = R_0 \alpha_0 \Delta t \tag{2-10}$$

（2）热胀冷缩引起的温度误差

当试件与电阻丝材料的线膨胀系数相同时，不论环境温度如何变化，电阻丝的变形仍和未受热时的自由状态一样，不会产生附加变形。

当试件和电阻丝线膨胀系数不同时，由于环境温度的变化，电阻丝会产生附加变形，从而产生附加电阻。

2.1.3　电阻应变片的测量电路

由于机械应变一般都很小，要把微小应变引起的微小电阻变化测量出来，同时要把电阻相对变化 $\Delta R/R$ 转换为电压或电流的变化，就需要有专用测量电路，通常采用直流电桥和交流电桥。

1. 直流电桥

（1）直流电桥平衡条件

直流电桥如图 2-5 所示，E 为电源，R_1、R_2、R_3 及 R_4 为桥臂电阻，R_L 为负载电阻。

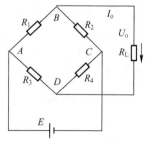

图 2-5　直流电桥

其输出电压 U_o 为

$$U_o = E\left(\frac{R_1}{R_1 + R_2} - \frac{R_3}{R_3 + R_4}\right) \tag{2-11}$$

当电桥平衡时，$U_o=0$，则有

$$\frac{R_1}{R_1 + R_2} = \frac{R_3}{R_3 + R_4} \tag{2-12}$$

$$R_1 R_4 = R_2 R_3 \tag{2-13}$$

式（2-13）称为电桥平衡条件。这说明欲使电桥平衡，其相邻两臂电阻的比值应相等，或相对两臂电阻的乘积相等。

（2）电压灵敏度

R_1 为电阻应变片，R_2、R_3、R_4 为电桥固定电阻，这就构成了单臂电桥。

应变片工作时，其电阻值变化很小，电桥相应输出电压也很小，一般需要加入放大器放大。由于放大器的输入阻抗比桥路输出阻抗高很多，所以此时仍视电桥为开路情况。

当产生应变时，若应变片电阻变化为 ΔR，其他桥臂固定不变，电桥输出电压 $U_o \neq 0$，则电桥不平衡输出电压为

$$U_o = E\left(\frac{R_1 + \Delta R_1}{R_1 + \Delta R_1 + R_2} - \frac{R_3}{R_3 + R_4}\right) = E\frac{\Delta R_1 R_4}{(R_1 + \Delta R_1 + R_2)(R_3 + R_4)} = E\frac{\dfrac{R_4}{R_3}\dfrac{\Delta R_1}{R_1}}{\left(1 + \dfrac{\Delta R_1}{R_1} + \dfrac{R_2}{R_1}\right)\left(1 + \dfrac{R_4}{R_3}\right)} \tag{2-14}$$

设桥臂比 $n = \dfrac{R_2}{R_1}$，由于 $\Delta R_1 \ll R_1$，分母中 $\dfrac{\Delta R_1}{R_1}$ 可忽略，并考虑到平衡条件，将式（2-13）代入式（2-14）可得到

$$U_o = E\left(\frac{n}{(1+n)^2}\right)\frac{\Delta R_1}{R_1} \tag{2-15}$$

电桥电压灵敏度是单位应变片电阻阻值相对变化引起的输出电桥电压的变化，即

$$K_U = \frac{U_o}{\dfrac{\Delta R_1}{R_1}} = E\frac{n}{(1+n)^2} \tag{2-16}$$

从式（2-16）分析可知：

1）电桥电压灵敏度正比于电桥供电电压，供电电压越高，电桥电压灵敏度越高，但供电电压的提高受到应变片允许功耗的限制，所以要做适当选择。

2）电桥电压灵敏度是桥臂电阻比值 n 的函数，恰当地选择桥臂比 n 的值，可保证电桥具有较高的电压灵敏度。在电桥电压确定后，当 $R_1 = R_2 = R_3 = R_4$ 时，电桥电压灵敏度最高。

3）当电源电压 E 和电阻相对变化量 $\Delta R_1/R_1$ 一定时，电桥的输出电压及其灵敏度也是定值，且与各桥臂电阻阻值大小无关。

（3）电阻应变片的温度补偿方法

电阻应变片的温度补偿方法通常有线路补偿法和应变片自补偿两大类。

电桥补偿是最常用的且效果较好的线路补偿法。图 2-6 是电桥补偿法的原理图。电桥输出电压 U_o 与桥臂参数的关系为

$$U_o = A(R_1 R_4 - R_B R_3) \tag{2-17}$$

式中，A 为由桥臂电阻和电源电压决定的常数；R_1 为工作应变片；R_B 为补偿应变片。

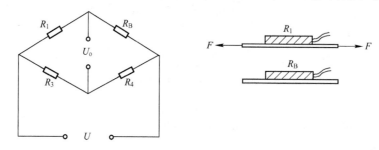

图 2-6　电桥补偿法的原理图

R_1—工作应变片　R_B—补偿应变片

由上式可知，当 R_3 和 R_4 为常数时，R_1 和 R_B 对电桥输出电压 U_o 的作用方向相反。利用这一基本关系可实现对温度的补偿。

测量应变时，工作应变片 R_1 粘贴在被测试件表面上，补偿应变片 R_B 粘贴在与被测试件材料完全相同的补偿块上，且仅工作应变片承受应变。如图 2-6 所示。

当被测试件不承受应变时，R_1 和 R_B 又处于同一环境温度为 t 的温度场中，调整电桥参数，使之达到平衡，有

$$U_o = A(R_1 R_4 - R_B R_3) = 0 \tag{2-18}$$

工程上，一般按 $R_1 = R_2 = R_3 = R_4$ 选取桥臂电阻。当温度升高或降低 $\Delta t = t - t_0$ 时，两个应变片因温度而引起的电阻变化量相等，电桥仍处于平衡状态，即

$$U_o = A[(R_1 + \Delta R_{1t})R_4 - (R_B + \Delta R_B)R_3] = 0 \tag{2-19}$$

若此时被测试件有应变 ε 的作用，则工作应变片电阻 R_1 又有新的增量 $\Delta R_1 = R_1 K \varepsilon$，而补偿片因不承受应变，故不产生新的增量，此时电桥输出电压为

$$U_o = A(R_1 + \Delta R_1)R_4 = AR_4 R_1(1 + \varepsilon) \tag{2-20}$$

由上式可知，电桥的输出电压 U_o 仅与被测试件的应变 ε 有关，而与环境温度无关。

应当指出，若实现完全补偿，上述分析过程必须满足以下 4 个条件。

1）在应变片工作过程中，保证 $R_3 = R_4$。

2）R_1 和 R_B 两个应变片应具有相同的电阻温度系数 α，线膨胀系数 β，应变灵敏度系数 K 和初始电阻值 R_0。

3）粘贴补偿片的补偿块材料和粘贴工作片的被测试件材料必须一样，两者线膨胀系数相同。

4）两应变片应处于同一温度场。

（4）电阻应变片的非线性补偿方法

1）半桥差动电路。

为了减小和克服非线性误差，在试件上安装两个工作应变片，一个受拉应变，一个受压应变，接入电桥相邻桥臂，称为半桥差动电路，该电桥输出电压为

$$U_o = E\left(\frac{\Delta R_1 + R_1}{\Delta R_1 + R_1 + R_2 - \Delta R_2} - \frac{R_3}{R_3 + R_4}\right) \tag{2-21}$$

若 $\Delta R_1 = \Delta R_2$，$R_1 = R_2$，$R_3 = R_4$，则得

$$U_o = \frac{E}{2} \cdot \frac{\Delta R_1}{R_1} \tag{2-22}$$

由式（2-22）可知，U_o 与（$\Delta R_1/R_1$）呈线性关系，差动电桥无非线性误差，而且电桥电压灵敏度 $K_U = E/2$，比单臂工作时提高一倍，同时还具有温度补偿作用。

2）全桥差动电路。

若将电桥四臂接入 4 片应变片，即两个受拉应变，两个受压应变，将两个应变符号相同的接入相对桥臂上，构成全桥差动电路，若 $\Delta R_1 = \Delta R_2 = \Delta R_3 = \Delta R_4$，且 $R_1 = R_2 = R_3 = R_4$，则

$$U_o = E \frac{\Delta R_1}{R_1} \tag{2-23}$$

$$K_U = E \tag{2-24}$$

此时全桥差动电路不仅没有非线性误差，而且电压灵敏度是单片的 4 倍，同时仍具有温度补偿作用。

2. 交流电桥

根据直流电桥分析可知，由于应变电桥输出电压很小，一般都要加放大器，而直流放大器易产生零漂，因此应变电桥多采用交流电桥。

图 2-7 所示为交流电桥，$\dot{U}$ 为交流电压源，$\dot{U}_o$ 为开路输出电压。

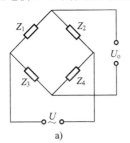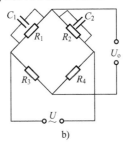

图 2-7 交流电桥

a) 基本电路 b) 交流电容电桥

由于供桥电源为交流电源，引线分布电容使得二桥臂应变片呈现复阻抗特性，即相当于两只应变片各并联了一个电容，则每一桥臂上复阻抗分别为

$$Z_1 = \frac{R_1}{R_1 + j\omega R_1 C_1} \tag{2-25}$$

$$Z_2 = \frac{R_2}{R_2 + j\omega R_2 C_2} \tag{2-26}$$

$$Z_3 = R_3 ; \quad Z_4 = R_4 \tag{2-27}$$

式中，C_1、C_2 表示应变片引线分布电容，由交流电路分析可得

$$U = \frac{U(Z_1 Z_4 - Z_2 Z_3)}{(Z_1 + Z_2)(Z_3 + Z_4)} \tag{2-28}$$

要满足电桥平衡条件，即 $U_o = 0$，则有

$$Z_1 Z_4 = Z_2 Z_3 \tag{2-29}$$

取 $Z_1 = Z_2 = Z_3 = Z_4$，将式（2-25）、式（2-26）、式（2-27）代入式（2-29），可得

$$\frac{R_3}{R_1} + j\omega R_3 C_1 = \frac{R_4}{R_2} + j\omega R_4 C_2 \tag{2-30}$$

由实部、虚部分别相等，整理可得交流电桥的平衡条件为

$$\frac{R_2}{R_1} = \frac{R_4}{R_3} , \quad \frac{R_2}{R_1} = \frac{C_1}{C_2} \tag{2-31}$$

对这种交流电容电桥，除要满足电阻平衡条件外，还必须满足电容平衡条件。为此在桥路上除设有电阻平衡调节外还设有电容平衡调节。交流电桥平衡调节电路如图 2-8 所示。

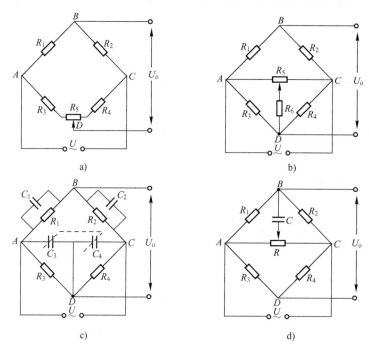

图 2-8　交流电桥平衡调节电路

当被测应力变化引起 $Z_1 = Z_0 + \Delta Z$，$Z_2 = Z_0 - \Delta Z$ 变化时，则由式（2-28）可得，电桥输出为

$$U = \dot{U}\left(\frac{Z_0 + \Delta Z}{2Z_0} - \frac{1}{2}\right) = \frac{1}{2}\dot{U} \cdot \frac{\Delta Z}{Z_0} \tag{2-32}$$

2.1.4　应变式传感器应用

1. 应变式力传感器

被测物理量为荷重或力的应变式传感器，统称为应变式力传感器。其主要用作各种电子秤与材料试验机的测力元件、发动机的推力测试、水坝坝体承载状况监测等。

应变式力传感器要求有较高的灵敏度和稳定性，当传感器在受到侧向作用力或力的作用点发生轻微变化时，不应对输出有明显的影响。

图 2-9 所示为柱式、筒式力传感器，应变片粘贴在弹性体外壁应力分布均匀的中间部分，对称地粘贴多片，电桥接线时应尽量减小载荷偏心和弯矩的影响，贴片在圆柱面上的位置及其

在桥路中的连接如图 2-9c、d 所示，R_1 和 R_3 串联，R_2 和 R_4 串联，并置于桥路对臂上以减小弯矩影响，横向贴片作温度补偿用。

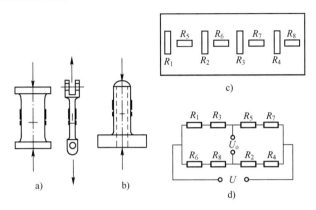

图 2-9　柱式、筒式力传感器

a) 柱式　b) 筒式　c) 圆柱面展开图　d) 桥路连接图

2. 应变式压力传感器

应变式压力传感器主要用来测量流动介质的动态或静态压力。如动力管道设备的进出口气体或液体的压力、发动机内部的压力变化，枪管及炮管内部的压力，内燃机管道压力等。

应变片压力传感器大多采用膜片式或筒式弹性元件。

图 2-10 所示为膜片式压力传感器，应变片贴在膜片内壁，在压力 p 作用下，膜片产生径向应变 ε_r 和切向应变 ε_t，表达式分别为

$$\varepsilon_r = \frac{3p(1-\mu^2)(R^2-3x^2)}{8h^2E}$$

$$\varepsilon_t = \frac{3p(1-\mu^2)(R^2-x^2)}{8h^2E}$$

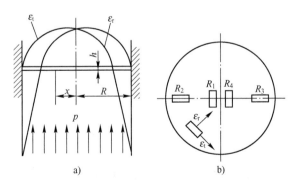

图 2-10　膜片式压力传感器

a) 应变变化图　b) 应变片粘贴

根据以上特点，一般在平膜片圆心处切向粘贴 R_1、R_4 两个应变片，在边缘处沿径向粘贴 R_2、R_3 两个应变片，然后接成全桥测量电路。

2.2 固态压阻式传感器

2.2.1 半导体的压阻效应

固体受到作用力后，电阻率就要发生变化，这种效应称为压阻效应。半导体材料的压阻效应特别强，即在半导体材料在某一轴向受外力作用时，其电阻率 ρ 发生的变化较大。

2-2　固态压阻式传感器

1. 半导体压阻效应原理

半导体应变片是用半导体材料制成的一种纯电阻性元件，其工作原理是基于半导体材料的压阻效应。

半导体应变片受轴向力作用时，其电阻相对变化为

$$\frac{\Delta R}{R} = (1 + 2\mu)\varepsilon + \frac{\Delta \rho}{\rho} \tag{2-33}$$

式中，$\Delta\rho/\rho$ 为半导体应变片的电阻率相对变化量，其值与半导体敏感元器件在轴向所受的应变力关系为

$$\frac{\Delta \rho}{\rho} = (1 + 2\mu + E\pi) \cdot \varepsilon \tag{2-34}$$

式中，π 为半导体材料的压阻系数，它与半导体材料种类及应力方向与晶轴方向之间的夹角有关；E 为半导体材料的弹性模量，与晶向有关。

将式（2-34）代入式（2-33）中得

$$\frac{\Delta R}{R} = (1 + 2\mu)\varepsilon + (1 + 2\mu + E\pi) \cdot \varepsilon \tag{2-35}$$

实验证明，对半导体材料，πE 比（$1+2\mu$）大上百倍，所以（$1+2\mu$）可以忽略，因此：

$$\frac{\Delta R}{R} = \frac{\Delta \rho}{\rho} = \pi \cdot E \cdot \varepsilon \tag{2-36}$$

2. 半导体应变片的灵敏系数

半导体材料的电阻值变化主要是由电阻率变化引起的，而电阻率 ρ 的变化是由应变引起的。所以，半导体应变片的灵敏系数为

$$K_{\mathrm{s}} = \frac{\dfrac{\Delta R}{R}}{\varepsilon} = E \tag{2-37}$$

半导体应变片突出优点是灵敏度高，比金属丝式高 50～80 倍，尺寸小，横向效应小，动态响应好。但它有温度系数大，应变时非线性比较严重等缺点。

2.2.2 固态压阻式传感器的结构

按照结构划分，压阻式传感器主要有三种不同类型。体型半导体、薄膜型半导体及扩散型半导体。

1. 体型半导体应变片

体型半导体应变片是一种将半导体材料硅或锗晶体按一定方向切割成的片状小条，经腐蚀压焊粘贴在基片上而成的应变片，体型半导体应变片结构如图 2-11 所示。

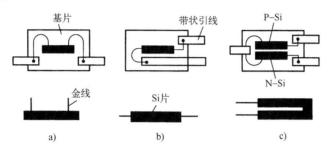

图 2-11　体型半导体应变片结构

a) π形结构　b) 一形结构　c) U 形结构

2. 薄膜型半导体应变片

薄膜型半导体应变片是利用真空沉积技术，将半导体材料沉积在带有绝缘层的试件上而制成，薄膜型半导体应变片如图 2-12 所示。

3. 扩散型半导体应变片

将 P 型杂质扩散到 N 型硅单晶基底上，形成一层极薄的 P 型导电层，形成 4 个阻值相等的电阻条。再通过超声波和热压焊法接上引出线就形成了扩散型半导体应变片。这是一种应用很广的半导体应变片。

图 2-13 为扩散型半导体应变片示意图。

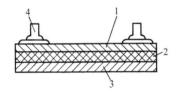

图 2-12　薄膜型半导体应变片

1—锗膜　2—绝缘层　3—金属箔基底　4—引线

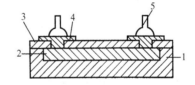

图 2-13　扩散型半导体应变片

1—N 型硅　2—P 型硅扩散层　3—SiO₂ 绝缘层　4—铝电极　5—引线

2.2.3　固态压阻式传感器的测量电路

因为半导体材料对温度很敏感，温度稳定性和线性度比金属电阻应变片差得多。因此，压阻式传感器的温度误差较大，必须要有温度补偿。

压阻式传感器的测量电路仍然使用平衡电桥。

由于制造过程、温度影响等原因，电桥存在失调、零位温漂、灵敏度温度系数和非线性等问题，影响传感器的准确性。因此，必须采取减少与补偿误差措施。

1. 恒流源供电电桥

恒流源供电的全桥差动电路如图 2-14 所示。

假设 ΔR_T 为温度引起的电阻变化，而

$$I_{ABC} = I_{ADC} = \frac{1}{2}I \qquad (2\text{-}38)$$

所以，电桥的输出为

$$
\begin{aligned}
U_o &= U_{BD} \\
&= \frac{1}{2}I(R + \Delta R + \Delta R_T) - \frac{1}{2}I(R - \Delta R + \Delta R_T) \\
&= I\Delta R
\end{aligned}
\qquad (2\text{-}39)
$$

可见，电桥的输出电压与电阻变化成正比，与恒流源电流成正比，但与温度无关，因此测量不受温度的影响。

2. 零点与灵敏度温度补偿

由于温度变化，将引起零点漂移和灵敏度漂移。零点漂移产生的原因是扩散电阻的阻值随温度变化而变化。灵敏度漂移是因为压阻系数随温度的变化而变化。

采用图 2-15 所示的零点漂移和灵敏度漂移补偿电路，可以有效地解决零点漂移和灵敏度漂移问题。

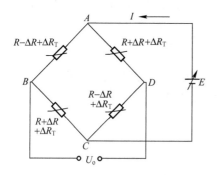

图 2-14 恒流源供电的全桥差动电路

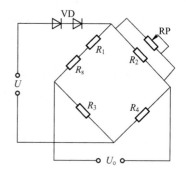

图 2-15 零点漂移和灵敏度漂移补偿电路

图 2-15 中，串联电阻 R_s、R_1 用于抑制零位温漂，R_s 起调零作用，并联电阻 RP 起补偿作用。串联二极管 VD，用于灵敏度的温漂补偿。

2.2.4 固态压阻式传感器的应用

固态压阻式传感器的灵敏度和分辨率高，应变的横向效应和机械滞后极小。同时频率响应高，体积小。它主要用于测量压力、加速度和载荷等参数。

由于固态压阻式传感器具有频率响应高、体积小、精度高及灵敏度高等优点，所以它在航空、航海、石油、化工、动力机械、兵器工业以及医学等方面得到了广泛的应用。

在机械工业中，压阻式传感器可用于测量冷冻机、空调机、空气压缩机的压力和气流流速，以监测机器的工作状态。在航空工业中，压阻式传感器用来测量飞机发动机的中心压力。在进行飞机风洞模型试验中，可以采用微型压阻式传感器安装在模型上，以取得准确的实验数据。在兵器工业中，可用压阻式传感器测量枪炮膛内的压力，也可对爆炸压力及冲击波进行测量。压阻式传感器还广泛用于医疗事业中，目前已有各种微型传感器用来测量心血管、颅内、尿道以及眼球内的压力。

随着微电子技术以及电子计算机的发展，固态压阻式传感器的应用将会越来越广泛。

1. 扩散型压阻式压力传感器

在弹性变形限度内，硅的压阻效应是可逆的，即在应力作用下硅的电阻发生变化，而当应力除去时，硅的电阻又恢复到原来的数值。硅的压阻效应因晶体的取向不同而不同。

（1）结构

图 2-16 为扩散型压阻式压力传感器的结构简图。它采用 N 型单晶硅为传感器的弹性元件，在弹性元件上面直接蒸镀半导体电阻应变薄膜。传感器的硅膜片两边有两个压力腔：一个是和被测压力相连接的高压腔；另一个是低压腔，通常和大气相通。

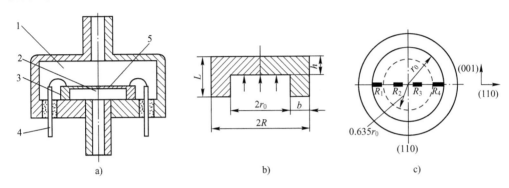

图 2-16　扩散型压阻式压力传感器的结构简图

a) 剖面结构　b) 受压元件放大　c) 扩散型压阻位置分布

1—低压腔　2—高压腔　3—硅杯　4—引线　5—硅膜片

（2）工作原理

在测量时，被测压力引入高压腔，压力膜片两边存在压力差，膜片会产生变形，膜片上各点产生应力。4 个电阻在应力作用下，阻值发生变化，电桥失去平衡，输出相应的电压，电压与膜片两边的压力差成正比。

设计时，适当安排电阻的位置，可以组成差动电桥。

（3）特点

优点：体积小，结构比较简单，动态响应也好，灵敏度高，能测出十几帕的微压，长期稳定性好，滞后和蠕变小，频率响应高，便于生产，成本低。

缺点：测量准确度受到非线性和温度的影响。

目前广泛使用的智能型扩散硅压阻式压力传感器（比如 Honeywell 公司的 ST-3000 系列），是利用微处理器对输出的非线性和温度漂移进行补偿。

2. 压阻式加速度传感器

（1）结构

如图 2-17 所示为压阻式加速度传感器，其悬臂梁直接用单晶硅制成，在硅悬梁的自由端装有敏感质量块，在梁的根部，4 个扩散电阻扩散在其两面。

（2）工作原理

当悬臂梁自由端的质量块受到外界加速度作用时，

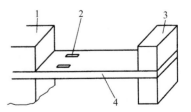

图 2-17　压阻式加速度传感器

1—基座　2—扩散电阻　3—质量块　4—硅悬梁

将感受到的加速度转变为惯性力，使悬臂梁受到弯矩作用，产生应力。这时硅梁上 4 个电阻条的阻值发生变化，使电桥产生不平衡，从而输出与外界加速度成正比的电压值。

（3）特点

固态压阻式加速度传感器具有频率动态响应好，结构比较简单，体积小，精度高，灵敏度高，长期稳定性好，滞后和蠕变小，便于生产，成本低等优点。

2.3　热电阻式传感器

热电阻利用导体或半导体的电阻随温度变化的特性来测量温度，它同样是接触式温度测量中应用最普遍的测温元件，它的特点是测温范围宽，性能稳定，有足够的测量准确度，能够满足工业过程温度测量的需要；结构简单，动态响应好；输出信号大，便于远传，因而方
便集中检测和自动控制。导体或半导体的电阻值是随温度变化的，由导体或半导体根据这一特性制成的感温元件称为热电阻。使用导体材料的称为热电阻或金属热电阻，使用半导体材料的称为热敏电阻。

2-3　热电阻式传感器

2.3.1　热阻效应及其温度特性

1. 热阻效应

导体的电阻率随温度变化而变化的物理现象称作是导体的热阻效应。金属热电阻就是利用这一效应来测量温度的。

几乎所有的物质都具有热阻特性，但作为测温用的热电阻还应该具有以下特性。

1）电阻值与温度变化之间具有良好的线性关系。

2）电阻温度系数大，便于精确测量。

3）电阻率高，热容量小，反应速度快。

4）在测温范围内具有稳定的物理性质和化学性质。

5）材料质量要纯，容易加工复制，价格便宜。

最常用的热电阻材料是铂和铜，在低温测量中则使用铟、锰等材料制成的热电阻。热电阻广泛用来测量-220～850℃范围内的温度，少数情况下，低温可测量至-272℃，高温可测量至1000℃。

2. 热电阻的温度特性

热电阻的温度特性是指热电阻的阻值随温度变化而变化的特性。

（1）铂热电阻

铂易于提纯，物理、化学性质稳定，电阻率较大，能耐较高的温度。铂热电阻的特点是测温精度高，稳定性好，所以在温度传感器中得到了广泛应用。铂热电阻的应用范围为-200～850℃。

铂热电阻的电阻-温度特性方程如下。

在-200～0℃的温度范围内为

$$R_t = R_0[1 + At + Bt^2 + Ct^3(t-100)] \qquad (2\text{-}40)$$

在 0～850℃的温度范围内为

$$R_t = R_0(1 + At + Bt^2) \tag{2-41}$$

式中，R_t 为温度为 t 时的电阻值；R_0 为温度为 0℃时的电阻值；A 为常数，$A=3.96847\times10^{-3}$/℃；B 为常数，$B=-5.847\times10^{-7}$/℃^{2}；C 为常数，$C=-4.22\times10^{-12}$/℃^{4}。

（2）铜热电阻

由于铂是贵重金属，因此在一些测量精度要求不高，测温范围较小（-50～150℃）的情况下，普遍采用铜热电阻。铜热电阻具有较大的电阻温度系数，材料容易提纯，铜热电阻的阻值与温度之间接近线性关系，铜的价格比较便宜，所以铜热电阻在工业上得到了广泛应用。

铜热电阻的缺点是电阻率较小，机械强度差，稳定性也较差，容易氧化。

在-50～150℃的使用范围内，铜热电阻的电阻值与温度的关系几乎是线性的，铜热电阻的电阻-温度特性方程可用下式表示：

$$R_t = R_0(1 + \alpha t) \tag{2-42}$$

式中，R_t 为温度为 t 时的电阻值；R_0 为温度为 0℃时的电阻值；α 为温度为 0℃时的电阻温度系数，$\alpha=4.28\times10^{-3}$/℃。

2.3.2　热电阻的分类与分度表

1. 热电阻的分类

热电阻按感温元件的材质分为金属和半导体两大类。金属导体有铂、铜、镍等。大量使用的是铂和铜两种热电阻。半导体有锗、碳等，大量使用的是热敏电阻等。

表 2-1 为工业热电阻分类及特性。表中的 R_0 是热电阻在 0℃时的电阻值。

表 2-1　工业热电阻分类及特性

项目	铂热电阻		铜热电阻	
分度号	Pt100	Pt10	Cu100	Cu50
R_0/Ω	100	10	100	50
α/℃	0.00385		0.00428	
测温范围/℃	-200～850		-50～150	
允差/℃	A 级：±（0.15+0.002|t|） B 级：±（0.30+0.005|t|）		±（0.30+0.006|t|）	

2. 热电阻的分度表

热电阻温度与电阻值之间的关系可以列成一个表格，这个表格称为分度表。当然，该分度表可以用一系列公式来进行表示，公式又因热电阻分度号的不同而不同。分度号常常标识组成热电阻的材质和0℃时的电阻值。

按 0℃时的电阻值 R 的大小分为 10Ω（分度号为 Pt10）和 100Ω（分度号为 Pt100）等。铂热电阻测温范围较大，适合于-200～850℃。

10Ω铂热电阻 Pt10 的感温元件是用较粗的铂丝绕制而成，耐温性能明显优于 100Ω 的 Pt100 铂热电阻，主要用于 650℃以上的温区。

100Ω铂热电阻 Pt100 主要用于 650℃以下的温区，虽然也可用于 650℃以上温区，但在 650℃以上温区不允许有 A 级误差。100Ω 铂热电阻的分辨率比 10Ω 铂热电阻 Pt10 的分辨率大 10 倍，对二次仪表的要求相应地差一个数量级，因此在 650℃以下温区测温应尽量选用 100Ω 铂热电阻 Pt100。

表 2-2 就是 Pt100 型热电阻的分度表，显示的是整 10 度电阻值。

表 2-2　Pt100 型热电阻分度表

（单位：Ω）

$t/℃$	0	10	20	30	40	50	60	70	80	90
0	100.00	103.9	107.79	111.67	115.54	119.4	123.24	127.08	130.9	134.71
100	138.51	142.29	146.07	149.83	153.58	157.33	161.05	164.77	168.48	172.17
200	175.86	179.53	183.19	186.84	190.47	194.1	197.71	201.31	204.9	204.48
300	212.05	215.61	219.15	222.68	226.21	229.72	233.21	236.7	240.18	243.64
400	247.09	250.53	253.96	257.38	260.78	264.18	267.56	270.93	274.29	277.64
500	280.98	284.3	287.62	290.92	294.21	297.49	300.75	304.01	307.25	310.49
600	313.71	316.92	320.12	323.3	326.48	329.64	332.79	335.93	339.06	342.18
700	345.28	348.38	351.46	354.53	357.59	360.64	363.67	366.7	369.71	372.71
800	375.70	378.68	381.65	384.6	387.55	390.48				

2.3.3　热电阻的结构

按照应用场合的不同，工业用热电阻的结构通常分为装配式和铠装式两大类。

1. 装配热电阻的结构

装配式热电阻温度计的结构如图 2-18 所示。该热电阻主要由电阻体、绝缘套管和接线盒等组成，为了使热电阻能得到较长的使用寿命，该热电阻加有保护套管。电阻体的主要组成部分为电阻丝、引线、骨架等。

铂热电阻用铂丝绕在云母片制成的片形支架上，绕组的两面用云母片夹住绝缘，如图 2-18a 所示。铜热电阻由绝缘铜丝绕在圆形骨架上，如图 2-18b 所示。在骨架上烧制好热电阻丝，并焊好引线之后，在其外面加上云母片进行保护，再装入外保护套管，并和接线盒或外部导线相连接，即得到热电阻传感器。

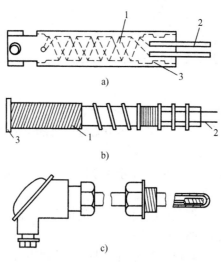

图 2-18　装配式热电阻温度计的结构

a) 铂热电阻　b) 铜热电阻　c) 热电阻的外形结构

1—电阻丝　2—引线　3—骨架

（1）电阻丝

由于铂的电阻率较大，而且相对机械强度较大，通常铂丝的直径在 $(0.03 \sim 0.07)$mm$\pm$ 0.005mm 之间。可单层绕制，若铂丝太细，则强度低，但电阻体可做得更小；若铂丝粗，则强度大，但电阻体大了，热惰性也大，成本高。

由于铜的机械强度较低，电阻丝的直径需较大。一般为 (0.1 ± 0.005)mm 的漆包铜线或丝包线分层绕在骨架上，并涂上绝缘漆而成。由于铜电阻的温度低，故可以重叠多层绕制，一般多用双绕法，即两根丝平行绕制，在末端把两个头焊接起来，这样工作电流从一根热电阻丝进入，从另一根丝反向出来，形成两个电流方向相反的线圈，其磁场方向相反，产生的电感就互相抵消，故又称无感绕法。这种双绕法也有利于引线的引出。

（2）骨架

热电阻丝是绕制在骨架上的，骨架是用来支持和固定电阻丝的。骨架应使用电绝缘性能好，高温下机械强度高、体膨胀系数小，物理化学性能稳定，对热电阻丝无污染的材料制造，常用的是云母、石英、陶瓷、玻璃及塑料等。

（3）引线

引线的直径应当比热电阻丝大几倍，应尽量减小引线的电阻，增加引线的机械强度和连接的可靠性，对于工业用的铂热电阻，一般采用 1mm 的银丝作为引线，而标准铂热电阻则用 0.3mm 的铂丝作为引线。对于铜热电阻则常用 0.5mm 的铜线。

2．铠装热电阻的结构

铠装热电阻是将陶瓷骨架或玻璃骨架的感温元件，装入细不锈钢管内，其周围用氧化镁牢固填充，它的 3 根引线同保护管之间，以及引线之间必须有良好的绝缘性，充分干燥后，将其端头密封，再经模具拉制成坚实整体。由于它的外径较小，温度响应快；同时结构坚固，可弯曲，所以抗震性好，可以安装在结构复杂的场合。

2.3.4　热电阻的测量电路及应用

1．热电阻的测量电路

热电阻传感器的测量电路也常用电桥电路，热电阻的测量线路有二线制、三线制和四线制 3 种。由于工业用热电阻安装在生产现场，离控制室较远，因此热电阻的引线对测量结果有较大影响。为了减小或消除引线电阻的影响，目前，热电阻引线的连接方式经常采用三线制和四线制。热电阻传感器的测量电路如图 2-19 所示。

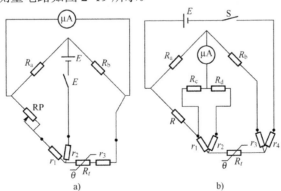

图 2-19　热电阻传感器的测量电路

a) 三线制　b) 四线制

（1）三线制

三线制的方式是分别将两端引线接入两个桥臂，可以较好地消除引线电阻影响，提高测量精度。工业热电阻测温多用此方法。

在电阻体的一端连接两根引线，另一端连接一根引线，此种引线连接形式称为三线制。当热电阻和电桥配合使用时，这种引线方式可以较好地消除引线电阻的影响，提高测量精度。所以工业热电阻多半采样这种方法。

（2）四线制

在电阻体的两端各连接两根引线称为四线制，它是在热电阻两端各连两根导线，其中两根引线为热电阻提供恒流源，在热电阻上产生的电压降通过另外两根导线接入电势测量仪表。

这种引线方式不仅消除了连接线电阻的影响，而且可以消除测量电路中寄生电动势引起的误差。这种引线方式主要用于高精度的温度检测。目前一些高精度的温度变送器就采用这种方式。

2. 热电阻测量仪表

用于测量热电阻的仪表种类繁多。它们的准确度、测量速度、连接线路各不相同。可依据测量对象要求，选择适宜的仪器和测量线路。

对于精密测量，常选用电桥或电位差计。随着技术的发展，电位差计、动圈仪表及电子式自动平衡记录仪等传统仪表逐渐被数字式仪表所取代。数字式仪表的特点是体积小，数据显示清晰、易读，测量响应快，准确度高等。由于是全电子式，维护量极低，并逐渐智能化，因此，数字式仪表得到迅速发展和被广泛应用到各个领域。

对于工业生产，目前大多采用数显表或无纸记录仪。

2.4　热敏电阻传感器

热敏电阻是利用半导体材料的电阻率随温度变化而变化的性质制成的感温元件。其常用的半导体材料有铁、镍、锰、钴、钼、钛、镁及铜等的氧化物或其他化合物，根据产品性能不同，进行不同的配比烧结而成。

2-4　热敏电阻传感器

热敏电阻按照其温度特性的不同可分为 3 种类型，即正温度系数（PTC）热敏电阻；负温度系数（NTC）热敏电阻；临界温度热敏电阻（CTR）（在某一特定温度下电阻值会发生突变）。

2.4.1　热敏电阻的特性

热敏电阻的主要特性有温度特性和伏安特性。

1. 热敏电阻的温度特性

热敏电阻的温度特性是指半导体材料的电阻值随温度变化而变化的特性。半导体热敏电阻就是利用这种性质来测量温度的。

（1）热敏电阻的温度特性分析

PTC 型、NTC 型、CTR 型三类热敏电阻的温度特性曲线

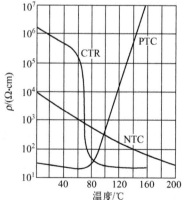

图 2-20　热敏电阻的温度特性曲线

如图 2-20 所示。分析这三类热敏电阻的特性图可以得出下列结论。

1）热敏电阻的温度系数值远大于金属热电阻，所以灵敏度很高。

2）热敏电阻 R_t-t 曲线非线性现象十分严重，所以其测量温度范围远小于金属热电阻。

现以负温度系数（NTC）热敏电阻为例说明其温度特性。

负温度系数热敏电阻是一种氧化物的复合烧结体，其电阻值随温度的增加而减小。用于测量的 NTC 型热敏电阻，在较小的温度范围内，其电阻-温度特性关系（热敏电阻温度方程）为

$$R_T = R_0 \mathrm{e}^{B\left(\frac{1}{T} - \frac{1}{T_0}\right)} \tag{2-43}$$

式中，R_T、R_0 为温度为 T、T_0 时的电阻值；T 为热力学温度；B 为热敏电阻材料常数，一般取 $2000 \sim 6000\mathrm{K}$，可由下式表示：

$$B = \frac{\ln\left(\dfrac{R_T}{R_0}\right)}{\left(\dfrac{1}{T} - \dfrac{1}{T_0}\right)} \tag{2-44}$$

（2）热敏电阻的温度灵敏系数

热敏的电阻值变化主要是由温度变化引起的，所以热敏电阻的灵敏系数为

$$\alpha = \frac{\dfrac{\mathrm{d}R_T}{\mathrm{d}T}}{R_T} \tag{2-45}$$

由于 $\dfrac{\mathrm{d}R_T}{\mathrm{d}T} = -\dfrac{B}{T^2} R_T$；所以

$$\alpha = -\frac{B}{T^2} \tag{2-46}$$

由上式可知：

1）热敏电阻的温度系数为负值。

2）温度减小，电阻温度系数 α 增大。在低温时，负温度系数热敏电阻的温度系数比金属热电阻丝高得多，故热敏电阻常用于低温测量（$-100 \sim 300\mathrm{°C}$）。

2. 热敏电阻的伏安特性

一般把静态情况下热敏电阻上的端电压与通过热敏电阻的电流之间的关系称为伏安特性。它是热敏电阻的重要特性，热敏电阻的伏安特性如图 2-21 所示。

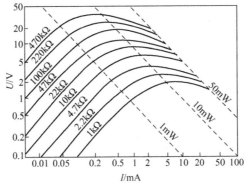

图 2-21 热敏电阻的伏安特性

由图 2-21 可知，热敏电阻只有在小电流范围内其端电压和电流才成正比，因为电压低时电流也小，温度没有显著升高，它的电流和电压关系符合欧姆定律。但当电流增加到一定数值时，元件由于温度升高而阻值下降，故电压反而下降。因此，要根据热敏电阻的允许功耗线来确定电流，在测温中电流不能选得太高。

3．热敏电阻的结构

热敏电阻的结构可以分为玻璃管形、柱状、二极管形、松叶状、圆片形、片形、玻璃封状、珠状等，热敏电阻传感器的结构如图 2-22 所示。

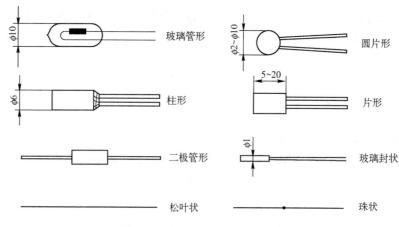

图 2-22　热敏电阻传感器的结构

4．热敏电阻的特点

热敏电阻与其他温度传感器相比较具有以下明显的特点。

1）灵敏度高：电阻温度系数大，约为金属热电阻的 10 倍。可大大降低对仪器、仪表的要求。

2）结构简单：可根据不同要求制成各种形状。

3）电阻率高：热敏电阻阻值远大于金属热电阻。导线电阻的影响小，适用于远距离测量。

4）体积小、热惯性小：可测点温，适用于动态测量。

5）化学稳定性好，机械性能强，价格低廉，制造简单、易于维护、使用寿命长。

6）缺点是复现性和互换性差，非线性严重，测温范围较窄，使用时必须进行非线性校正。

2.4.2　热敏电阻的测量电路

由于热敏电阻温度特性曲线非线性严重，为保证一定范围内温度测量的精度要求，应进行非线性修正。

1．线性化网络修正

利用包含有热敏电阻的电阻网络（常称为线性化网络）来代替单个的热敏电阻，使网络电阻 R_T 与温度成单值线性关系。其一般形式如图 2-23a 所示。

2．其他部件特性修正

图 2-23b 是一个利用电阻测量装置中其他部件的特性进行综合修正的方法。这是一个温度-

频率转换电路，虽然电容 C 的充电特性是非线性的，但适当地选取线路中的电阻 r 和 R，可以在一定的温度范围内，得到近于线性的温度-频率转换特性。

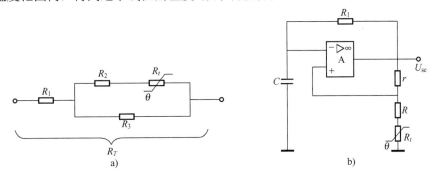

图 2-23 非线性修正原理图

a) 线性化网络 b) 温度-频率转换电路

3. 计算修正法

在带有微处理机（或微型计算机）的测量系统中，当已知热敏电阻器的实际特性和要求的理想特性时，可采用线性插值法将特性分段，并把各分段点的值存放在计算机的存储器内。计算机将根据热敏电阻器的实际输出值进行校正计算后，给出要求的输出值。

4. 温度测量线路图

图 2-24 所示是热敏电阻测温原理图，测温范围为-50～300℃，误差小于±0.5℃。

图 2-24 中，S_1 为工作选择开关、S_2 为量程选择开关，"0""1""2"分别为电压断开、校正、工作三个状态。工作前，根据开关 S_2 选择量程，将开关 S1 置于"1"处，调节电位计 RP 使检流计 G 指示满刻度，然后将 S_1 置于"2"，热敏电阻被接入测量电桥进行测量。

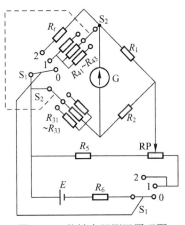

图 2-24 热敏电阻测温原理图

2.4.3 热敏电阻的主要参数

选用热敏电阻除要考虑其特性、结构形式和尺寸、工作温度以及一些特殊要求外，还要重点考虑热敏电阻的主要参数，它不仅是设计的主要依据，也是正确指导使用的技术参数。

1. 标称电阻值 R_H

厂家通常将零功率时、环境温度为 25℃±0.2℃时测得的热敏电阻（称为冷电阻）的电阻值作为 R_H，称为额定电阻值或标称电阻值，记作 R_{25}，85℃时的电阻值 R_{85} 作为 R_{85}。标称阻值常在热敏电阻上标出，R_{85} 也由厂家给出。

2. 热敏电阻材料常数 B 值

将热敏电阻 25℃时的零功率电阻值 R_{25} 和 85℃时的零功率电阻值 R_{85}，以及 25℃ 和 85℃的绝对温度 $T_0=298K$ 和 $T_T=358K$ 代入负温度系数热敏电阻温度方程，可得

$$B = 1778\ln\frac{R_{25}}{R_{85}} \tag{2-47}$$

3. 电阻温度系数 α

将热敏电阻在其自身温度变化1℃时，电阻值的相对变化量称为热敏电阻的电阻温度系数 α。

$$\alpha = -\frac{B}{T^2} \tag{2-48}$$

可见 α 和 B 值是表征热敏电阻材料性能的重要参数，是表征负温度系数热敏电阻热灵敏度的量。B 值越大，负温度系数热敏电阻的热灵敏度 α 越高。

4. 额定功率

额定功率是指负温度系数热敏电阻在环境温度为 25℃，相对湿度为 45%～80%。大气压为 $0.87\times10^5\sim1.07\times10^5$Pa 的条件下，长期连续负荷所允许的耗散功率。在此功率下，阻体自身温度不会超过其连续工作时所允许的最高温度，单位为 W。

5. 耗散系数 δ

耗散系数 δ 是指热敏电阻的温度变化与周围介质的温度相差 1℃时，热敏电阻所耗散的功率，单位为 W/℃。

$$\delta = \frac{P}{T - T_0} \tag{2-49}$$

在工作范围内，当环境温度变化时 δ 随之而变，此外 δ 大小还和阻体结构、形状及所处环境（如介质、密度、状态）有关，因为这些会影响阻体的热传导。

6. 热时间常数 τ

负温度系数热敏电阻在零功率条件下放入环境温度中，不可能立即变为与环境温度同温度。热敏电阻本身的温度在放入环境温度之前的初始值和达到与环境温度同温度的最终值之间改变63.2%时所需的时间叫作热时间常数，用 τ 表示。

2.4.4 热敏电阻的应用

由于热敏电阻具有许多优点，所以应用范围很广，可用于温度测量、温度控制、温度补偿、稳压稳幅、自动增益调节、气体和液体分析、火灾报警以及过负荷保护等方面。下面介绍几种主要用法。

（1）温度补偿

仪表中通常用的一些零件，多数是用金属丝制成的，例如线圈、线绕电阻等，金属一般具有正的温度系数，采用负的温度系数热敏电阻进行补偿，可以抵消由于温度变化所产生的误差。实际应用时，将负温度系数的热敏电阻与锰铜丝电阻并联后再与被补偿元件串联，热敏电阻温度补偿原理图如图 2-25 所示。

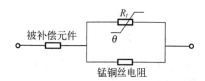

图 2-25 热敏电阻温度补偿原理图

（2）温度控制

用热敏电阻与一个电阻相串联，并加上恒定的电压，当周围介质温度升到某一数值时，电路中的电流可以由十分之几毫安突变为几十毫安。因此可以用继电器的绕阻代替不随温度变化的电阻。当温度升高到一定值时，继电器动作，继电器的动作反应温度的大小，所以热敏电阻可用作温度控制。

（3）过热保护

过热保护分直接保护和间接保护。对小电流场合，可把热敏电阻直接串入负载中，防止过热损坏以保护器件。对大电流场合，可通过继电器、晶体管电路等进行保护。

不论哪种情况，热敏电阻都与被保护器件紧密结合在一起，充分热交换，一旦过热，则起保护作用。图 2-26 为几种过热温度保护实例。

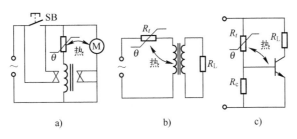

图 2-26　过热温度保护实例

a）电动机保护　b）变压器保护　c）晶体管保护

习题与思考题

1．试列举金属丝电阻应变片与半导体应变片的相同点和不同点。

2．绘图说明如何利用电阻应变片测量未知的力。

3．热电阻传感器有哪几种？各有何特点及用途？

4．电阻应变片阻值为 100Ω，灵敏系数 $K=2$，沿纵向粘贴于直径为 $0.05m$ 的圆形钢柱表面，钢材的 $E=2\times10^{11}N/m^2$，$\mu=0.3$。求钢柱受 10t 拉力作用时，应变片的相对变化量。又若应变片沿钢柱圆周方向粘贴、受同样拉力作用时，应变片电阻的相对变化量为多少？

5．有一额定负荷为 2t 的圆筒荷重传感器，在不承载时，4 片应变片阻值均为 120Ω，传感器灵敏度为 $0.82mV/V$，应变片的 $K=2$，圆筒材料的 $\mu=0.3$，电桥电源电压 $U_i=2V$，当承载为 0.5t 时（R_1、R_3 轴向粘贴，R_2、R_4 圆周方向粘贴），求：1）R_1、R_3 的阻值；2）R_2、R_4 的阻值；3）电桥输出电压 U_o；4）每片应变片功耗 P。

6．试列举金属热阻传感器与热敏电阻传感器的相同点和不同点。

7．铜电阻的阻值 R_t 与温度 t 的关系如下：已知铜电阻的 R_0 为 50Ω，温度系数为 $\alpha=4.28\times10^{-3}/℃$，求当温度为 90℃时的铜电阻阻值。

8．直流测量电桥和交流测量电桥有什么区别？

9．热电阻测温时采用何种测量电路？为什么要采用这种测量电路？说明这种电路的工作原理。

10．采用阻值为 120Ω、灵敏度系数 $K=2.0$ 的金属电阻应变片和阻值为 120Ω 的固定电阻组成电桥，供桥电压为 4V，并假定负载电阻无穷大。当应变片上的应变分别为 $1\mu\varepsilon$ 和 $1000\mu\varepsilon$ 时，试求单臂工作电桥、双臂工作电桥以及全桥工作时的输出电压，并比较这 3 种情况下的灵敏度。

11．在网上查资料，Honeywell 公司的 ST-800 系列压力变送器的核心元件是何种类型的传感器？能测量何种参数？

第3章　电容式传感器技术

利用电容器的原理，将非电量转换成电容量，进而实现从非电量到电量的转化的器件或装置，称为电容式传感器，它实质上是一个具有可变参数的电容器。电容式传感器的优点是测量范围大、灵敏度高、结构简单、适应性强、动态响应时间短以及易实现非接触测量等。可以广泛地应用在力、压力、压差、振动、位移、厚度、加速度、液位、物位、湿度和成分含量等测量之中。

3.1　电容式传感器的原理与结构

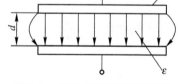

3-1　电容式传感器的原理与结构

电容式传感器是一个由绝缘介质分开的两个平行金属板组成的平板电容器，电容式传感器的原理图如图3-1所示，如果不考虑边缘效应，其电容量为

$$C = \frac{\varepsilon A}{d} \tag{3-1}$$

式中，ε 为电容极板间介质的介电常数，$\varepsilon=\varepsilon_0\varepsilon_r$，其中 ε_0 为真空介电常数，ε_r 为极板间介质相对介电常数；A 为两平行板所覆盖的面积；d 为两平行板之间的距离。

图 3-1　电容式传感器的原理图

当被测参数变化使得式（3-1）中的 A、d 或 ε 发生变化时，电容量 C 也随之变化。如果保持其中两个参数不变，而仅改变其中一个参数，就可把该参数的变化转换为电容量的变化，通过测量电路就可转换为电量输出。这就是电容式传感器的基本工作原理。

电容式传感器可分为变极距式、变面积式和变介质式三种类型。

3.1.1　变极距式电容传感器

1. 变极距式电容传感器的工作原理

保持面积和介质两个参数不变，而仅改变极距一个参数，就可把极距的变化转换为电容量的变化，通过测量电路就可转换为电量输出。这就是变极距式电容传感器的基本工作原理。图 3-2a 为变极距式电容传感器的原理图。

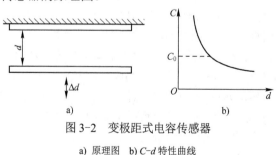

图 3-2　变极距式电容传感器

a) 原理图　b) C-d 特性曲线

当传感器的 ε 和 A 为常数，初始极距为 d_0 时，由式（3-1）可知其初始电容量 C_0 为

$$C_0 = \frac{\varepsilon A}{d_0} \tag{3-2}$$

若电容器极板间距离由初始值 d_0 缩小 Δd，电容量增大 ΔC，则有

$$C = C_0 + \Delta C = \frac{\varepsilon A}{d_0 - \Delta d} = \frac{C_0\left(1 + \dfrac{\Delta d}{d_0}\right)}{1 - \dfrac{(\Delta d)^2}{d_0^2}} \tag{3-3}$$

由式（3-3）可知，传感器的输出特性 $C=f(d)$ 不是线性关系，而是图 3-2b 所示双曲线关系。

此时 C 与 Δd 近似呈线性关系，所以变极距式电容传感器只有在 $\Delta d/d_0$ 很小时，才有近似的线性输出。或者使用差动式改善其非线性。

当保证最大位移小于间距的 1/10 时，式（3-3）可以近似表示为

$$C \approx C_0 + C_0 \frac{\Delta d}{d} \tag{3-4}$$

电容值相对变化量为

$$\frac{\Delta C}{C_0} \approx \frac{\Delta d}{d_0} \tag{3-5}$$

可见，C 与 Δd 的关系呈近似线性关系。灵敏度为

$$k_d = \frac{\Delta C}{\Delta d} \approx \frac{C_0}{d_0} \tag{3-6}$$

因此，对于一个变极距式电容传感器，其灵敏度是与其初始极距大小和初始电容量相关的近似常数。

2. 变极距式电容传感器的结构

（1）差动结构变极距式电容传感器

为了提高传感器灵敏度，减小非线性误差，实际应用中大都采用差动式结构。

差动式结构变极距式电容传感器如图 3-3 所示，中间电极若受力向上位移 Δd，则 C_1 容量增加，C_2 容量减小，两电容差值为

$$\Delta C = C_1 - C_2 = \frac{\varepsilon A}{d_0 - \dfrac{\Delta d}{d_0}} - \frac{\varepsilon A}{d_0 + \dfrac{\Delta d}{d_0}} = 2C_0 \frac{\Delta d}{d_0} \frac{1}{1 - \left(\dfrac{\Delta d}{d_0}\right)^2}$$

$$\Delta C \approx 2\frac{C_0 \Delta d}{d_0}$$

得到

$$\frac{\Delta C}{C_0} = \frac{2\Delta d}{d_0} \tag{3-7}$$

可见，电容传感器做成差动式后，灵敏度提高一倍。

（2）保护环结构变极距式电容传感器

为消除极板的边缘效应的影响，可采用图 3-4 所示的加保护环消除极板边沿电场的不均匀

性。保护环与极板具有同一电位，这就把电极板间的边缘效应移到了保护环与极板 2 的边缘，极板 1 与极板 2 之间的场强分布变得均匀了。

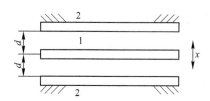

图 3-3 差动式结构变极距式电容传感器

1—动片 2—定片

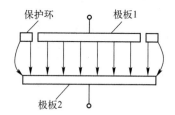

图 3-4 加保护环消除极板边沿电场的不均匀性

（3）高介电常数的变极距式电容传感器

由式（3-5）、式（3-6）可以看出，在 d_0 较小时，对于同样的 Δd 变化所引起的 ΔC 可以增大，从而使传感器灵敏度提高。但 d_0 过小，容易引起电容器击穿或短路。为此，极板间可采用高介电常数的材料（云母、塑料膜等）作介质，此时电容 C 变为

$$C = \frac{A}{\dfrac{d_g}{\varepsilon_0 \varepsilon_g} + \dfrac{d_0}{\varepsilon_0}} \tag{3-8}$$

式中，ε_g 为云母的相对介电常数，$\varepsilon_g=7$；ε_0 为空气的介电常数，$\varepsilon_0=1$；d_0 为空气隙厚度；d_g 为云母片的厚度。

云母片的相对介电常数是空气的 7 倍，其击穿电压不小于 1000kV/mm，而空气的击穿电压仅为 3kV/mm。因此，有了云母片，极板间起始距离可大大减小。

同时，式（3-8）中的 $d_g / \varepsilon_0 \varepsilon_g$ 项是恒定值，它能使传感器的输出特性的线性度得到改善。

一般变极距式电容传感器的起始电容在 20～100pF 之间，而将极板间距离设定在 25～200μm 的范围内，最大位移应小于间距的 1/10，故在微位移测量中应用最广。

3.1.2 变面积式电容传感器

1. 变面积式电容传感器的工作原理

保持极距和介质两个参数不变，仅改变面积这一个参数，就可把面积的变化转换为电容量的变化，通过测量电路就可转换为电量输出。这就是变面积式电容传感器的基本工作原理。图 3-5 为变面积式电容传感器的结构示意原理图。

根据面积变化方式的不同通常划分为平板形变面积式电容传感器、旋转形变面积式电容传感器、圆柱形变面积式电容传感器。

（1）平板形变面积式电容传感器

平板形变面积式电容传感元件结构原理如图 3-5a 所示。图 3-5a 所示平板位移 x 后，电容量由初始值 C_0 变为 C_x：

$$C_x = C_0 - \Delta C = \varepsilon \frac{b(a-x)}{d} = \left(1 - \frac{x}{a}\right)C_0 \tag{3-9}$$

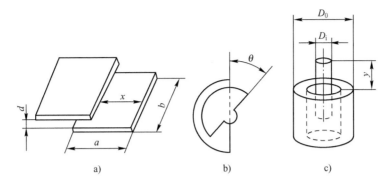

图 3-5 变面积式电容传感器的结构示意原理图

a) 平板形变面积式 b) 旋转形变面积式 c) 圆柱形变面积式

电容量变化为

$$\Delta C = C_x - C_0 = -\frac{x}{a} C_0$$

可见，传感器电容量变化量ΔC与位移距离x间呈线性关系。

灵敏度为

$$k_x = \frac{\Delta C}{x} = -\frac{C_0}{a} \qquad (3-10)$$

因此，对于一个特定的平板形变面积式电容传感器，其灵敏度是与几何结构和初始电容量相关的常数。

（2）旋转形变面积式电容传感器

旋转形变面积式电容传感元件结构原理如图 3-5b 所示。设旋转形传感器两片极板全重合（$\theta=0$）时的电容量为C_0，动片转动角度θ后，电容量C_θ变为

$$C_\theta = C_0 - \Delta C = \varepsilon \frac{r(\pi - \theta)}{d} = \left(1 - \frac{\theta}{\pi}\right) C_0 \qquad (3-11)$$

电容量变化为

$$\Delta C = C_\theta - C_0 = -\frac{\theta}{\pi} C_0 \qquad (3-12)$$

可见，传感器电容量变化量ΔC与角位移角度θ间呈线性关系。

灵敏度为

$$k_\theta = \frac{\Delta C}{\theta} = -\frac{C_0}{\pi} \qquad (3-13)$$

因此，对于一个特定的旋转形变面积式电容传感器，其灵敏度是与几何结构和初始电容量相关的常数。

（3）圆柱形变面积式电容传感器

圆柱形变面积式电容传感元件结构原理如图 3-5c 所示。设内外电极长度为L，起始电容量为C_0。则动极向上位移y后，电容量变为C_y：

$$C_y = C_0 - \Delta C \approx \left(1 - \frac{y}{L}\right) C_0 \qquad (3-14)$$

电容量变化为

$$\Delta C = C_y - C_0 = -\frac{y}{L}C_0 \tag{3-15}$$

可见，传感器电容量变化量ΔC与位移长度y间呈线性关系。

灵敏度为

$$k_y = \frac{\Delta C}{y} = -\frac{C_0}{L} \tag{3-16}$$

因此，对于一个特定的圆柱形变面积式电容传感器，其灵敏度是与几何结构和初始电容量相关的常数。

2. 变面积式电容传感器的结构

图 3-6 所示是变面积式差动电容传感器结构原理图，与非差动结构相比，传感器输出和灵敏度均提高一倍。

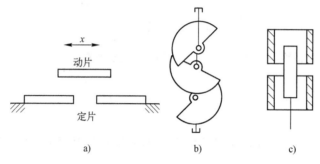

图 3-6 变面积式差动电容传感器结构原理图

a) 平板形差动式 b) 旋转形差动式 c) 圆柱形差动式

3.1.3 变介质式电容传感器

保持面积和极距两个参数不变，而仅改变介质一个参数，就可把介质的变化转换为电容量的变化，通过测量电路就可转换为电量输出。这就是变介质式电容传感器的基本工作原理。

变介质式电容传感器有较多的结构型式，可以用来测量纸张、绝缘薄膜等的厚度，也可用来测量粮食、纺织品、木材或煤等非导电固体介质的湿度。

1. 平板形变介质式电容传感器

图 3-7 所示为平板形变介质式电容传感器。图中两个平行电极固定不动，极距为 d_0，宽度为 b_0，相对介电常数为 ε_{r1}，原始电容量为 C_0。

当一个介电常数为 ε_{r2} 的电介质以不同深度插入电容器中时，就改变了两种介质的极板覆盖面积。此时，传感器总电容量 C_ε 为

$$C_\varepsilon = C_1 + C_2 = \varepsilon_0 b_0 \frac{\varepsilon_{r1}(L_0 - L) + \varepsilon_{r2}L}{d_0} \tag{3-17}$$

$$C_\varepsilon = C_1 + C_2 = \varepsilon_0 b_0 \frac{\varepsilon_{r1}(L_0 - L)}{d_0} \tag{3-18}$$

式中，L_0、b_0 为极板长度和宽度；L 为第二种介质进入极板间的长度。

若电介质 $\varepsilon_{r1}=1$，当 $L=0$ 时，传感器初始电容 C_0 为

$$C_0 = \frac{\varepsilon_0 \varepsilon_{r1} L_0 b_0}{d_0} = \frac{\varepsilon_0 L_0 b_0}{d_0} \qquad (3\text{-}19)$$

当介质 ε_{r2} 进入极间 L 后，引起电容的相对变化为

$$\frac{\Delta C}{C_0} = \frac{C - C_0}{C_0} = \frac{(\varepsilon_{r2} - 1)L}{L_0} \qquad (3\text{-}20)$$

可见，电容的变化与电介质 ε_{r2} 的移动量 L 呈线性关系。

2．圆柱形变介质式电容传感器

图 3-8 所示为圆柱形变介质式电容传感器用于测量液位高低的结构原理图。

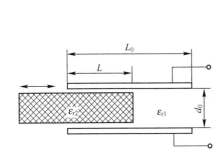

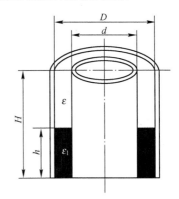

图 3-7　平板形变介质式电容传感器　　　　　图 3-8　圆柱形变介质式电容传感器

设被测介质的介电常数为 ε_1，液面高度为 h，变换器总高度为 H，内筒外径为 d，外筒内径为 D，则此时变换器电容值为

$$C = \frac{2\pi\varepsilon_1 h}{\ln\dfrac{D}{d}} + \frac{2\pi\varepsilon(H-h)}{\ln\dfrac{D}{d}} = \frac{2\pi\varepsilon H}{\ln\dfrac{D}{d}} + \frac{2\pi h(\varepsilon_1 - \varepsilon)}{\ln\dfrac{D}{d}} = C_0 + \frac{2\pi(\varepsilon_1 - \varepsilon)\cdot h}{\ln\dfrac{D}{d}} \qquad (3\text{-}21)$$

式中，ε 为空气介电常数；C_0 为由变换器的基本尺寸决定的初始电容值。

$$C_0 = \frac{2\pi\varepsilon H}{\ln\dfrac{D}{d}} \qquad (3\text{-}22)$$

由式（3-22）可知，此变换器的电容增量正比于被测液位高度 h。

3.2　电容式传感器的特点

3.2.1　电容式传感器的优点

3-2　电容式传感器的特点

1．温度稳定性好

电容式传感器的电容值一般与电极材料无关，仅取决于电极的几何尺寸，且空气等介质损

耗很小，因此只要从强度、温度系数等机械特性考虑，合理选择材料和几何尺寸即可，其他因素（因本身发热极小）影响甚微。而电阻式传感器有电阻，供电后会产生热量；电感式传感器存在铜损、涡流损耗等，引起本身发热产生零漂。

2. 结构简单、适应性强

电容式传感器结构简单，易于制造。同时，电容式传感器能在高低温、强辐射及强磁场等各种恶劣的环境条件下工作，适应能力强，尤其可以承受较大的温度变化，在高压力、高冲击及过载等情况下都能正常工作，能测超高压和低压差，也能对带磁工件进行测量。

此外传感器可以做得体积很小，以便实现某些特殊要求的测量。

3. 动态响应好

电容式传感器由于极板间的静电引力很小，需要的作用能量极小，又由于它的可动部分可以做得很小很薄，即质量很轻，因此其固有频率很高，动态响应时间短，能在几兆赫兹的频率下工作，特别适合动态测量。由于其介质损耗小，可以用较高频率供电，因此系统工作频率高，可用于测量高速变化的参数，如测量振动、瞬时压力等。

4. 可以实现非接触测量

当被测件不允许采用接触测量时，电容式传感器可以完成测量任务。当采用非接触测量时，电容式传感器具有平均效应，可以减小工件表面粗糙度等对测量的影响。

5. 所需能量小，可测微小位移

电容式传感器带电极板间的静电引力极小，因此所需输入能量极小，特别适宜低能量输入的测量，例如测量极低的压力、力和很小的加速度、位移等，可以做得很灵敏，分辨能力非常高，能感受 0.001m 甚至更小的位移。

3.2.2 电容式传感器的缺点

1. 输出阻抗高，负载能力差

电容式传感器的电容量受其电极几何尺寸等的限制，一般为几十到几百皮法，使传感器的输出阻抗很高，尤其是当采用音频范围内的交流电源时，输出阻抗高达 $10^6 \sim 10^8 \Omega$。因此传感器负载能力差，易受外界干扰影响而产生不稳定现象，严重时甚至无法工作，必须采取屏蔽措施，从而给设计和使用带来不便。

容抗大还要求传感器绝缘部分的电阻值极高（几十兆欧以上），否则绝缘部分将作为旁路电阻而影响传感器的性能（如灵敏度降低），为此还要特别注意周围环境如温湿度、清洁度等对绝缘性能的影响。

高频供电虽然可降低传感器输出阻抗，但其放大、传输远比低频时复杂，且寄生电容影响加大，难以保证工作稳定。

2. 寄生电容影响大

传感器的初始电容量很小，而其引线电缆电容（1～2m 导线可达 800pF）、测量电路的杂散电容以及传感器极板与其周围导体构成的电容等"寄生电容"却较大。

1）降低了传感器的灵敏度。

2）这些电容（如电缆电容）常常是随机变化的，将使传感器工作不稳定，影响测量精度，其变化量甚至超过被测量引起的电容变化量，致使传感器无法工作。

因此，电容式传感器对电缆选择、安装、接法有一定的要求。

3. 输出特性非线性

变极距式电容传感器的输出特性是非线性的，虽可采用差动结构来改善，但不可能完全消除。其他类型的电容式传感器只有忽略了电场的边缘效应时，输出特性才呈线性。否则边缘效应所产生的附加电容量将与传感器电容量直接叠加，使输出特性非线性。

随着材料、工艺及电子技术，特别是集成电路的高速发展，使电容式传感器的优点得到发扬而缺点不断得到克服。电容传感器正逐渐成为一种高灵敏度、高精度，在动态、低压及一些特殊测量方面大有发展前途的传感器。

3.3 电容式传感器的测量电路

电容式传感器中电容量以及电容量变化值都十分微小，这样微小的电容量还不能直接为目前的显示仪表所显示，也很难为记录仪所接受，不便于传输。这就必须借助于测量电路检出这一微小电容增量，并转换成与其成单值函数关系的电压、电流或者频率。

3-3 电容式传感器的测量电路

电容转换电路有交流电桥电路、调频电路、运算放大器电路、二极管双 T 型交流电桥、脉冲宽度调制电路等。

3.3.1 交流电桥测量电路

将电容式传感器接入交流电桥的一个臂（另一个臂为固定电容）或两个相邻臂，另两个臂可以是电阻、电容或电感，也可以是变压器的两个二次线圈。其中另两个臂是紧耦合电感臂的电桥，具有较高的灵敏度和稳定性，且寄生电容影响极小，大大简化了电桥的屏蔽和接地，适合于高频电源下工作。而变压器式电桥使用元器件最少，桥路内阻最小，因此目前采用较多。

1. 普通交流电桥

图 3-9 所示为由电容 C、C_0 和阻抗 Z、Z' 组成的普通交流电桥测量电路，其中 C 为电容传感器的电容，Z' 为等效配接阻抗，C_0 和 Z 分别为固定电容和阻抗。

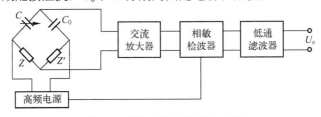

图 3-9　普通交流电桥测量电路

电桥初始状态调至平衡，当传感器电容 C 变化时，电桥失去平衡而输出电压，此交流电压的幅值随 C 而变化。电桥的输出电压为

$$U_o = \frac{\Delta Z}{Z} U \frac{1}{1 + \frac{1}{2}\left(\frac{Z'}{Z} + \frac{Z}{Z'}\right) + \frac{Z + Z'}{Z_i}} \tag{3-23}$$

式中，Z 为电容臂阻抗；ΔZ 为传感器电容变化时对应的阻抗增量；Z_i 为电桥输出端放大器的输入阻抗。

这种交流电桥测量电路要求提供幅度和频率很稳定的交流电源，并要求电桥放大器的输入阻抗 Z_i 很高。为了改善电路的动态响应特性，一般要求交流电源的频率为被测信号最高频率的 $3\sim10$ 倍。

2. 紧耦合电感臂电桥

图 3-10 为用于电容传感器测量的紧耦合电感臂电桥。该电路的特点是两个电感臂相互为紧耦合，它的优点是抗干扰能力强，稳定性高。

电桥的输出电压表达式为

$$U_o = \frac{\Delta Z}{Z} \frac{\dfrac{1+A}{1+B}}{1 + \dfrac{1}{2}\left(A + \dfrac{1}{B}\right) + \dfrac{Z}{Z_L}(1+A)} \tag{3-24}$$

式中，$Z = \dfrac{1}{j\omega C}$；$\Delta Z = \dfrac{\Delta C}{j\omega C^2}$；$A = \dfrac{Z_{12}(1-K)}{Z}$；$B = \dfrac{Z_{12}(1+K)}{Z}$；$Z_{12} = j\omega L$；$K = 1 - \dfrac{j\omega(L+M)}{j\omega L}$；$Z_L$ 为电桥负载阻抗。

3. 变压器式电桥

电容式传感器所用的变压器式电桥如图 3-11 所示。

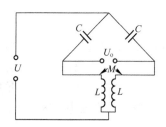

图 3-10　紧耦合电感臂电桥

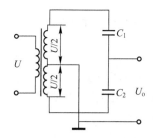

图 3-11　变压器式电桥

当负载阻抗为无穷大时，电桥的输出电压为

$$U_o = \frac{U}{2} \frac{Z_2 - Z_1}{Z_2 + Z_1} \tag{3-25}$$

将 $Z_1 = \dfrac{1}{j\omega C_1}$，$Z_2 = \dfrac{1}{j\omega C_2}$ 代入式（3-25），可得

$$U_o = \frac{U}{2} \frac{C_1 - C_2}{C_1 + C_2} \tag{3-26}$$

式中，C_1、C_2 为差动电容式传感器的电容量。设 C_1、C_2 为变间隙式电容传感器，则有

$$C_1 = \frac{\varepsilon A}{d - \Delta d}, \quad C_2 = \frac{\varepsilon A}{d + \Delta d}$$

代入式（3-26），可得

$$U_o = \frac{U}{2} \frac{\Delta d}{d} \tag{3-27}$$

可见，在放大器输入阻抗极大的情况下，输出电压与位移呈线性关系。

4. 交流电桥测量电路的特点

1）高频交流正弦波供电。

2）电桥输出调幅波，要求其电源电压波动极小，需采用稳幅、稳频等措施。

3）通常处于不平衡工作状态，所以传感器必须工作在平衡位置附近，否则电桥非线性增大，且在要求精度高的场合应采用自动平衡电桥。

4）输出阻抗很高（几兆欧至几十兆欧），输出电压低，必须后接高输入阻抗、高放大倍数的处理电路。

3.3.2 调频测量电路

调频测量电路把电容式传感器作为振荡器谐振回路的一部分。当输入量导致电容量发生变化时，振荡器的振荡频率就发生变化。

虽然可将频率作为测量系统的输出量，用以判断被测非电量的大小，但此时系统是非线性的，不易校正，因此加入鉴频器，将频率的变化转换为振幅的变化，经过放大就可以用仪器指示或记录仪记录下来。调频测量电路的原理框图如图 3-12 所示。

1. 工作原理

图 3-12 中调频振荡器的振荡频率为

$$f = \frac{1}{2\pi\sqrt{LC}}$$

式中，L 为振荡回路的电感；C 为振荡回路的总电容，$C=C_1+C_2+C_0\pm\Delta C$。其中，C_1 为振荡回路固有电容，C_2 为传感器引线分布电容；$C_x=C_0\pm\Delta C$ 为传感器的电容。

图 3-12　调频测量电路的原理框图

当被测信号为 0 时，$\Delta C=0$，则 $C=C_1+C_2+C_0$，所以振荡器有一个固有频率 f_0（一般选在 1MHz 以上）：

$$f_0 = \frac{1}{2\pi\sqrt{(C_1 + C_2 + C_0)L}}$$

当被测信号不为 0 时，$\Delta C\neq 0$，振荡器频率有相应变化，此时频率为

$$f = \frac{1}{2\pi\sqrt{(C_1 + C_2 + C_x)L}} = f_0 \pm \Delta f \qquad (3\text{-}28)$$

2. 使用结论

振荡器输出的高频电压是一个受被测信号调制的调制波，其频率由式（3-28）决定。

调频电容传感器测量电路具有较高灵敏度，可以测至 0.01μm 级位移变化量。频率输出易于用数字仪器测量并可与计算机通信，抗干扰能力强，可以发送、接收以实现遥测遥控。

3.3.3 运算放大器测量电路

运算放大器的放大倍数 K 非常大，而且输入阻抗 Z_i 很高的这一特点可以使其作为电容式传感器比较理想的测量电路。

1. 工作原理

图 3-13 是运算放大器式电路原理图。C_x 为电容式传感器，U_i 是交流电源电压，U_o 是输出信号电压，Σ 是虚地点。由运算放大器工作原理可得

$$\dot{U}_o = -\frac{C}{C_x}\dot{U}_i \tag{3-29}$$

如果传感器是一只平板电容，则

$$C_x = \frac{\varepsilon A}{d} \tag{3-30}$$

将式（3-29）代入式（3-28），有

$$\dot{U}_o = -\dot{U}_i\frac{C}{\varepsilon A}d \tag{3-31}$$

式中，"-"号表示输出电压 U_o 的相位与电源电压反相。

2. 使用结论

式（3-31）说明运算放大器的输出电压与极板间距离 d 呈线性关系。运算放大器电路解决了单个变极距式电容传感器的非线性问题。但要求 Z_i 及 K 足够大。为保证仪器精度，还要求电源电压的幅值和固定电容 C 值稳定。

3.3.4 二极管双T形交流电桥

二极管双 T 形交流电桥电路图如图 3-14 所示。e 是高频电源，它提供幅值为 U_i 的对称方波，VD_1、VD_2 为特性完全相同的两个二极管，$R_1=R_2=R$，C_1、C_2 为传感器的两个差动电容。当传感器没有输入时，$C_1=C_2$。

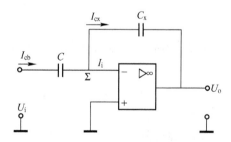

图 3-13　运算放大器式电路原理图

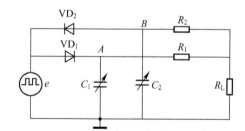

图 3-14　二极管双 T 形交流电桥电路图

1. 工作原理

二极管双 T 形交流电桥电路工作原理图如图 3-15 所示。

当 e 为正半周时，二极管 VD_1 导通、VD_2 截止，于是电容 C_1 充电。

在负半周出现时，电容 C_1 上的电荷通过电阻 R_1、负载电阻 R_L 放电，流过 R_L 的电流为 I_1。在负半周内，VD_2 导通、VD_1 截止，则电容 C_2 充电；在随后出现正半周时，C_2 通过电阻 R_2、

负载电阻 R_L 放电，流过 R_L 的电流为 I_2。

　　根据上面所给的条件，电流 $I_1 = I_2$，且方向相反，在一个周期内流过 R_L 的平均电流为零。

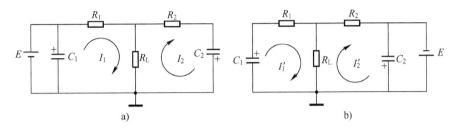

图 3-15　二极管双 T 形交流电桥电路工作原理图

　　若传感器输入不为 0，则 $C_1 \neq C_2$，那么 $I_1 \neq I_2$，此时 R_L 上必定有信号输出，其输出在一个周期内的平均值为

$$U_o = I_L R_L = R_L \frac{1}{T} \int_0^T [I_1(t) - I_2(t)] \mathrm{d}t$$

$$\approx \frac{R(R + 2R_L)}{(R + R_L)^2} R_L E f (C_1 - C_2)$$

式中，f 为电源频率。

　　当 R_L 已知时，设

$$M = \frac{R(R + 2R_L)}{(R + R_L)^2} R_L \tag{3-32}$$

则 M 为常数，从而有

$$U_o = M E f (C_1 - C_2) \tag{3-33}$$

2. 使用结论

　　从式（3-33）可知，输出电压 U_o 不仅与电源电压的幅值和频率有关，而且与 T 形网络中的电容 C_1 和 C_2 的差值有关。

　　1）当电源电压确定后，输出电压 U_o 是电容 C_1 和 C_2 的函数。

　　2）该电路输出电压较高，当电源频率为 1.3MHz，电源电压 $E = 46V$ 时，电容从 -7～+7pF 变化，可以在 1MΩ 负载上得到 -5～+5V 的直流输出电压。

　　3）电路的灵敏度与电源幅值和频率有关，故输入电源要求稳定。当 E 幅值较高，使二极管 VD_1、VD_2 工作在线性区域时，测量的非线性误差很小。

　　4）电路的输出阻抗与电容 C_1、C_2 无关，而仅与 R_1、R_2 及 R_L 有关，其值为 1～100kΩ。输出信号的上升沿时间取决于负载电阻。对于 1kΩ 的负载电阻，其上升时间为 20μs 左右，故可用来测量高速的机械运动。

3. 线路特点

　　1）线路简单，可全部放在探头内，大大缩短了电容引线，减小了分布电容的影响。

　　2）由于电源周期、幅值直接影响灵敏度，因此要求它们高度稳定。

　　3）输出阻抗为 R，与电容无关，克服了电容式传感器高内阻的缺点。

　　4）适用于具有线性特性的单组式和差动式电容式传感器。

3.4 电容式传感器的应用

3.4.1 电容式传感器用于压力测量

3-4 电容式传
感器的应用

1. 电容式压力传感器

图 3-16 所示为差动电容式压力传感器的结构图。图中所示为一个膜片动电极和两个在凹形玻璃上电镀成的固定电极组成的差动电容器。

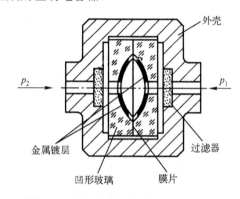

图 3-16 差动电容式压力传感器结构图

当被测压力或压力差作用于膜片并使之产生位移时，所形成的两个电容器的电容量，一个增大一个减小。该电容值的变化经测量电路转换成与压力或压力差相对应的电流或电压的变化。

电容式压力传感器可以用来测量各种介质在液体、气体和蒸汽状态下的差压、压力及液位等参数，与节流装置配合还可以测量流体的流量参数，并将被测的压力参数转换成 4～20mA 标准电信号输出，该输出可作为指示、记录和各种控制、调节系统的输入信号。因为输出的是标准信号，因此，此时的传感器通常称为变送器。压力变送器作为一种现场压力参数的检测仪表，在过程控制系统中具有广泛的用途。

2. 电容式压力变送器实例

美国艾默生公司的 Fisher-Rosemount 品牌的 1151 系列和 3051 系列压力变送器是基于电容式压力传感器的智能型变送器，它在输出 4～20mA 标准电信号的同时，还可以输出符合 HART (Highway Addressable Remote Transducer，可寻址远程传感器高速通道) 协议的数字信号，具有与手操器或上位机进行通信的功能。而且，变送器具有输出参数组态功能，能适应不同用户的需要。

（1）1151 系列压力变送器原理

1151 系列压力变送器的原理与外形如图 3-17 所示。被测介质的压力通过 δ 室高、低压侧的隔离膜片和其中的灌充油传到中心的传感膜片上。除 AP 型绝对压力变送器，其传感膜片的另一侧是绝对真空基准点外，其他型号的传感膜片的另一侧不是大气压力，就是被测差压的低压侧。

传感膜片是一种预张紧的弹性元件，其位移随所受被测介质的差压而变化（对于表压变送器，大气压力如同施加在传感膜片的低压侧一样），最大的位移量约为 0.08mm，测量膜片的位置由它两侧的固定电容极板通过电容量的变化检测出来。测量膜片和两固定电容极板的差动电容变化与被测压力信号成正比。两侧的电容极板检测传感膜片的位置。传感膜片和电容极板之间电容的差值被转换为相应的输出信号，4～20mA 电流信号、1～5V 电压信号或数字 HART 协议的信号。

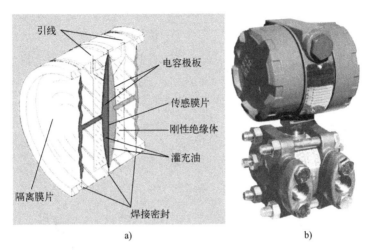

图 3-17 1151 系列压力变送器的原理与外形图

a) 原理图 b) 外形图

（2）1151 系列压力变送器规格

根据不同的用途，1151 系列压力变送器可分为不同的品种规格，包括差压变送器（一般差压、微小差压、高静压差压）、压力变送器（表压力、绝对压力）、液位变送器、间接测量流量变送器（与节流装置配合）。可以测量从小差压至大差压、低压力至高压力，具有多种组合选项，可覆盖整个过程控制需要。压力/差压变送器配上远传密封装置后，可避免被测介质直接与变送器的隔离膜片接触，对不能直接进行测量的介质提供了一种可靠的测量方法。

1151 系列变送器可实现的主要功能有：线性与开方输出设置；工程量单位设置；量程、零点、迁移量设置；阻尼时间设置；报警设置；管理信息输入；变送器有关资料记录；自诊断功能。可广泛应用于化工、石油、冶金、电站等工业自动化过程控制系统中。

3.4.2 电容式传感器用于加速度测量

1. 电容式传感器加速度测量原理

图 3-18 所示为差动式电容加速度传感器结构图。它有两个固定电极（与壳体绝缘），中间有一用弹簧片支撑的质量块，此质量块的两个端面经过磨平抛光后可作为可动电极（与壳体电连接）。

当传感器壳体随被测对象在垂直方向上做直线加速运动时，质量块在惯性空间中相对静止，而两个固定电极将相对质量块在垂直方向上产生大小正比于被测加速度的位移。此位移使两电容的间隙发生变化，一个增加，一个减小，从而使 C_1、C_2 产生大小相等、符号相反的增量，此增量正比于被测加速度。

电容式加速度传感器的主要特点是频率响应快和量程范围广，大多采用空气或其他气体作为阻尼物质。

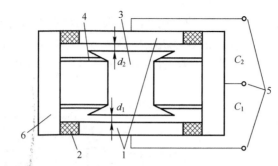

1—固定电极 2—绝缘垫 3—质量块 4—弹簧 5—输出端 6—壳体

图 3-18 差动式电容加速度传感器结构图

2. 电容式加速度传感器实例

AIS4120 单轴电容式加速度传感器的外形图如图 3-19 所示。

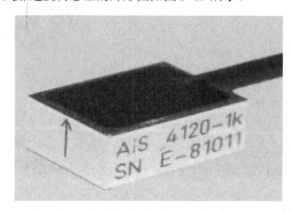

图 3-19 AIS4120 单轴电容式加速度传感器的外形图

其主要技术指标是：单轴测量；测量范围为 $5\sim1000g$；灵敏度为 $800\sim4mV/g$；材质为铝；阳极做氧化处理或采用不锈钢；工作温度-20～90℃。

其特点是：传感器完全温度补偿；高灵敏度；放大器直流输出；抗强振动；安装简单，直接粘上就可使用；信号由一根电缆直接输出，电缆灵活，易于操作；采用不锈钢外壳封装。

其主要用途是：振动的监视与测量；自动动态矫正；仪表测量；机床控制。此外，也常常用于摆锤冲击校准和正弦标定。

3.4.3 电容式传感器用于金属厚度测量

图 3-20 所示为频率型差动式电容测厚传感器系统示意图，图 3-21 所示为频率型差动式电容测厚传感器系统组成框图。

将被测电容 C_1、C_2 作为各变换振荡器的回路电容，振荡器的其他参数为固定值，其等效电路如图 3-22 所示，图中 C_0 为耦合和寄生电容，振荡频率 f 为

$$f = \frac{1}{2\pi\sqrt{L(C_x + C_0)}} \tag{3-34}$$

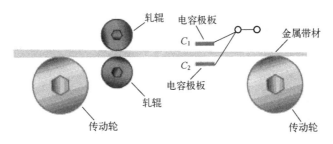

图 3-20 频率型差动式电容测厚传感器系统示意图

$$C_x = \frac{\varepsilon_\mathrm{r} A}{3.6\pi \cdot d_x} \quad\quad (3\text{-}35)$$

式中，ε_r 为极板间介质的相对介电常数；A 为极板面积；d_x 为极板间距离；C_x 为待测电容器的电容量。

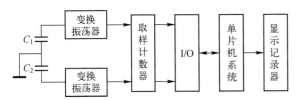

图 3-21 频率型差动式电容测厚传感器系统组成框图   图 3-22 频率型差动式电容测厚传感器等效电路

由此可见，振荡频率包含了电容传感器的间距 d_x 的信息。

将式（3-34）与式（3-35）联立，可得

$$d_x = \frac{\dfrac{\varepsilon_\mathrm{r} A}{3.6\pi} \cdot 4\pi^2 L f^2}{1 - 4\pi^2 L C_0 f^2} \quad\quad (3\text{-}36)$$

设两传感器极板间距离固定为 d_0，若在同一时间分别测得上、下极板与金属板材上、下表面距离为 d_{x1}、d_{x2}，则被测金属板材厚度为

$$\delta = d_0 - (d_{x1} + d_{x2}) \quad\quad (3\text{-}37)$$

式中，δ 为被测金属板材厚度；d_0 为上下两个极板间的距离；d_{x1} 为上部分电容极板间距离；d_{x2} 为下部分电容极板间距离。

因此，各频率值通过取样计数器获得数字量，然后由计算机进行处理以消除非线性频率变换产生的误差，即可获得板材厚度。

3.4.4 电容式传感器用于接近测量

1. 接近开关

接近开关又称无触点行程开关。它除可以完成行程控制和限位保护外，还是一种非接触型的检测装置，用于检测零件尺寸和测速等，也可用于变频计数器、变频脉冲发生器、液面控制和加工程序的自动衔接等。其特点有工作可靠、寿命长、功耗低、复定位精度高、操作频率高

以及适应恶劣的工作环境等。

在各类开关中，有一种对接近它的物件有"感知"能力的位移敏感传感器，又叫作接近传感器。利用位移传感器对接近物体的敏感特性达到控制开关通或断的目的传感器，就是接近开关。当有物体移向接近开关，并接近到一定距离时，位移传感器才有"感知"，开关才会动作。通常把这个距离叫作"检出距离"。不同接近开关的检出距离也不同。

有时被检测物体是按一定的时间间隔，一个接一个地移向接近开关，又一个一个地离开，这样不断地重复。不同的接近开关，对检测对象的响应能力是不同的。这种响应特性被称为"响应频率"。

因为位移传感器可以根据不同的原理和不同的方法制成，而不同的位移传感器对物体的"感知"方法也不同，所以常见的接近开关有电容式接近开关、电涡流式接近开关、霍尔式接近开关、光电式接近开关和热释式接近开关等。

2. 电容式接近开关

电容式接近开关的测量头通常是构成电容器的一个极板，而另一个极板是开关的外壳。这个外壳在测量过程中通常是接地或与设备的机壳相连接。当有物体移向接近开关时，不论它是否为导体，由于它的接近，总要使电容的介电常数发生变化，从而使电容量发生变化，使得和测量头相连的电路状态也随之发生变化，由此便可控制开关的接通或断开。这种接近开关检测的对象，不限于导体，还可以是绝缘的液体或粉状物等。

电容式接近开关是一种具有开关量输出，与被检测体无机械接触，能因接近而动作的传感器。

当被检测物体靠近接近开关工作面时，回路的电容量发生变化，由此产生开与关的作用，从而检测物体的有或无。因电容式接近开关的工作特性，开关不仅能检测金属，而且也能对非金属物质如塑料、玻璃、水、油等物质进行相应的检测。在检测非金属物体时，相应的检测距离因受检测体的导电率、介电常数、体积吸水率等参数影响，相应的检测距离会有所不同，对接地的金属导体有最大的检测距离。

3. CJM30 型电容式接近开关

图 3-23 所示为 CJM30 型电容式接近开关的外形图。它可检测导体及介电体，消耗电流为直流型（NPN、PNP）DC 12V 时 8mA、DC 24V 时 15mA，交流型<10mA；输出电流为直流型 200mA、交流型 300mA；输出电压降为直流型（NPN、PNP）< 3V、交流型<7V；响应频率为直流型 50Hz、交流型 20Hz；工作环境温度为-25～70℃；绝缘电阻为 50MΩ；防护等级为 IP45。

图 3-23 CJM30 型电容式接近开关的外形图

3.4.5 电容式传感器用于物位测量

1. 电容式传感器物位测量原理

图 3-24 是电容式料位传感器结构示意图。测定电极安装在储罐的顶部，这样在罐壁和测定电极之间就形成了一个电容器。

当储罐内放入被测物料时，由于被测物料介电常数的影响，传感器的电容量将发生变化，电容量变化的大小与被测物料在罐内的高度有关，且成比例变化。检测出这种电容量的变化就可测定物料在罐内的高度。

传感器的静电电容可由下式表示

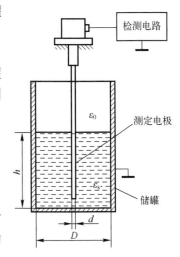

$$C = \frac{2\pi(\varepsilon_s - \varepsilon_0)h}{\ln\dfrac{D}{d}} \tag{3-38}$$

式中，ε_s 为被测物料的相对介电常数；ε_0 为空气的相对介电常数；D 为储罐的内径；d 为测定电极的直径；h 为被测物料的高度。

假定罐内没有物料时的传感器静电电容为 C_0，放入物料后传感器静电电容为 C_1，则两者电容差为

图 3-24 电容式料位传感器
结构示意图

$$\Delta C = C_1 - C_0 \tag{3-39}$$

由式（3-39）可见，两种介质常数差别越大，D 与 d 相差越小，传感器灵敏度就越高。

2. 电容式液位变送器实例

如图 3-25 所示为德国恩德斯豪斯公司的 LiquicapMFMI51，是可以用于连续测量的电容式液位变送器，其一体化型变送器可对液体物料进行连续的物位测量。

变送器的探头既可在真空环境中使用，也可在压力值高达 10MPa 的过压环境中使用。采用的密封及绝缘材料使探头适用于操作温度范围为 −80～200℃ 的应用场合。

当被测介质的电导率 >100μS/cm 时，液位测量与介电常数无关，此时测量不同液体物料时无须重新标定探头。

（1）工作原理

电容式物位测量是利用物位高低变化影响电容值变化的原理来进行测量的。探头与罐壁（导电材料制成）构成一个电容。探头处于空气中时，测量到的是一个小数值的初始电容值。当罐体中有物料注入时，电容值将随探头被物料所覆盖区域面积的增加而相应地增大。对于电导率为大于 100μS/cm 的液体介质，测量值与液体的介电常数的大小无关，因此介电常数的波动不会导致显示测量值发生变化。此外，测量系统还能消除介质黏附，以及在带屏蔽段探头的过程连接处附近冷凝对测量的影响。对于非导电材料制成的罐体，可采用接地管作为接地电极。

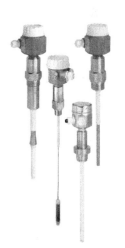

图 3-25 FMI51 电容式
液位变送器

所选探头的电子插件可将液体电容值的变化量转换成与物位大小成正比的信号（如 4～20mA 信号），从而显示出介质物位值。

罐体电容值的电子计算是基于相位选择测量原理工作的。在此过程中，电压与电流间的交变电流大小和相移总量可被测量出来。根据这两个特征参数，电容性无功电流的大小可由介质容抗计算出来，而实际电流的大小可通过介质阻抗计算出来。探头杆或探头缆上的导电性黏附物相当于附加介质阻抗，因而可导致测量误差的产生。相位选择测量方法可计算出介质阻抗的大小，因此通常采用此算法来补偿探头上的黏附影响。

（2）产品性能与优势

对电导率为 100μS/cm 的液体物料进行测量时，无须对探头进行标定。探头的出厂标定是根据用户所订购的探头长度（0～100%）来进行的，因而用户能简便、快速地对探头进行调试。

3. 电容式料位传感器实例

德国恩德斯豪斯公司的 Minicap FTC260，如图 3-26 所示，可用来对轻质粉状散料进行限位检测，例如颗粒状产品、面粉、奶粉、动物饲料、水泥、石灰或石膏。

（1）工作原理

电容式限位检测的测量原理是：固体物料的物位高低变化导致探头被覆盖区域大小发生变化，从而导致电容值发生变化。探头与罐壁（导电材料制成）构成一个电容。探头处于空气中时，测量到的是一个小数值的初始电容。当罐体中有物料注入时，电容值将随着探头被物料所覆盖的区域面积的增加而相应增大。

在标定过程中，当电容达到设定的一个 C_s 值时，限位开关就会动作。此外，测量系统还能消除介质黏附以及在带屏蔽段探头的过程连接处附近冷凝对测量的影响。对于非导电材料制成的罐体，可采用接地管作为接地电极。

图 3-26　FTC260 电容式
料位开关

（2）特点及优点

1）由探头和电子插件组成，安装简单，无须标定即可启用。

2）有效的黏结补偿，即使探头上有很多黏结物时仍有正确的开关点，工作的安全性很高。

3）机械结构无易磨损部件，工作寿命长，无须维护。

4）Minicap FTC 262 缆式探头可缩短，仓内测量匹配优化，所需备件少。

习题与思考题

1. 电容式传感器有什么特点？试举出所知道的电容传感器的实例。

2. 粮食部门在收购、存储粮食时，需测定粮食的干燥程度，以防霉变。请根据已学过的知识设计一个粮食水分含量测试仪（画出原理图、传感器简图，并简要说明它的工作原理及优缺点）。

3．试分析变面积式电容传感器和变极距式电容传感器的灵敏度。为了提高传感器的灵敏度可采取什么措施并应注意什么问题？

4．正方形平板电容器，极板长度 a=4cm，极板间距离 δ=0.2mm。若用此变面积式传感器测量位移 x，试计算该传感器的灵敏度并画出传感器的特性曲线。已知极板间介质为空气，ε_0=8.85×10^{-12}F/m。

5．为什么说变极距式电容传感器特性是非线性的？采取什么措施可改善其非线性特征？

6．为什么变极距式电容传感器的灵敏度和非线性是矛盾的？实际应用中怎样解决这一问题？

7．有一变极距式电容传感器，两极板的重合面积为 8cm^2，两极板间的距离为 1mm，已知空气的相对介电常数为 1.0006，试计算该传感器的位移灵敏度。

8．一电容测微仪，其传感器的圆形极板半径 r=4mm，工作初始间隙 δ=0.3mm，问：

1）工作时，如果传感器与工作的间隙变化量 $\Delta\delta$=±1μm 时，电容变化量是多少？

2）如果测量电路的灵敏度 S_1=100mV/pF，读数仪表的灵敏度 S_2=5 格/mV，在 $\Delta\delta$=±1μm 时，读数仪表的指示值变化多少格？

9．在网上查资料，Fisher-Rosemount 公司的 1151 系列压力变送器的核心元件是何种类型的传感器，它能应用到何种场合？

第4章 电感式传感器技术

利用电磁感应原理将被测非电量（如位移、压力、流量及振动等）转换成线圈自感量或互感量的变化，再由测量电路将这种变化转换为电压或电流的变化量输出，这种装置称为电感式传感器。

电感式传感器具有结构简单，工作可靠，测量精度高，零点稳定，输出功率较大等一系列优点，其主要缺点是灵敏度、线性度和测量范围相互制约，传感器自身频率响应低，不适用于快速动态测量。

电感式传感器能实现信息的远距离传输、记录、显示和控制，在工业自控系统中被广泛采用。

电感式传感器种类很多，本章主要介绍自感式、差动变压器式和电涡流式三种传感器。

4.1 自感式电感传感器

自感式电感传感器按照结构分为气隙型和螺管型两种。

4-1 自感式电感传感器

4.1.1 气隙型自感传感器

1. 气隙型自感传感器的工作原理

气隙型自感传感器的结构如图 4-1 所示。它由线圈、铁心和衔铁三部分组成。气隙型自感传感器又可分为变间隙式（位移改变气隙的大小）和变面积式（位移改变气隙的接触面积）两种。

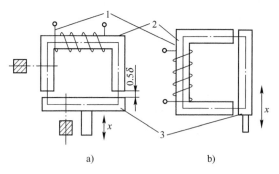

图 4-1 气隙型自感传感器的结构

a) 变间隙式 b) 变面积式

1—线圈 2—铁心 3—衔铁

铁心和衔铁由导磁材料（如硅钢片或坡莫合金）制成，在铁心和衔铁之间有气隙，气隙厚度为 δ，传感器的运动部分与衔铁相连。当衔铁移动时，气隙厚度 δ 发生改变，引起磁路中磁阻变化，从而导致电感线圈的电感值变化，因此，只要能测出这种电感量的变化，就能确定衔铁位移量的大小和方向。

根据电感定义，线圈中电感量可由下式确定

$$L = \frac{\Psi}{I} = \frac{N\Phi}{I} \tag{4-1}$$

式中，Ψ 为线圈总磁链；I 为通过线圈的电流；N 为线圈的匝数；Φ 为穿过线圈的磁通。

由磁路欧姆定律，得

$$\Phi = \frac{IN}{R_m} \tag{4-2}$$

式中，R_m 为磁路总磁阻。

对于变间隙式自感传感器，因为气隙很小，所以可以认为气隙中的磁场是均匀的。若忽略磁路磁损，则磁路总磁阻为

$$R_m = \frac{L_1}{\mu_1 S_1} + \frac{L_2}{\mu_2 S_2} + \frac{\delta}{\mu_0 S_0} \tag{4-3}$$

式中，μ_1 为铁心材料的磁导率；μ_2 为衔铁材料的磁导率；L_1 为磁通通过铁心的长度；L_2 为磁通通过衔铁的长度；S_1 为铁心的截面积；S_2 为衔铁的截面积；μ_0 为空气的磁导率；S_0 为气隙的截面积；δ 为气隙的厚度。

通常气隙磁阻远大于铁心和衔铁的磁阻，即

$$\frac{\delta}{\mu_0 S_0} \gg \frac{L_1}{\mu_1 S_1} ; \quad \frac{\delta}{\mu_0 S_0} \gg \frac{L_2}{\mu_2 S_2} \tag{4-4}$$

则式（4-3）可近似为

$$R_m \approx \frac{\delta}{\mu_0 S_0} \tag{4-5}$$

联立式（4-1）、式（4-2）及式（4-5），可得

$$L = \frac{N^2}{R_m} = \frac{N^2 \mu_0 S}{\delta} \tag{4-6}$$

上式表明，当线圈匝数为常数时，电感 L 仅仅是磁路中磁阻 R_m 的函数，只要改变 δ 或 S 均可导致电感变化。因此，气隙型自感传感器又分为变气隙厚度 δ 的变间隙式传感器和变气隙面积 S 的变面积式传感器。因为变化的都是磁阻，所以气隙型自感传感器又称为变磁阻式传感器。目前，使用最广泛的是变气隙厚度变间隙式自感传感器。

2. 气隙型自感传感器的输出特性

从式（4-6）可知 L 与 δ 之间是非线性关系，而 L 与 S 之间是线性关系；即变间隙式自感传感器的输出特性为非线性关系，变面积式自感传感器输出特性为线性关系。气隙型自感传感器的特性曲线如图 4-2 所示。

（1）变间隙式自感传感器的输出特性

设电感传感器初始气隙为 δ_0，初始电感量为 L_0，代入式（4-6）并整理，则初始电感量为

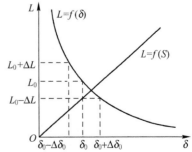

图 4-2 气隙型自感传感器的特性曲线

$$L_0 = \frac{\mu_0 S_0 N^2}{\delta_0} \tag{4-7}$$

对于变间隙式自感传感器，当衔铁上移 $\Delta\delta$ 时，传感器气隙减小 $\Delta\delta$，即 $\delta=\delta_0-\Delta\delta$，则此时输出电感为 $L=L_0+\Delta L$，当 $\Delta\delta/\delta_0<<1$ 时，有

$$L = L_0 + \Delta L = \frac{N^2 \mu_0 s_0}{(\delta_0 - \Delta\delta)} = \frac{L_0}{1 - \dfrac{\Delta\delta}{\delta_0}} \tag{4-8}$$

可将上式用泰勒级数展开成级数形式，从而求得电感相对增量 $\Delta L/L_0$ 的表达式为

$$\frac{\Delta L}{L_0} = \frac{\Delta\delta}{\delta_0} \cdot \left[1 + \left(\frac{\Delta\delta}{\delta_0}\right) + \left(\frac{\Delta\delta}{\delta_0}\right)^2 + \cdots \right] \tag{4-9}$$

当衔铁上移 $\Delta\delta$ 时，传感器气隙增加 $\Delta\delta$，即 $\delta=\delta_0+\Delta\delta$，则此时输出电感为 $L=L_0-\Delta L$，有

$$\frac{\Delta L}{L_0} = \frac{\Delta\delta}{\delta_0} \left[1 - \left(\frac{\Delta\delta}{\delta_0}\right) + \left(\frac{\Delta\delta}{\delta_0}\right)^2 - \cdots \right] \tag{4-10}$$

对式（4-9）、式（4-10）做线性处理，忽略高次项，可得

$$\frac{\Delta L}{L_0} \approx \frac{\Delta\delta}{\delta_0} \tag{4-11}$$

灵敏度为

$$k_0 = \frac{\dfrac{\Delta L}{L_0}}{\Delta\delta} \approx \frac{1}{\delta_0} \tag{4-12}$$

由此可见，变间隙式自感传感器的测量范围与灵敏度及线性度相矛盾，所以变隙式自感传感器用于测量微小位移时是比较精确的。为了减小非线性误差，实际测量中广泛采用差动变隙式自感传感器。

（2）变面积式自感传感器的输出特性

传感器气隙长度保持不变，令磁通截面积随被测非电量而变，设铁心材料和衔铁材料的磁导率相同，则此变面积式自感传感器自感 L 为

$$L = \frac{W^2}{\dfrac{l_\delta}{\mu_0 s} + \dfrac{l}{\mu_0 \mu_r s}} = \frac{W^2 \mu_0}{l_\delta - l/\mu_r} s = K's \tag{4-13}$$

式中，μ_r 为铁心和衔铁材料的磁导率；L_δ 为磁通通过气隙的长度；L 为磁通通过铁心和衔铁的长度；μ_0 为空气的磁导率；S 为气隙的截面积。

则，其灵敏度为

$$k_0 = \frac{\mathrm{d}L}{\mathrm{d}s} = K' \tag{4-14}$$

可见，变面积式自感传感器在忽略气隙磁通边缘效应的条件下，输入与输出呈线性关系；因此可得到较大的线性范围。但是与变气隙式自感传感器相比，其灵敏度降低。

3. 变间隙式自感传感器的结构

在实际应用中，常采用两个相同的传感器线圈共用一个衔铁，构成差动变间隙式自感传感

器，以提高传感器的灵敏度，减小测量误差。

图 4-3 所示为差动变间隙式自感传感器结构图。由图 4-3 可知，差动变间隙式自感传感器由两个相同的电感线圈 I、II 和磁路组成。

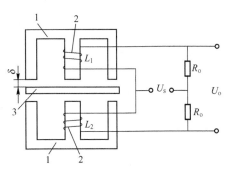

图 4-3 差动变间隙式自感传感器结构图

1—铁心 2—线圈 3—衔铁

测量时，衔铁通过导杆与被测位移量相连，当被测体上下移动时，导杆带动衔铁也以相同的位移上下移动，使两个磁回路中磁阻发生大小相等，方向相反的变化，导致一个线圈的电感量增加，另一个线圈的电感量减小，形成差动形式。

当衔铁往上移动 $\Delta\delta$ 时，两个线圈的电感变化量 ΔL_1、ΔL_2 分别由式（4-8）及式（4-10）表示，当以差动方式使用时，两个电感线圈接成交流电桥的相邻桥臂，另两个桥臂由电阻组成，电桥输出电压与 ΔL 有关，其具体表达式为

$$\Delta L = \Delta L_1 + \Delta L_2 = 2L_0 \frac{\Delta\delta}{\delta_0}\left[1 + \frac{\Delta\delta}{\delta} + \left(\frac{\Delta\delta}{\delta_0}\right) + \cdots\right] \tag{4-15}$$

对式（4-9）、式（4-11）做线性处理，忽略高次项，可得

$$\frac{\Delta L}{L_0} = 2\frac{\Delta\delta}{\delta_0} \tag{4-16}$$

灵敏度为

$$k_0 = \frac{\frac{\Delta L}{L_0}}{\Delta\delta} = 2\frac{1}{\delta_0} \tag{4-17}$$

比较单线圈和差动两种变间隙式自感传感器的特性，可以得到如下结论。

1）差动式比单线圈式的灵敏度高一倍。

2）差动式的非线性项等于单线圈非线性项乘以（$\Delta\delta/\delta_0$）因子，因为（$\Delta\delta/\delta_0$）<<1，所以差动式的线性度得到明显改善。

3）为了使输出特性能得到有效改善，构成差动的两个变隙式自感传感器在结构尺寸、材料、电气参数等方面均应完全一致。

4.1.2 螺管型自感传感器

1. 螺管型自感传感器的原理

螺管型自感传感器主要有单线圈和差动式两种结构形式。

　　单线圈螺管型传感器的主要元件为一只螺管线圈和一根圆柱形铁心，单线圈螺管型传感器结构图如图 4-4 所示。传感器工作时，因铁心在线圈中伸入长度的变化，引起螺管线圈自感值的变化。

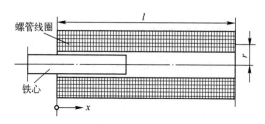

图 4-4　单线圈螺管型传感器结构图

　　当用恒流源激励时，线圈的输出电压与铁心的位移量有关。

　　铁心在开始插入（$x=0$）或几乎离开线圈时的灵敏度，比铁心插入线圈的 1/2 长度时的灵敏度小得多，螺管线圈内磁场分布曲线如图 4-5 所示。

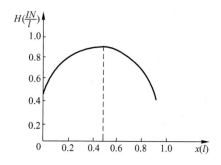

图 4-5　螺管线圈内磁场分布曲线

　　这说明，只有在线圈中段才有可能获得较高的灵敏度，并且有较好的线性特性。

　　若被测量与 Δl_c 成正比，则 ΔL 与被测量也成正比。实际上由于磁场强度分布不均匀，输入量与输出量之间关系非线性的。

　　为了提高灵敏度与线性度，常采用差动螺管型自感传感器，如图 4-6 所示。

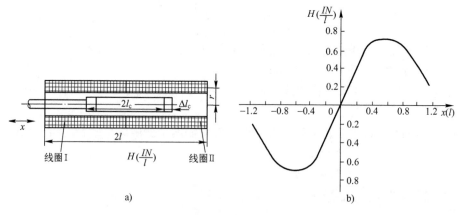

图 4-6　差动螺管型自感传感器

a) 结构示意图　b) 磁场分布曲线

图 4-6b 中 $H=f(x)$ 曲线表明：为了得到较好的线性，铁心长度取 $0.6l$ 时，铁心工作在 H 曲线的拐弯处，此时 H 变化小。

这种差动螺管型自感传感器的测量范围为 5～50mm，非线性误差在 0.5% 左右。

$$L_0 = L_{10} = L_{20} = \frac{\pi r^2 \mu_0 N^2}{l} \left[1 + (\mu_r - 1) \left(\frac{r_c}{r} \right)^2 \frac{l_c}{l} \right] \tag{4-18}$$

式中，L_{10}、L_{20} 分别为线圈 I 、II 的初始电感值。

当铁心移动（如右移）后，使右边电感值增加，左边电感值减小。

$$L_1 = \frac{\pi r^2 \mu_0 N^2}{l} \left[1 + (\mu_r - 1) \left(\frac{r_c}{r} \right)^2 \left(\frac{l_c - \Delta x}{l} \right) \right] \tag{4-19}$$

$$L_2 = \frac{\pi r^2 \mu_0 N^2}{l} \left[1 + (\mu_r - 1) \left(\frac{r_c}{r} \right)^2 \left(\frac{l_c + \Delta x}{l} \right) \right] \tag{4-20}$$

2. 螺管型自感传感器的输出特性

根据以上两式，可以求得每只线圈的灵敏度为

$$k_1 = -k_2 = \frac{\mathrm{d}L_1}{\mathrm{d}x} = -\frac{\mathrm{d}L_2}{\mathrm{d}x} = \frac{\pi \mu_0 N^2 (\mu_r - 1) r_c^2}{l^2} \tag{4-21}$$

两只线圈的灵敏度大小相等，符号相反，具有差动特征。

式（4-18）和式（4-21）可简化为

$$L_0 = L_{10} = L_{20} \approx \frac{\pi \mu_0 N^2 \mu_r r_c^2 l_c}{l^2} \tag{4-22}$$

$$k_1 = -k_2 \approx \frac{\pi \mu_0 N^2 \mu_r r_c^2}{l^2} \tag{4-23}$$

3. 螺管型自感传感器的特点

1）结构简单，制造装配容易。

2）由于空气间隙大，磁路的磁阻高，因此灵敏度低，但线性范围大。

3）由于磁路大部分为空气，易受外部磁场干扰。

4）由于磁阻高，为了达到某一自感量，需要的线圈匝数多，因而线圈分布电容大。

5）要求线圈框架尺寸和形状必须稳定，否则影响其线性和稳定性。

4.1.3　自感式电感传感器的测量电路

自感式电感传感器的测量电路有交流电桥式、变压器式以及谐振式等几种形式。

1. 交流电桥式测量电路

图 4-7 所示为交流电桥式测量电路，把传感器的两个线圈作为电桥的两个桥臂 Z_1 和 Z_2，另外两个相邻的桥臂用纯电阻代替，对于高 Q 值（$Q=\omega L/R$）的差动式自感传感器，其输出电压为

$$\dot{U}_o = \frac{\dot{U}_{AC}}{2} \frac{\Delta Z_1}{Z_1} = \frac{\dot{U}_{AC}}{2} \frac{\mathrm{j}\omega \Delta L}{R_0 + \mathrm{j}\omega L_0} \approx \frac{\dot{U}_{AC}}{2} \frac{\Delta L}{L_0} \tag{4-24}$$

式中，L_0 为衔铁在中间位置时单个线圈的电感；ΔL 为单线圈电感的变化量。

将式（4-11）代入式（4-24）得

$$\dot{U}_{\mathrm{o}} \approx \frac{\dot{U}_{\mathrm{AC}}}{2} \frac{\Delta\delta}{\delta_0} \qquad (4\text{-}25)$$

可见，电桥输出电压是 $\Delta\delta$ 的函数，并且为线性关系。

2. 变压器式交流电桥

变压器式交流电桥测量电路如图 4-8 所示，电桥两臂 Z_1、Z_2 为传感器线圈阻抗，另外两桥臂为交流变压器次级线圈的 1/2 阻抗。

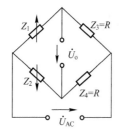

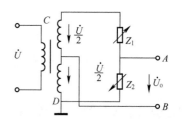

图 4-7 交流电桥式测量电路   图 4-8 变压器式交流电桥测量电路

当负载阻抗为无穷大时，桥路输出电压为

$$\dot{U}_{\mathrm{o}} = \frac{Z_1\dot{U}}{Z_1 + Z_2} - \frac{\dot{U}}{2} = \frac{Z_1 - Z_2\dot{U}}{2(Z_1 + Z_2)} \qquad (4\text{-}26)$$

当传感器的衔铁处于中间位置，即 $Z_1 = Z_2 = Z$ 时，有 $\dot{U}_0 = 0$，电桥平衡。

当传感器衔铁上移时，即 $Z_1 = Z + \Delta Z$，$Z_2 = Z - \Delta Z$，此时：

$$\dot{U}_0 = \frac{\dot{U}}{2} \frac{\Delta Z}{Z} = \frac{\dot{U}}{2} \frac{\Delta L}{L} \qquad (4\text{-}27)$$

当传感器衔铁下移时，则 $Z_1 = Z - \Delta Z$，$Z_2 = Z + \Delta Z$，此时：

$$\dot{U}_0 = -\frac{\dot{U}}{2} \frac{\Delta Z}{Z} = \frac{\dot{U}}{2} \frac{\Delta L}{L} \qquad (4\text{-}28)$$

从式（4-27）及式（4-28）可知，衔铁上下移动相同距离时，输出电压的大小相等，但方向相反，由于是交流电压，输出指示无法判断位移方向，必须配合相敏检波电路来解决。

3. 谐振式测量电路

谐振式测量电路有谐振调幅式和调频式两种，分别如图 4-9 和图 4-10 所示。

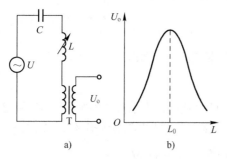

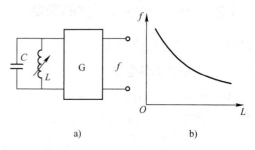

图 4-9 谐振调幅式测量电路   图 4-10 谐振调频式测量电路

a) 原理图 b) $U_o\text{-}L$ 关系曲线   a) 原理图 b) $f\text{-}L$ 关系曲线

（1）谐振调幅式电路

在图 4-9a 中，传感器电感 L 与电容 C，变压器原边串联在一起，接入交流电源，变压器副边将有电压 U_0 输出，输出电压的频率与电源频率相同，而幅值随着电感 L 而变化。图 4-9b 所示为输出电压 U_0 与电感 L 的关系曲线，其中 L_0 为谐振点的电感值，此电路灵敏度很高，但线性差，适用于线性要求不高的场合。

（2）谐振调频式电路

调频电路的基本原理是传感器电感 L 变化将引起输出电压频率的变化。一般是把传感器电感 L 和电容 C 接入一个振荡回路中，如图 4-10a 所示。

此时，其振荡频率为

$$f = \frac{1}{2\pi\sqrt{LC}} \qquad (4\text{-}29)$$

当 L 变化时，振荡频率随之变化，根据 f 的大小即可测出被测量的值。

图 4-10b 表示 f 与 L 的特性，它们具有明显的非线性关系。

4.1.4　自感式电感传感器的应用

1. 变隙电感式压力传感器

图 4-11 所示是变隙电感式压力传感器结构图。它由膜盒、铁心、衔铁及线圈等组成，衔铁与膜盒的上端连在一起。

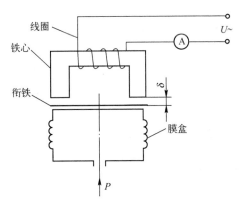

图 4-11　变隙电感式压力传感器结构图

当压力进入膜盒时，膜盒的顶端在压力 P 的作用下产生与压力 P 大小成正比的位移。于是衔铁也发生移动，从而使气隙发生变化，流过线圈的电流也发生相应的变化，电流表指示值就反映了被测压力的大小。

2. 变隙式差动电感压力传感器

图 4-12 所示为变隙式差动电感压力传感器，是由 C 形弹簧管、衔铁、铁心和线圈等组成。

当被测压力进入 C 形弹簧管时，C 形弹簧管产生变形，其自由端发生位移，带动与自由端连接成一体的衔铁运动，使线圈 1 和线圈 2 中的电感发生大小相等、符号相反的变化，即一个电感量增大，另一个电感量减小。

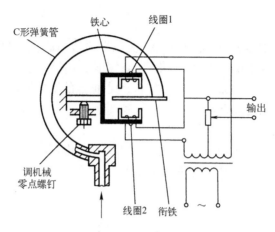

图 4-12 变隙式差动电感压力传感器

电感的这种变化通过电桥电路转换成电压输出。由于输出电压与被测压力之间成比例关系，所以只要用检测仪表测量出输出电压，即可得知被测压力的大小。

4.2 差动变压器式传感器

把被测的非电量变化转换为线圈互感量变化的传感器称为互感式传感器。这种传感器是根据变压器的基本原理制成的，并且次级绕组都用差动形式连接，故又称差动变压器式传感器。

4-2 差动变压器式传感器

差动变压器结构形式较多，有变隙式、变面积式和螺线管式等，但其工作原理基本一样。非电量测量中，应用最多的是螺线管式差动变压器，它可以测量1～100mm范围内的机械位移，并具有测量精度高，灵敏度高，结构简单，性能可靠等优点。

4.2.1 差动变压器式传感器的工作原理

螺线管式差动变压器结构如图4-13所示，它由一次绕组，两个二次绕组和插入线圈中央的圆柱形铁心等组成。

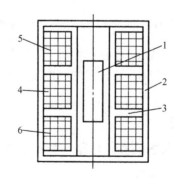

图 4-13 螺线管式差动变压器结构

1—活动衔铁 2—导磁外壳 3—骨架 4——一次绕组 W_1 5—二次绕组 W_{2a} 6—二次绕组 W_{2b}

螺线管式差动变压器按线圈绕组排列方式的不同可分为一节式、二节式、三节式、四节式和五节式等类型。一节式灵敏度高，三节式零点残余电压较小，通常采用的是二节式和三节式两类。

差动变压器式传感器中两个二次绕组反向串联，并且在忽略铁损、导磁体磁阻和线圈分布电容的理想条件下，差动变压器等效电路如图 4-14 所示。

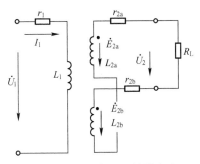

图 4-14 差动变压器等效电路

当一次绕组 W_1 加以激励电压 U_1 时，根据变压器的工作原理，在两个二次绕组 W_{2a} 和 W_{2b} 中便会产生感应电势 E_{2a} 和 E_{2b}。

如果工艺上保证变压器结构完全对称，则当活动衔铁处于初始平衡位置时，必然会使两互感系数 $M_1=M_2$。根据电磁感应原理，将有

$$\dot{E}_{2a} = \dot{E}_{2b} \tag{4-30}$$

由于变压器两次级绕组反向串联，因而

$$\dot{U}_2 = \dot{E}_{2a} - \dot{E}_{2b} = 0 \tag{4-31}$$

即差动变压器输出电压为零。

活动衔铁向上移动时，由于磁阻的影响，W_{2a} 中磁通将大于 W_{2b}，使 $M_1 > M_2$，因而 E_{2a} 增加，而 E_{2b} 减小。反之，E_{2b} 增加，E_{2a} 减小。因为

$$\dot{U}_2 = \dot{E}_{2a} - \dot{E}_{2b} \tag{4-32}$$

所以，当 E_{2a}、E_{2b} 随着衔铁位移 x 变化时，U_2 也必将随 x 变化。因此，通过差动变压器输出电动势的大小和相位可以知道衔铁位移量的大小和方向。

4.2.2 差动变压器式传感器的基本特性

1. 特性分析

由图 4-14 所示的差动变压器等效电路可以看到，当二次侧开路时有

$$\dot{I}_1 = \frac{\dot{U}_1}{r_1 + j\omega L_1} \tag{4-33}$$

式中，ω 为激励电压的角频率；U_1 为一次侧激励电压；I_1 为一次侧激励电流；r_1、L_1 为一次侧直流电阻和电感。

根据电磁感应定律，二次绕组中感应电势的表达式为

$$\dot{E}_{2a} = -j\omega M_1 I_1 \tag{4-34}$$

$$\dot{E}_{2b} = -j\omega M_2 I_1 \tag{4-35}$$

由于二次两绕组反向串联，且考虑到二次侧开路，则

$$\dot{U}_2 = \dot{E}_{2a} - \dot{E}_{2b} = -\frac{\mathrm{j}\omega(M_1 - M_2)\dot{U}}{r_1 + \mathrm{j}\omega L_1} \tag{4-36}$$

输出电压的有效值为

$$\dot{U}_2 = \frac{\omega(M_1 - M_2)\dot{U}_1}{\sqrt{r_1^2 + (\mathrm{j}\omega L_1)^2}} \tag{4-37}$$

因此，当活动衔铁处于中间位置时，$M_1 = M_2 = M$，故

$$\dot{U}_2 = 0 \tag{4-38}$$

活动衔铁向上移动时，$M_1 = M + \Delta M$，$M_2 = M - \Delta M$，故

$$\dot{U}_2 = \frac{2\omega\Delta M \dot{U}_1}{\sqrt{r_1^2 + (\omega L_1)^2}} \tag{4-39}$$

与 E_{2a} 同极性。

活动衔铁向下移动时，$M_1 = M - \Delta M$，$M_2 = M + \Delta M$，故

$$\dot{U}_2 = -\frac{2\omega\Delta M \dot{U}_1}{\sqrt{r_1^2 + (\omega L_1)^2}} \tag{4-40}$$

与 E_{2b} 同极性。

2. 特性分析的结论

图 4-15 给出了变压器输出电压 U_2 与活动衔铁位移 Δx 的关系曲线，差动变压器输出电压特性曲线如图 4-15 所示。

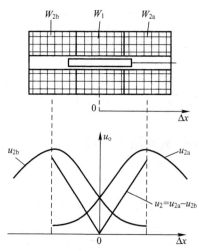

图 4-15 差动变压器输出电压特性曲线

实际上，当衔铁位于中心位置时，差动变压器输出电压并不等于零，我们把差动变压器在零位移时的输出电压称为零点残余电压，记作 U_x，它的存在使传感器的输出特性不过零点，造成实际特性与理论特性不完全一致。零点残余电压主要是由传感器的两个二次绕组的电气参数与几何尺寸不对称，以及磁性材料的非线性等问题引起的。

零点残余电压的波形十分复杂，主要由基波和高次谐波组成。基波产生的主要原因是传感器的

两个二次绕组的电气参数和几何尺寸不对称，导致它们产生的感应电动势的幅值不等、相位不同，因此不论怎样调整衔铁位置，两线圈中感应电动势都不能完全抵消。高次谐波中起主要作用的是三次谐波，产生的原因是由于磁性材料磁化曲线的非线性（磁饱和、磁滞）。

零点残余电压一般在几十毫伏以下，在实际使用时，应设法减小 U_x，否则将会影响传感器的测量结果。

3. 消除零点电压的方法

为了减小零点残余电动势可以采取以下的方法。

1）尽可能保证传感器的几何尺寸、线圈电气参数和磁路的对称。磁性材料要经过处理，消除内部的残余应力，使其性能均匀稳定。

2）选用合适的测量电路，例如采用相敏整流电路，既可判别衔铁移动方向，又可以改善输出特性，减小零点残余电动势。

3）采用补偿电路，减小零点残余电动势。例如在差动变压器二次侧，串并联适当数值的电阻电容元件，当调整这些元件时，可使零点残余电动势减小。

4.2.3　差动变压器式传感器的测量电路

差动变压器输出的是交流电压，若用交流电压表测量，只能反映衔铁位移的大小，而不能反映移动方向。另外，其测量值中将包含零点残余电压。为了达到能辨别移动方向及消除零点残余电压的目的，实际测量时，常常采用差动整流电路和相敏检波电路。

1. 差动整流电路结构

这种电路是把差动变压器的两个二次输出电压分别整流，然后将整流的电压或电流的差值作为输出，图 4-16 是几种典型的差动整流电路。

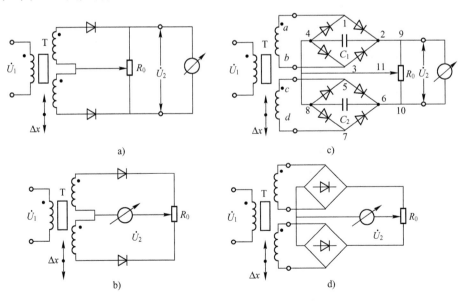

图 4-16　几种典型的差动整流电路

a)、c) 适用于交流负载阻抗　b)、d) 适用于低负载阻抗

图 4-16a、c 适用于交流负载阻抗，图 4-16b、d 适用于低负载阻抗，电阻 R_0 用于调整零点残余电压。

下面结合图 4-16c，分析差动整流工作原理。从图 4-16c 电路结构可知，不论两个二次绕组的输出瞬时电压极性如何，流经电容 C_1 的电流方向总是从 2 到 4，流经电容 C_2 的电流方向总是从 6~8，故整流电路的输出电压为

$$\dot{U}_2 = \dot{U}_{24} - \dot{U}_{68} \qquad (4\text{-}41)$$

2. 结论

当衔铁在零位时，因为 $\dot{U}_{24} = \dot{U}_{68}$，所以 $\dot{U}_2 = 0$。

当衔铁在零位以上时，因为 $\dot{U}_{24} > \dot{U}_{68}$，所以 $\dot{U}_2 > 0$。

当衔铁在零位以下时，因为 $\dot{U}_{24} < \dot{U}_{68}$，所以 $\dot{U}_2 < 0$。

差动整流电路具有结构简单，不需要考虑相位调整和零点残余电压的影响，分布电容影响小和便于远距离传输等优点，因而获得广泛应用。

4.2.4 差动变压器式传感器的应用

差动变压器式传感器可以直接用于位移测量，也可以测量与位移有关的任何机械量，如振动、加速度、应变、比重、张力和厚度等。

1. 差动变压器式加速度传感器

差动变压器式加速度传感器的结构示意图和电气线路图如图 4-17 所示。它由悬臂梁和差动变压器构成。测量时，将悬臂梁底座及差动变压器的线圈骨架固定，而将衔铁的一端与被测振动体相连。

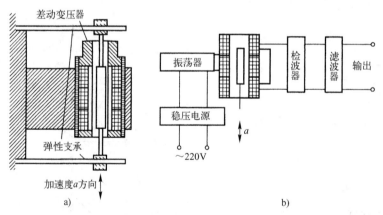

图 4-17 差动变压器式加速度传感器的结构示意图和电气线路图

a) 结构示意图 b) 电气线路图

当被测体带动衔铁以 $\Delta x(t)$ 振动时，导致差动变压器的输出电压也按相同规律变化。经检波器和滤波器将信号处理，输出与加速度成正比的电压信号。

用于测定振动物体的频率和振幅时，其激磁频率必须是振动频率的 10 倍以上，才能得到精确的测量结果。可测量的振幅为 0.1~5mm，振动频率为 0~150Hz。

2．差动变压器式微压力变送传感器

差动变压器式微压力变送传感器的结构示意图和电气线路图如图 4-18 所示。

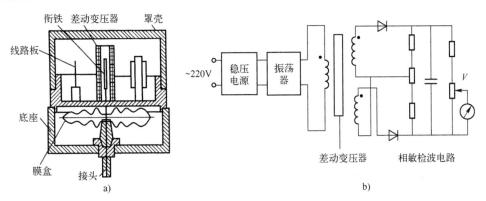

图 4-18　差动变压器式微压力变送传感器的结构示意图和电气线路图

a) 结构示意图　b) 电气线路图

它由差动变压器和弹性敏感元件（膜片、膜盒和弹簧管等）相结合，可以组成各种形式的压力传感器。

当接头接上被测压力时，膜盒受压引起变形，从而使得衔铁产生位移，导致差动变压器的输出电压也按相同方向变化。经相敏检波电路将信号处理，输出与输入压力成正比的电压信号。

3．转子流量变送器

（1）测量原理

如图 4-19a 所示，在垂直锥形管中，放置一个阻力件浮子（转子）。当流体自下而上流经锥形管时，受到浮子阻挡而产生压差，并对浮子形成一个向上的作用力。同时，浮子在流体中受到向上的浮力。当这两个垂直向上的作用力的合力超过浮子本身所受的重力时，浮子便要向上运动。

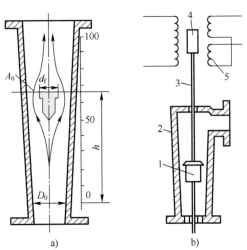

图 4-19　转子流量变送器

a) 转子流量计原理图　b) 转子流量变送器结构图

1—浮子（转子）　2—锥形管　3—连动杆　4—铁心　5—差动变压器

随着浮子的上升，浮子与锥形管间的环形流通面积增大，使流速减低，流体作用在浮子上的阻力减小，直到作用在浮子上的各个力达到平衡，浮子停留在某一高度，这个位置对应一个流量值。当流量发生变化时，浮子将移到新的位置，继续保持新的平衡。这个位置就表示新的流量值。

在锥形管外设置标尺并沿高度方向以流量刻度时，则从浮子最高边缘所处的位置便可以知道流量的大小。因此，其计算公式可以简记为

$$Q_V = K_f h \tag{4-42}$$

式中，Q_V 为体积流量；K_f 为转子流量计灵敏度系数；h 为转子高度或位移。

由于无论浮子处于哪个平衡高度，其前后的压力差（也即流体对浮子的阻力）总是相同的，故这种方法又称恒压降式流量检测方法。

（2）差动变压器式转子流量变送器

转子流量计根据显示方式的不同可分为以下两类。一类是直接指示型的转子流量计，其锥形管一般由玻璃制成，并在管壁上标有流量刻度，因此，可以直接根据转子的高度进行读数，这类流量计也称为玻璃转子流量计。另一类为电远传转子流量计，它主要由锥形管、浮子、连动杆、铁心和差动变压器等组成。如图4-19b所示。

浮子的位移量与流量的大小成比例，当被测流体的流量变化时，转子在锥形管内上下移动。由于转子、连动杆和铁心为刚性连接，转子的运动将带动铁心一起产生位移，从而改变差动变压器的输出，通过信号放大后可使输出电压或电流与流量呈一一对应关系。

在电远传式转子流量计中，锥形管和转子的作用是将流量的大小转换成浮子的位移，而铁心和差动变压器的作用是进一步将转子的位移转换成电信号。

金属锥形管制成的电远传式转子流量计称为金属管转子流量计，其锥形管由金属制成，这样不仅耐高温、高压，而且能选择适当的材质以适合各种腐蚀性介质的流量测量。配装不同的转换器，将流量值转换成标准的电远传信号，从而实现远距离显示、记录、积算和控制功能。金属管转子流量计在指示器的设计上可以为各种应用场合提供可靠适用的功能组合，如现场指针显示、LCD显示瞬时和累计流量等。在指示器供电选择方面有电池供电、DC 24V供电、AC 220V供电，方式根据现场情况选择。

4.3 电涡流式传感器

在电工学中，我们学习过有关电涡流的知识，当导体处于交变磁场中时，铁心会因电磁感应而在内部产生自行闭合的电涡流而发热。变压器和交流电动机的铁心都是用硅钢片叠制而成的，就是为了减小电涡流，避免发热。但人们也能利用电涡流做有用的工作。比如电磁灶、中频炉、高频淬火等都是利用电涡流原理来工作的。

4-3 电涡流式传感器

在检测领域，电涡流的用途就更多了，可以用来探测金属（安全检测、探雷等）、非接触地测量微小位移和振动，以及测量工件尺寸、转速、表面温度等诸多与电涡流有关的参数，还可以作为接近开关和进行无损探伤。它的最大特点是非接触测量，是检测技术中的一种用途十分广泛的传感器。

4.3.1　电涡流式传感器原理

1. 电涡流效应原理

（1）电涡流效应

电涡流传感器的基本工作原理是电涡流效应。金属导体置于变化的磁场中时，导体表面就会有感应电流产生。电流的流线在金属体内自行闭合，产生的旋涡状感应电流称为电涡流，闭合的电涡流会产生新的磁场，此新磁场会削弱原磁场的作用，这种现象称为电涡流效应。

电涡流传感器就是利用电涡流效应来检测导电物体的各种物理参数的。电涡流效应原理与涡流式传感器的结构示意图如图 4-20 所示，该传感器是由线圈和被测导体构成的一个线圈-导体系统。

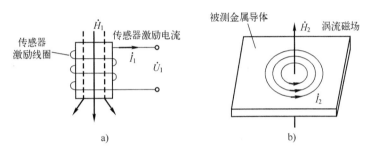

图 4-20　电涡流效应原理与涡流式传感器的结构示意图

a) 电涡流效应原理图　b) 涡流式传感器的结构示意图

根据法拉第定律，当传感器线圈通以正弦交变电流 I_1 时，线圈周围空间必然产生正弦交变磁场 H_1，使置于此磁场中的金属导体中感应电涡流 I_2，I_2 又产生新的交变磁场 H_2。

根据楞次定律，H_2 的作用将反抗原磁场 H_1，由于磁场 H_2 的作用，涡流要消耗一部分能量，导致传感器线圈的等效阻抗发生变化。

线圈阻抗的变化完全取决于被测金属导体的电涡流效应。

电涡流 I_2 在金属导体的纵深方向并不是均匀分布的，而只集中在金属导体的表面，这称为趋肤效应。趋肤效应与激励源频率 ω、工件的电导率 ρ、磁导率 μ 等有关。频率 ω 越高，电涡流渗透的深度就越浅，趋肤效应就越严重。

由于存在趋肤效应，电涡流只能检测导体表面的各种物理参数。改变 ω，可控制检测深度。激励源频率一般设定在 100kHz～1MHz。有时为了使电涡流深入金属导体深处，或欲对距离较远的金属体进行检测时，可采用十几千赫兹甚至几百赫兹的激励频率。

（2）等效阻抗分析

在图 4-21a 中，交变励磁电流 I_1 将产生一个交变磁场 H_1，而电涡流 I_2 也将产生一个新的磁场 H_2。H_2 的作用将反抗原磁场 H_1，导致传感器线圈的等效阻抗发生变化。也就是说，电涡流磁场总是抵抗原磁场的存在，使导体内产生电涡流损耗，并引起原边线圈的等效电感 L、等效阻抗 Z 变化，最终导致品质因素 Q 降低。

由上可知，线圈阻抗的变化完全取决于被测金属导体的电涡流效应。而电涡流效应既与被测体的电阻率 ρ、磁导率 μ 以及线圈几何参数、线圈中励磁电流 I_1 及频率 ω 有关，此外，还与金属导体的形状、表面因素 r（粗糙度、沟痕、裂纹等）有关。更重要的是与线圈到金属导体的间距（距离）x 有关。

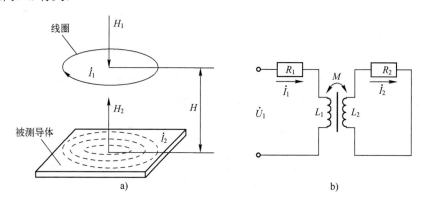

图 4-21　电涡流式传感器的原理和等效电路

a) 原理图　b) 等效电路

图 4-21a 中的电感线圈称为电涡流线圈。它可以等效为一个电阻 R 和一个电感 L 串联的回路，如图 4-21b 所示。电涡流线圈受电涡流影响时的等效阻抗 Z 的函数表达式为

$$Z = R + j\omega L = f(I_1, \omega, \rho, \mu, r, x) \tag{4-43}$$

式中，I_1 为励磁电流；ω 为励磁电流角频率；ρ 为导体材料的电阻率；μ 为导体材料的磁导率；r 为线圈与被测体的尺寸因子；x 为线圈与导体间的距离。

可见，电感量 L 的变化大小与励磁电流 I_1 及励磁电流角频率 ω，导体材料的电阻率 ρ、磁导率 μ、线圈的外形尺寸 r、被测距离 x 等因素有关。

（3）测量参数分析

如果保持式（4-43）中其他参数不变，而只改变其中一个参数，就可以测量这个改变的参数。

1）控制上式中的 I_1、ω、r、ρ、μ 不变，即对指定的传感器探头，金属导体为某一均质材料，励磁电流是稳频稳幅的，则电涡流线圈的阻抗 Z 就成为间距 x 的单值函数，这样就变成了非接触地测量位移的传感器。通过与传感器配用的测量电路测出阻抗 Z 的变化量，即可实现对该参数的测量。

$$Z = f(x) \tag{4-44}$$

当距离 x 减小时，电涡流线圈的等效电感 L 减小，等效电阻 R 增大。从理论和实验都证明，此时流过线圈的电流 I_1 是增大的。这是因为线圈的感抗 X_L 的变化比 R 的变化大得多。从能量守恒角度来看，也要求增加流过电涡流线圈的电流，从而为被测金属导体上的电涡流提供额外的能量。

2）控制 I_1、ω、μ、x 不变，就可以用来检测与表面电阻率 ρ 有关的表面温度、表面裂纹等参数。

3）控制 I_1、ω、ρ、x 不变，就可以用来检测与材料磁导率 μ 有关的材料型号、表面硬度等参数。

由于电涡流线圈的阻抗 Z 与 I_1、ω、r、ρ、μ、x 之间的关系均是非线性关系，必须由计算机进行线性化纠正。又由于线圈的品质因数 Q 与等效电感成正比，与等效电阻（高频时的等效

电阻比直流电阻大得多）成反比，所以当电涡流增大时，Q 下降很多。

$$Q = \frac{X_\mathrm{L}}{R} = \frac{\omega L}{R} \tag{4-45}$$

2. 电涡流式传感器的特性

（1）电涡流的径向形成范围

一个内径为 r_i，外径为 r_as 的线圈，在距离 x 的导体内产生的电涡流密度，既是线圈与导体间距离 x 的函数，又是沿线圈半径方向 r 的函数。当 x 一定时，电涡流密度 J 与半径 r 的关系曲线如图 4-22 所示。

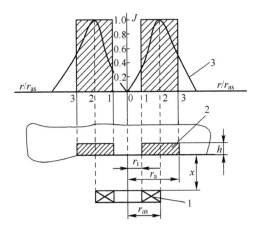

图 4-22　电涡流密度 J 与半径 r 的关系曲线

由图 4-22 可知，当 J_0 为金属导体表面电涡流密度，即电涡流密度最大值；J_r 为半径 r 处的金属导体表面电涡流密度时。可以得出以下结论。

1）电涡流径向形成的范围大约在传感器线圈外径 r_as 的 1.8～2.5 倍范围内，且分布不均匀。

2）电涡流密度在短路环半径 $r=0$ 处为零。

3）电涡流的最大值在 $r=r_\mathrm{as}$ 附近的一个狭窄区域内。

4）可以用一个平均半径为 r_as 的短路环来集中表示分散的电涡流（图 4-22 中斜线阴影部分）。

$$r_\mathrm{as} = \frac{r_\mathrm{i} + r_\mathrm{a}}{2} \tag{4-46}$$

$$r_\mathrm{a} = 2r_\mathrm{as} - r_\mathrm{i} \tag{4-47}$$

（2）电涡流强度与距离的关系

理论分析和实验都已证明，当 x 改变时，电涡流密度发生变化，即电涡流强度随距离 x 的变化而变化。根据线圈-导体系统的电磁作用，可以得到金属导体表面的电涡流强度为

$$I_2 = I_1 \frac{1-x}{\sqrt{x^2 + r_\mathrm{as}^2}} \tag{4-48}$$

式中，I_1 为线圈励磁电流；I_2 为金属导体中等效电流；x 为线圈到金属导体表面距离；r_{as} 为线圈外径。

根据式（4-48）作出的归一化曲线，如图 4-23 所示。

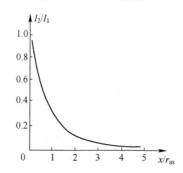

图 4-23　电涡流强度与距离归一化曲线

以上分析表明：

1）电涡流强度与距离 x 呈非线性关系，且随着 x/r_{as} 的增加而迅速减小。

2）当利用电涡流式传感器测量位移时，只有在 $x/r_{as}<1$（一般取 0.05～0.15）的范围才能得到较好的线性和较高的灵敏度。

（3）电涡流的轴向贯穿深度

由于趋肤效应，电涡流沿金属导体纵向（励磁交变磁场 H_1 轴向）深度的分布是不均匀的，其分布按指数规律衰减，可用下式表示

$$J_d = J_0 e^{-\frac{d}{h}} \tag{4-49}$$

式中，d 为金属导体中某一点至表面的距离；J_d 为沿 H_1 轴向 d 处的电涡流密度；J_0 为金属导体表面电涡流密度，即电涡流密度最大值；h 为电涡流轴向贯穿深度（趋肤深度）。

显然磁场变化频率越高，涡流的趋肤效应越显著，即涡流穿透深度越小，其穿透深度 h 可表示为

$$h = \sqrt{\frac{\rho}{\pi \mu_0 \mu_r f}} \tag{4-50}$$

式中，ρ 为导体电阻率；μ_0 为空气磁导率；μ_r 为导体相对磁导率；f 为交变磁场频率。

可见，涡流穿透深度 h 和励磁电流频率 f 有关，高频基本无法穿透导体，低频可以轻易穿透导体。所以，涡流传感器根据励磁频率划分为两类，高频反射式或低频透射式。

4.3.2　电涡流式传感器的转换电路

1. 调幅式（AM）电路

电涡流式传感器调幅式转换电路如图 4-24 所示。石英晶体振荡器起恒流源的作用，给谐振回路提供一个频率（f_0）稳定的励磁电流。

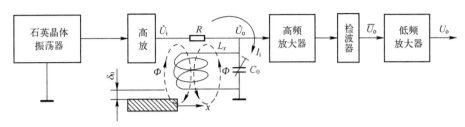

图 4-24 电涡流式传感器调幅式转换电路

谐振时，石英晶体振荡器产生稳频稳幅高频振荡电压（100kHz～1MHz）用于激励电涡流线圈。当金属材料远离或去掉时，LC 并联谐振回路谐振频率即为石英振荡频率 f_0，回路呈现的阻抗最大，谐振回路上的输出电压也最大。

被测体靠近探头时，在高频磁场中产生电涡流，引起电涡流线圈端电压的衰减，线圈的等效电感 L 发生变化，导致回路失谐，从而使输出电压降低，L 的数值随距离 x 的变化而变化。因此，输出电压也随 x 而变化。再经高放、检波、低放电路，最终输出的直流电压 U_0 反映了金属体对电涡流线圈的影响（例如两者之间的距离等参数）。

被测体可以是导磁性物体也可以是非导磁性物体，与探头间距越小，输出电压就越低。缺点是输入和输出之间不是线性关系，必须用逐点标定后，经计算机线性化处理用数字显示。而且温漂较大，需要采取补偿电路。

2. 调频（FM）式电路

电涡流式传感器调频式转换电路如图 4-25 所示，传感器线圈接入 LC 振荡回路，以 LC 振荡器的频率 f_0 作为输出量。

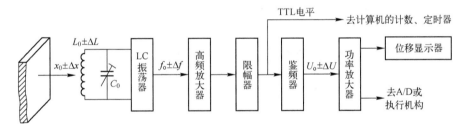

图 4-25 电涡流式传感器调频式转换电路

当电涡流线圈与被测体的距离 x 改变时，在涡流影响下，传感器电涡流线圈的电感量 L 也随之改变，引起 LC 振荡器的输出频率变化，该变化的频率是距离 x 的函数，并联谐振回路的谐振频率为

$$f = \frac{1}{2\pi\sqrt{L(x)C}} \tag{4-51}$$

该频率可由数字频率计直接测量，或直接将 TTL 电平的频率信号送到计算机的计数/定时器，测量出频率的变化 Δf。或者通过 $f\text{-}U$ 变换，用数字电压表测量对应的电压。如果要用模拟仪表进行显示或记录时，则须使用鉴频器，将 Δf 转换为电压 ΔU。

使用鉴频器可以将 Δf 转换为电压 ΔU。鉴频器的输出电压与输入频率成正比。电涡流线圈未接近金属时的鉴频器输出电压为 U_0，此时，输出频率为 f_0；若电涡流线圈靠近金属后，电涡流探头的输出频率 f 上升为 $f_0+\Delta f$，则输出电压则为 $U_0+\Delta U$。

4.3.3 电涡流式传感器的结构

电涡流式传感器系统由传感器探头与壳体、电缆与接头、前置器三部分组成。下面以 JX20 系列为例说明电涡流式传感器系统的结构。JX20 系列电涡流式传感器如图 4-26 所示。

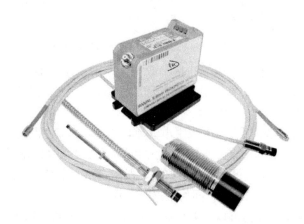

图 4-26　JX20 系列电涡流式传感器

1. 电涡流式传感器的探头与壳体

将探头对正被测体表面，能精确地探测出被测体表面相对于探头端面间隙的变化。通常探头由线圈、头部、壳体组成，其典型结构如图 4-27 所示。

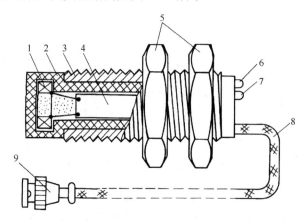

图 4-27　电涡流传感器结构与组成

1—电涡流线圈　2—探头壳体　3—壳体上的位置调节螺纹　4—印制电路板

5—夹持螺母　6—电源指示灯　7—阈值指示灯　8—输出屏蔽电缆线　9—电缆接头

（1）探头结构

1）电涡流式传感器的传感元件是一只线圈，俗称为电涡流探头。激励源频率较高（数十千赫至数兆赫）。线圈是探头的核心，它是整个传感器系统的敏感元件，线圈的物理尺寸和电气参数决定传感器系统的线性量程以及探头的电气参数稳定性。

2）探头头部采用耐高低温的 PPS 工程塑料，通过二次注塑工艺将线圈密封其中，增强探头头部的强度和密封性，在恶劣环境中可以保护头部线圈能可靠工作。头部直径取决于其内部线圈直径，由于线圈直径决定传感器系统的基本性能——线性量程，因此，通常用头部直径来分类和表征探头型号，一般情况下，传感器系统的线性量程大致是探头头部直径的 1/4～1/2。

JX20 系列有 $\phi5$、$\phi8$、$\phi11$、$\phi25$、$\phi50$ 五种直径的头部，也有其他规格的头部体。

3）探头壳体用于支撑探头头部，并作为探头安装时的装夹结构。壳体采用不锈钢制成，一般上面刻有标准螺纹，并备有锁紧螺母。为了能适合不同的应用和安装场合，探头壳体具有不同的型式和不同的螺纹及尺寸规格。

探头整体各部件通过机械变形连接，在恶劣环境中可以保证探头的稳定性和可靠性。

（2）探头特性

探头的直径越大，测量范围就越大，但分辨力就越差，灵敏度也降低。比如，大直径电涡流探雷器，只能定性测量，不能定量测量。

被测体材料、形状、大小对灵敏度也是有的影响的。

1）被测体为圆盘状物体的平面时，物体的直径应大于线圈直径的 2 倍，否则将使灵敏度降低；被测体为轴状圆柱体的圆弧表面时，它的直径应大于线圈直径的 4 倍。

2）测量时，尽量避开其他导体，以免干扰磁场，引起线圈的附加损失。

2．电涡流传感器的电缆与接头

（1）电缆

高频电缆是用于连接探头头部到前置器（有时中间带有延伸电缆转接），这种电缆是用氟塑料绝缘的射频同轴电缆，通常电缆长度有 0.5m、1m、5m、9m 四种选择。当选择 0.5m 和 1m 时，必须用延伸电缆以保证系统总的电缆长度为 5m 或 9m。至于选择 5m 还是 9m，应该考虑能满足将前置器安装在设备机组的同一侧。

根据探头的应用场合和安装环境，探头所带电缆可以选择配有不锈钢软管铠装，以保护电缆不易被损坏，对于现场安装探头电缆无管道布置的情况，应该选择铠装。

（2）延伸电缆

采用延伸电缆的目的是为了减短探头所带电缆长度。用螺纹安装探头时，需转动探头，过长的电缆不便使电缆随探头转动，容易扭断电缆。延伸电缆的两端接头不同，带阳螺纹的接头与探头连接，带阴螺纹的接头与前置器连接。

（3）电缆接头

电缆接头是高频同轴接头。探头电缆和延伸电缆长度一经选定，使用时不能随意加长或缩短。如有必要，则须重新校准，否则可能引起传感器超差。

3．电涡流传感器的前置器

前置器是一个电子信号处理器。一方面前置器为探头线圈提供高频交流电流；另一方面，前置器感受探头前面由于金属导体靠近引起探头参数的变化，经过前置器的处理，产生随探头端面与被测金属导体间隙线性变化的输出电压或电流信号。

前置器外壳是用铝铸造而成，表面已进行喷塑处理。为了屏蔽外界干扰，在前置器内部已将壳体与信号公共端（信号地）连接；在底板和安装孔处都加装了工程塑料绝缘，这样可以保证在安装前置器时，使前置器壳体与大地隔离。

前置器的结构使高频插座内凹，不易损坏高频插座。三端接线端子镶嵌固定，直接与内部电路连接，确保连接可靠性。探头插座是与探头和延伸电缆接头同一系列的高频插座，电源、输出端子是标准的重载隔离型三端接线端子。

前置器的容错性较好，电源端、公共端（信号地）、输出端任意接线错误不会损坏前置器，且具备电源极性错误保护、输出短路保护功能。

前置器的核心是电子线路板，除个别校准用的元件外，其他元件均用环氧树脂胶灌封，这样可以提高前置器的抗振、防潮性能。前置器在出厂校准后，各校准元件也用硅胶密封，用户自行校准后，也应这样做。

4.3.4 电涡流式传感器的应用

在应用电涡流式传感器时，可以有效地利用电涡流式传感器的趋肤效应特性，用于控制检测深度。改变激励源的频率 ω，可控制检测深度。激励源频率一般设定在 100kHz～1MHz。频率越低，检测深度越深。由于存在趋肤效应，电涡流只能检测导体表面的各种物理参数。主要用于以下检测。

1）间距 x 的测量：如果控制其他参数不变，电涡流线圈的阻抗 Z 就成为间距 x 的单值函数，这样就成为非接触地测量位移的传感器。

2）多种用途：如果控制 x、ω 不变，就可以用来检测与表面电阻率 ρ 有关的表面温度、表面裂纹等参数，或者用来检测与材料磁导率 μ 有关的材料型号、表面硬度等参数。

1. 电涡流厚度传感器

（1）低频透射式涡流厚度传感器

低频透射式涡流厚度传感器结构原理图如图 4-28 所示。

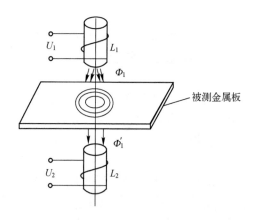

图 4-28 低频透射式涡流厚度传感器结构原理图

在被测金属板的上方设有发射传感器线圈 L_1，在被测金属板下方设有接收传感器线圈 L_2。当在 L_1 上加低频电压 U_1 时，L_1 上产生交变磁通 Φ_1，若两线圈间无金属板，则交变磁场直接耦合至 L_2 中，L_2 产生感应电压 U_2。如果将被测金属板放入两线圈之间，则 L_1 线圈产生的磁通将导致在金属板中产生电涡流。此时磁场能量受到损耗，到达 L_2 的磁通将减弱为 Φ_2，从而使 L_2 产生的感应电压 U_2 下降。金属板越厚，涡流损失就越大，U_2 电压就越小。因此，可根据 U_2 的大小得知被测金属板的厚度，透射式涡流厚度传感器检测范围可达 1～100mm，分辨率为 0.1μm，线性度为 1%。

（2）高频反射式涡流厚度传感器

高频反射式涡流测厚仪测试系统原理图如图 4-29 所示。

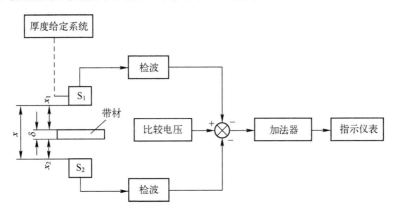

图 4-29　高频反射式涡流测厚仪测试系统原理图

为了克服带材不够平整或运行过程中上下波动的影响，在带材的上、下两侧对称地设置了两个特性完全相同的涡流传感器 S_1、S_2。S_1、S_2 与被测带材表面之间的距离分别为 x_1 和 x_2。

若带材厚度不变，则被测带材上、下表面之间的距离总有 "$x_1+x_2=$ 常数" 的关系存在。两传感器的输出电压之和数值不变。

如果被测带材厚度改变量为 $\Delta\delta$，则两传感器与带材之间的距离也改变了一个 $\Delta\delta$，两传感器输出电压此时增加了 ΔU。

ΔU 经放大器放大后，通过指示仪表电路即可指示出带材的厚度变化值。带材厚度给定值与偏差指示值的代数和就是被测带材的厚度。

2. 电涡流传感器测量镀层厚度和表面探伤

镀层厚度测量过程：由于存在趋肤效应，镀层或箔层越薄，电涡流越小。测量前，可先用电涡流测厚仪对标准厚度的镀层和铜箔作出 "厚度-输出电压" 的标定曲线，以便测量时对照。

表面探伤测量过程：检查金属表面（已涂防锈漆）的裂纹以及焊接处的缺陷等。在探伤中，传感器应与被测导体保持距离不变。由于缺陷将引起导体电导率、磁导率的变化，使电涡流变小，从而引起输出电压的变化。

图 4-30 是用电涡流探头检测高压输油管表面裂纹的示意图。两只导向辊用耐磨、不导电的聚四氟乙烯制作，有的表面还刻有螺旋导向槽，并以相同的方向旋转。油管在它们的驱动下，匀速地在楔形电涡流探头下方做 360°转动，并向前挪动。当油管存在裂纹时，电涡流所走的路程大为增加，如图 4-30b 所示。探头对油管表面逐点扫描，得到图 4-31a 的输出信号。该信号十分紊乱，用肉眼很难分辨出缺陷的性质。将该信号通过带通滤波器，滤去表面不平整、抖动等因素造成的输出异常后，得到图 4-31b 中的两个尖峰信号。调节电压比较器的阈值电压，得到真正的缺陷信号。计算机还可以根据图 4-31a 的信号计算电涡流探头线圈的阻抗，得到图 4-31c 所示的 "8" 字花瓣状阻抗图。根据长期积累的探伤经验，可以从该复杂的阻抗图中判断出裂纹的长短、深浅、走向等参数。图 4-31b、c 中的黑色边框为反视报警区。当 "8" 字花瓣图形超出报警区时即视为超标，产生报警信号。

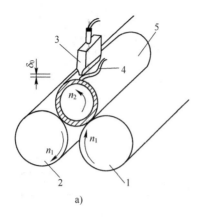
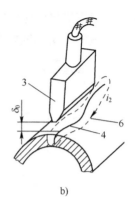

图 4-30　输油管表面裂纹检测

a) 测量的机械结构　b) 裂纹局部放大图

1、2—导向辊　3—楔形电涡流探头　4—裂纹　5—输油管　6—电涡流

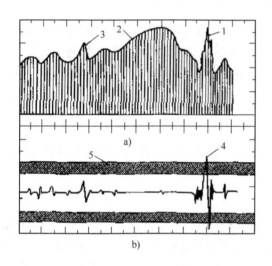
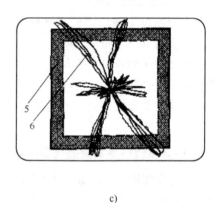

图 4-31　探伤输出信号

a) 原始信号　b) 通过带通滤波器后的信号　c) 阻抗图

1—尖峰信号　2—摆动引起的伪信号　3—可忽略的小缺陷　4—裂纹信号

5—反视报警框　6—花瓣阻抗图

　　电涡流探伤仪在实际使用时会受到诸多因素的影响。例如环境温度变化、表面硬度、机械传动不均匀、抖动等，用单个电涡流探头易受上述因素影响，严重时无法分辨缺陷和裂纹。因此必须采用差动电路。在楔形探头的尖端部位设置发射线圈，在其上方的左、右两侧分别设置一只接收线圈，它们的同名端相连，在没有裂纹信号时输出相互抵消。当裂纹进入左、右接收线圈下方时，由于相位上有先后差别，所以信号无法抵消，产生输出电压，这就是差动原理。温漂、抖动等干扰通常是同时作用于两只电涡流差动线圈，所以不会产生输出信号，如果计算机采用"相关"技术，就能进一步提高分辨能力。

　　上述系统的最大特点是非接触测量，不磨损探头，检测速度可达每秒几米。对机械系统稍做改造，还可用于轴类、滚子类的缺陷检测。

3. 电涡流传感器用于安检的金属探测

利用电涡流传感器可以制作安检门,用于机场、海关、监狱等处。当携带枪支、管制刀具及其他可能发生安全隐患的金属物品的人员通过时,可引起安装于门框内的线圈感抗发生变化,经转换电路处理后可送显示和报警单元,确保重要口岸的安全,如图 4-32 所示。

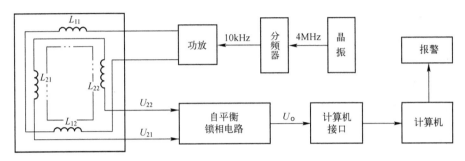

图 4-32　电涡流式通道安全检查门电原理框图

图 4-32 中,L_{11}、L_{12} 为头尾串联的两组发射线圈;L_{21}、L_{22} 为头尾串联的两组接收线圈。均用环氧树脂浇灌密封在门框内。10kHz 音频信号通过 L_{11}、L_{12} 在线圈周围产生同频率的交变磁场。L_{21}、L_{22} 实际上分成 6 个扁平线圈,分布在门的两侧的上、中、下部位,形成 6 个探测区。

当没有金属物品通过时,由于 L_{11}、L_{12} 和 L_{21}、L_{22} 相互垂直,形成电气正交,所产生的磁场 H_1、H_2 无磁路交联,U_{21}、U_{22} 电位和相位相等。由于后处理电路中含有锁相电路,所以输出电压 $U_0=0$。

当有金属物体通过 L_{11}、L_{12} 形成的交变磁场 H_1 时,交变磁场就会在该金属导体表面产生电涡流。电涡流也将产生一个新的微弱磁场 H_2。H_2 的相位与金属体位置、大小等有关,但与 L_{11}、L_{12} 不再正交,因此可以在 L_{11}、L_{12} 中感应出电压。计算机根据感应电压的大小、相位来判定金属物体的大小。

由于个人携带的日常用品例如皮带扣、钥匙串、眼镜架、戒指甚至断腿中的钢钉等也会引起误报警。因此计算机还要进行复杂的逻辑判断,才能获得既灵敏又可靠、准确的效果。

目前多在安检门的侧面安装一台“软 X 光”扫描仪。当发现疑点时,可启动对人体无害的低能量狭窄扇面 X 射线,进行断面扫描。用软件处理的方法,合成完整的光学图像。

在更严格的安检中,还要在安检门侧面安装能量微弱的中子发射管,对可疑对象开启该装置,让中子穿过密封的行李包,利用质谱仪来计算出行李物品的含氮量,以及碳、氧的精确比例,从而确认是否为爆炸品(氮含量较大)。计算其他化学元素的比例,还可以确认毒品或其他物质。

4. 电涡流式转速传感器

(1) 电涡流式传感器用于转速测量

电涡流式转速传感器工作原理图如图 4-33 所示。在软磁材料制成的输入轴上加工一键槽,

在距输入表面 d_0 处设置电涡流式转速传感器，输入轴与被测旋转轴相连。

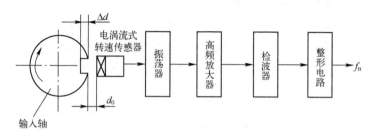

图 4-33　电涡流式转速传感器工作原理图

当被测旋转轴转动时，输出轴的距离发生 $d_0+\Delta d$ 的变化。由于电涡流效应，这种变化将导致振荡谐振回路的品质因素变化，使传感器线圈电感随 Δd 的变化也发生变化，它们将直接影响振荡器的电压幅值和振荡频率。

因此，随着输入轴的旋转，从振荡器输出的信号中包含有与转数成正比的脉冲频率信号。该信号由检波器检出电压幅值的变化量，然后经整形电路输出脉冲频率信号 f_n。该信号经电路处理便可得到被测转速。

这种转速传感器可实现非接触式测量，抗污染能力很强，可安装在旋转轴近旁，长期对被测转速进行监视。最高测量转速可达 600000r/min。

（2）电涡流式转速传感器

电涡流式转速传感器系统主要由探头、延长电缆和前置器组成。电涡流传感器能测量被测物体（金属导体）与探头端面的相对位置。适用于大型旋转机械的轴向振动、位移、转速等参数的长期实时监测。可以分析设备的工作状况，并进行早期预报，有效地对设备进行预测性维修及保护。

电涡流式转速传感器由探头和前置器构成，电涡流探头内绕有线圈，该线圈与前置器内的振荡电路构成高频振荡回路。该传感器工作时在被测金属表面产生电涡流效应，当探头与被测金属面之间的距离变化时，金属表面上的涡流所产生的磁场使探头与前置器所构成的振荡器的阻抗发生变化，所以探头与被测表面距离变化可以通过探头线圈阻抗的变化来测量。

该传感器具有长期工作可靠性好，灵敏度高，抗干扰能力强；采用非接触测量，响应速度快；监测不受油污、蒸汽等介质的影响等特点。

5. 电涡流传感器在旋转机械在线监测中的应用

电涡流传感器能静态和动态地非接触、高线性度、高分辨能力地测量被测金属导体距探头表面的距离。它是一种非接触的线性化计量工具。电涡流传感器能准确测量被测体（必须是金属导体）与探头端面之间静态和动态的相对位移变化。

从转子动力学、轴承学的理论层面分析，大型旋转机械的运动状态，主要取决于其核心——转轴，而电涡流传感器，能直接非接触测量转轴的状态，对诸如转子的不平衡、不对中、轴承磨损、轴裂纹及发生摩擦等机械问题的早期判定，可提供关键的信息。电涡流传感器以其长期工作可靠性好、测量范围宽、灵敏度高、分辨率高、响应速度快、抗干扰力强、不受油污等介质的影响、结构简单等优点，在大型旋转机械状态的在线监测与故障诊断中得到广泛应用。

电涡流传感器系统广泛应用于电力、石油、化工、冶金等行业和一些科研单位，可对大型旋转机械轴的径向振动、轴向位移、鉴相器、轴转速、胀差、偏心以及转子动力学研究和零件尺寸检验等进行在线测量和保护。

（1）位移测量

对于许多旋转机械，包括蒸汽轮机、燃气轮机、水轮机、离心式和轴流式压缩机、离心泵以及数控机床等，对轴向位移要求苛刻。高速旋转的主轴将受到巨大的轴向推力，如主轴位移超过特定值域时，叶片或转子有可能与其他部件碰撞而损坏。

轴向位移是指机器内部转子沿轴心方向的位移。轴向位移的测量，可以指示旋转部件与固定部件之间的轴向间隙或相对瞬时的位移变化，用以防止机器的破坏。因此，需要利用电涡流传感器测量其位移，如图 4-34 所示。

有些机械故障，也可通过轴向位移的探测进行判别，例如止推轴承的磨损与失效；平衡活塞的磨损与失效；止推法兰的松动；联轴节的锁住等。

轴向位移（轴向间隙）的测量，经常与轴向振动弄混。轴向振动是指传感器探头表面与被测体，沿轴向之间距离的快速变动，这是一种轴的振动，用峰峰值表示。它与平均间隙无关。有些故障可以导致轴向振动，例如压缩机的踹振和不对中。

（2）振动测量

测量径向振动，可以检测轴承的工作状态，还可以检测转子的不平衡、不对中等机械故障。可以提供对于下列关键或基础机械进行机械状态监测所需的信息。

径向振动/轴向位移：包括蒸汽/燃气工业透平，空气/特殊用途气体压缩机；膨胀：包括蒸汽/燃气/水利动力发电透平，电动机，发电机，励磁机，齿轮箱，泵，风扇，鼓风机，往复式机械。

振动测量同样可以用于对一般性的小型机械进行连续监测，如图 4-35 所示。可为如下各种机械故障的早期判别提供了重要信息。

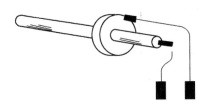

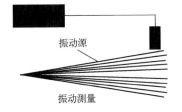

图 4-34　电涡流传感器位移测量　　　　图 4-35　电涡流传感器振动测量

轴的同步振动：油膜失稳；转子摩擦：部件松动；轴承套筒松动：压缩机踹振；滚动部件轴承失效；轴承巴氏合金磨损；平衡（阻气）活塞磨损/失效：联轴器"锁死"；轴弯曲：轴裂纹；电动机空气间隙不匀；齿轮咬合问题：透平叶片通道共振：叶轮通过现象。

（3）偏心测量

偏心是在低转速的情况下，电涡流传感器系统可以对轴弯曲程度进行测量，这种弯曲可由下列情况引起：原有的机械弯曲；临时温升导致的弯曲；在静止状态下，必然有些向下弯曲，有时也叫重力弯曲，这是外力造成的弯曲。如图 4-36 所示。

偏心的测量，对于评价旋转机械全面的机械状态是非常重要的。如图 4-37 所示。特别是对于装有透平监测仪表系统（TSI）的汽轮机，在起动或停机过程中，偏心测量已成为不可少的测量项目。

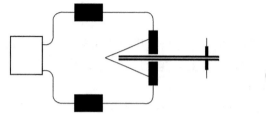 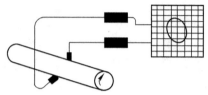

图 4-36　电涡流传感器偏心测量　　　　　图 4-37　电涡流传感器偏心轨迹测量

（4）胀差测量

对于汽轮发电机组来说，在其起动和停机时，由于金属材料、热膨胀系数以及散热的不同，轴的热膨胀可能超过壳体膨胀，有可能导致透平机的旋转部件和静止部件（如机壳、喷嘴、台座等）相互接触，造成机器的破坏。因此胀差的测量是非常重要的。如图 4-38 所示。

（5）滚动轴承、电机换向器整流片动态监控

由于在轴承旋转时，滚动元件与轴承有缺陷的地方相碰撞，外环会产生微小变形。监测系统可以监测到这种变形信号，当信号变形时意味着发生了故障，如滚动元件的裂纹缺陷或者轴承环的缺陷等，还可以测量轴承内环运行状态，经过运算可以测量轴承打滑度。如图 4-39 所示。

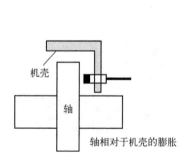 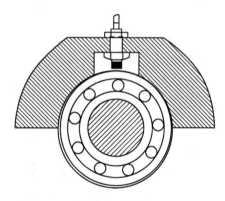

图 4-38　电涡流传感器胀差测量　　　　　图 4-39　电涡流传感器滚动轴承监控

习题与思考题

1．气隙型自感式电感传感器有几大类？各有何特点？

2．谈谈变间隙式传感器的输出特性，变面积式传感器的输出特性。

3．比较单线圈和差动两种变间隙式电感传感器特性，可得到什么结论？

4．单螺管型和差动式螺管型自感传感器的输出特性有什么不同？

5．自感式电感传感器的测量电路有哪些形式，各自有什么特点？

6．什么是相敏检波电路？请举例说明。

7．谐振式调幅电路与调频电路有何不同？

8．自感式电感传感器能测量何种参数？

9．谈谈变间隙式差动变压器传感器输出特性。影响其特性的主要因素是什么？

10．谈谈螺线管式差动变压器传感器输出特性。影响其特性的主要因素是什么？

11．什么是零点残余电压？产生的原因是什么？如何避免？

12．为什么说转子流量计是恒压降式流量计？

13．流量参数测量是靠间接测量方式获得的，本章所讲述的流量计是测量何种参数获得流量参数的？请列出间接测量的计算公式。你学过的哪些传感器能测此参数？

14．如图 4-40 所示的差动电感式传感器的桥式测量电路，L_1、L_2 为传感器的两差动电感线圈的电感，其初始值均为 L_0。R_1、R_2 为标准电阻，u 为电源电压。试写出输出电压 u_o 与传感器电感变化量 ΔL 间的关系。

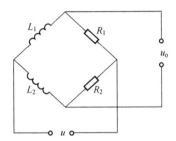

图 4-40　差动电感式传感器的桥式测量电路

15．自感变隙电感式压力传感器用的膜盒与差动变压器式微压力变送器用的膜盒有什么区别？画图并说明之。

16．谈谈本章讲解的一些具体传感器的技术规格，请问哪些规格与安装有关？

17．如图 4-41 所示是一种差动整流的电桥电路，电路由差动电感传感器 Z_1、Z_2 以及平衡电阻 R_1、R_2（$R_1=R_2$）组成。桥的一条对角线接有交流电源 U_i，另一条对角线为输出端 U_o。试分析该电路的工作原理。

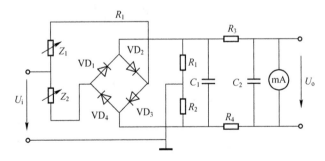

图 4-41　差动整流的电桥电路

18．谈谈电涡流式传感器的结构组成。

19．电涡流式传感器的灵敏度主要受哪些因素影响？它的主要优点是什么？

20．电涡流传感器的前置器有什么作用，它与探头之间还需要什么部件。

21．谈谈被测体对电涡流传感器特性有哪些影响。

22．电涡流传感器在旋转机械在线监测中用于监控什么参数？

23．试叙述图 4-42 所示各电涡流传感器应用场景的测量原理，说明可以用在何处，完成何种监测？

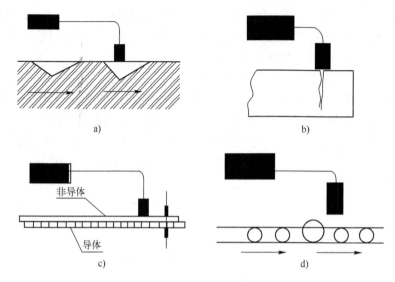

图 4-42　电涡流传感器的应用示意图

24．试叙述图 4-43 所示各电涡流传感器应用场景的测量原理，说明可以用在何处，完成何种监测？

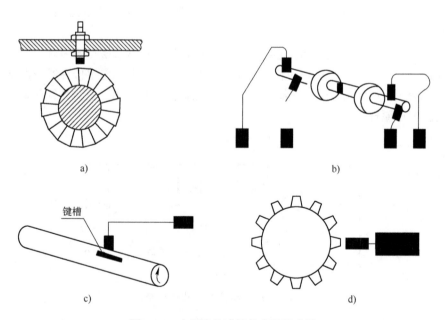

图 4-43　电涡流传感器的应用示意图

25．试叙述图 4-44 所示电感式传感器控制系统的应用原理，说明这是什么装置，实现什么用途，其测量单元、控制单元、执行单元各由何种设备完成的。

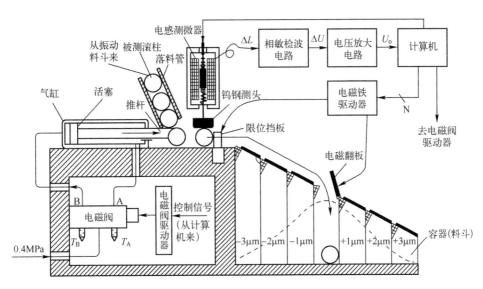

图 4-44 电感式传感器控制系统的应用原理

第5章 压变式传感器技术

压变式传感器是以某些物质的压变效应为基础的传感器。压电式传感器是以压电效应为基础，在外力作用下，在电介质的表面上产生电荷，从而实现非电量测量，是典型的有源传感器。

压磁式传感器是以压磁效应为基础，把作用力的变化转换成磁导率的变化，并引起绕于其上的线圈的阻抗或电动势的变化，从而感应出电信号，是典型的无源传感器。

5.1 压电式传感器

压电式传感元件是力敏感元件，所以它能测量最终能变换为力的那些物理量，例如力、压力、加速度等各种动态力，机械冲击与振动的测量。

5-1 压电式传感器的工作原理

压电式传感器具有响应频带宽、灵敏度高、信噪比大、结构简单、工作可靠以及重量轻等优点。近年来，由于电子技术的飞速发展，随着与之配套的二次仪表以及低噪声、小电容、高绝缘电阻电缆的出现，使压电传感器的使用更为方便。因此，压电式传感器在工程力学、生物医学、石油勘探、声波测井、电声学及宇航等许多技术领域中都获得了广泛的应用。

5.1.1 压电式传感器的工作原理

1. 压电效应

某些电介质，当沿着一定方向对其施力而使它变形时，其内部就产生极化现象，同时在它的两个表面上便产生极性相反的电荷；当外力去掉后，它又重新恢复到不带电状态，当作用力方向改变时，电荷的极性也随之改变，这种现象称为压电效应，又称为顺压电效应。

反之，当在电介质的极化方向施加电场时，该电介质就在一定方向上产生机械变形或机械压力，当外加电场撤去时，这些变形或应力也随之消失。这个现象称为逆压电效应，又称为电致伸缩效应。

在自然界中，许多物质具有压电效应和逆压电效应，常见的有石英晶体、压电陶瓷等。

2. 石英晶体

石英晶体化学式为 SiO_2，是单晶体结构。图 5-1a 为天然结构的石英晶体外形。它是一个正六面体。图 5-1b、c 分别为晶体切块和晶体切片（晶片）时的开延。

石英晶体各个方向的特性是不同的。其中，纵向轴 z 称为光轴，经过棱线并垂直于光轴的 x 轴称为电轴，与 x 和 z 轴同时垂直的轴 y 称为机械轴。通常把沿电轴 x 方向的力作用下产生电荷的压电效应称为"纵向压电效应";把沿机械轴 y 方向的作用下产生电荷的压电效应称为"横向压电效应";而沿光轴 z 方向受力时不产生压电效应。

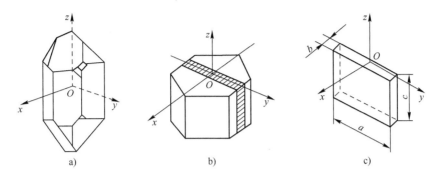

图 5-1　石英晶体外形

a) 石英晶体　b) 晶体切块　c) 晶体切片（晶片）

（1）石英晶体的压电效应

石英晶体之所以具有压电效应是由其内部结构决定的。图 5-2 是一个单元组体中构成石英晶体的硅离子和氧离子在垂直于 z 轴的 xy 平面上的投影，等效为一个正六边形排列。图中 $\oplus$ 代表 Si^{4+} 离子，$\ominus$ 代表氧离子 O^{2-}。

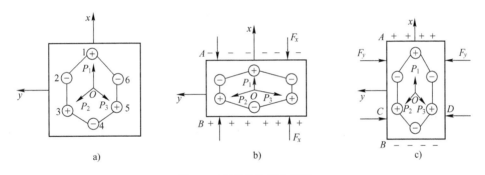

图 5-2　石英晶体压电模型

a) 不受力时　b) x 轴方向受力时　c) y 轴方向受力时

1）当石英晶体未受外力作用时，正、负离子正好分布在正六边形的顶角上，形成 3 个互成 $120°$ 夹角的电偶极矩 P_1、P_2、P_3。如图 5-2a 所示。此时正负电荷重心重合，电偶极矩的矢量和等于零，即 $P_1+P_2+P_3=0$，所以晶体表面不产生电荷，即呈中性。

2）当石英晶体受到沿 x 轴方向的压力 f_x 作用时，晶体沿 x 方向将产生压缩变形，正负离子的相对位置也随之变动。如图 5-2b 所示。此时正负电荷重心不再重合，电偶极矩在 x 方向上的分量由于 P_1 的减小和 P_2、P_3 的增加而不等于零，即 $(P_1+P_2+P_3)_x>0$。在 y、z 方向上的分量为 $(P_1+P_2+P_3)_{xy}=0$；$(P_1+P_2+P_3)_z=0$，可见，在 x 轴的正向出现正电荷，在 y、z 轴方向则不出现电荷。当作用力 f_x 的方向相反时，电荷的极性也随之改变。

3）当晶体受到沿 y 轴方向的压力 f_y 作用时，晶体的变形如图 5-2c 所示，与图 5-2b 情况相似，P_1 增大，P_2、P_3 减小，即 $(P_1+P_2+P_3)_x<0$。在 x 轴上出现电荷，它的极性为 x 轴正向为负电荷。在 y 轴方向上不出现电荷。当作用力 f_y 的方向相反时，电荷的极性也随之改变。

4）如果沿 z 轴方向施加作用力，因为晶体在 x 方向和 y 方向所产生的形变完全相同，所以正负电荷重心保持重合，电偶极矩矢量和等于零。这表明沿 z 轴方向施加作用力，晶体不会产生压电效应。

（2）压电效应参数的分析

假设从石英晶体上沿 y 方向切下一块如图 5-1c 所示的晶体切片，使它的晶面分别平行于 x、y、z 轴。并在垂直 x 轴方向两面用真空镀膜或沉银法得到电极面。

1）当晶片受到沿 x 轴方向的压缩应力 σ_{xx} 作用时，晶片将产生厚度变形，并发生极化现象。在晶体线性弹性范围内，极化强度 P_{xx} 与应力 σ_{xx} 成正比，即

$$P_{xx} = d_{11}\sigma_{xx} = d_{11}\frac{f_x}{ac} \qquad (5\text{-}1)$$

式中，f_x 为 X 轴方向的作用力；d_{11} 为 x 轴方向上的压电系数，石英晶体 $d_{11}=2.3\times10^{-12}\mathrm{CN^{-1}}$；$a$、$c$ 为石英晶片的长度和宽度。当受力方向和变形不同时，压电系数也不同。

极化强度 P_{xx} 在数值上等于晶面上的电荷密度，即

$$P_{xx} = \frac{q_x}{ac} \qquad (5\text{-}2)$$

式中，q_x 为垂直于 x 轴平面上的电荷。

联立式（5-1）、式（5-2），整理得

$$q_x = d_{11}f_x \qquad (5\text{-}3)$$

则，其极间电压为

$$U_x = \frac{q_x}{C_x} = d_{11}\frac{f_x}{C_x} \qquad (5\text{-}4)$$

式中，C_x 为电极面间电容，$C_x = \frac{\varepsilon_0\varepsilon_r ac}{b}$。

在 x 轴方向施加压力时，左旋石英晶体的 x 轴正向带正电；如果作用力 f_x 改为拉力，则在垂直于 x 轴的平面上仍出现等量电荷，但极性相反。

2）若在同一切片上，沿机械轴 y 方向施加作用力 f_y，则仍在与 x 轴垂直的平面上产生电荷 q_y，其大小为

$$q_y = \frac{ac}{bc}d_{12}f_y = \frac{a}{b}d_{12}f_y \qquad (5\text{-}5)$$

式中，d_{12} 为 y 轴方向受力的压电系数；a、b、c 为晶体切片长度、厚度和高度。

根据石英晶体轴对称条件：$d_{11}=-d_{12}$，则上式为

$$q_y = -\frac{a}{b}d_{11}f_y \qquad (5\text{-}6)$$

可见，在 x，y 轴方向上所施力的方向相同时，产生的电荷的极性是不同的。电荷 q_x 和 q_y 的极性由所受力的性质决定。

由上述可知：

① 无论是正或逆压电效应，其作用力（或应变）与电荷（或电场强度）之间均呈线性关系。

② 晶体在哪个方向上有正压电效应，则在此方向上一定存在逆压电效应。

③ 石英晶体不是在任何方向都存在压电效应的。

3．压电陶瓷

（1）压电陶瓷的极化

压电陶瓷属于铁电体一类的物质，是人工制造的多晶压电材料，它具有类似铁磁材料磁畴结构

的电畴结构。电畴是分子自发形成的区域，它有一定的极化方向，从而存在一定的电场。

在无外电场作用时，电畴在晶体中杂乱分布，它们的极化效应被相互抵消，压电陶瓷内极化强度为零。因此原始的压电陶瓷呈中性，不具有压电性质，如图 5-3a 所示。

在陶瓷上施加外电场时，电畴的极化方向发生转动，趋向于按外电场方向的排列，从而使材料得到极化，如图 5-3b 所示，外电场越强，就有更多的电畴更完全地转向外电场方向。

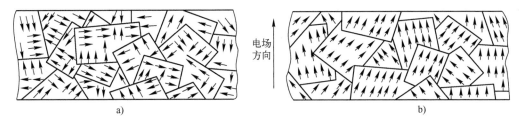

图 5-3　压电陶瓷的极化

a) 未极化　b) 电极化

让外电场强度大到使材料的极化达到饱和的程度，即所有电畴极化方向都整齐地与外电场方向一致时，外电场去掉后，电畴的极化方向基本不变，即剩余极化强度很大，这时的材料才具有压电特性。

但是，当把电压表接到陶瓷片的两个电极上进行测量时，却无法测出陶瓷片内部存在的极化强度。这是因为陶瓷片内的极化强度总是以电偶极矩的形式表现出来，即在陶瓷的一端出现正束缚电荷，另一端出现负束缚电荷。由于束缚电荷的作用，在陶瓷片的电极面上吸附了一层来自外界的自由电荷。这些自由电荷与陶瓷片内的束缚电荷极性相反而数量相等，它起着屏蔽和抵消陶瓷片内极化强度对外界的作用。所以电压表不能测出陶瓷片内的极化程度，如图 5-4a所示。

（2）压电陶瓷的压电效应

1）正压电效应。如果在陶瓷片上加一个与极化方向平行的压力 F，如图 5-4b 所示，陶瓷片将产生压缩形变（图中实线代表形变前的情况，虚线代表形变后的情况），片内的正、负束缚电荷之间的距离变小，极化强度也变小。因此，原来吸附在电极上的自由电荷，有一部分被释放，而出现放电荷现象。当压力撤销后，陶瓷片恢复原状（这是一个膨胀过程），片内的正、负电荷之间的距离变大，极化强度也变大，因此电极上又吸附一部分自由电荷而出现充电现象。

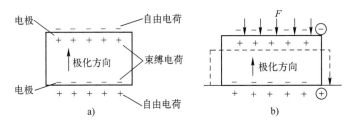

图 5-4　压电陶瓷的压电效应

a) 极化后未受力　b) 极化后受力

这种由机械效应转变为电效应，或者由机械能转变为电能的现象，就是正压电效应。

2）逆压电效应。如果在陶瓷片上加一个与极化方向相同的电场，压电陶瓷的逆压电效应如图 5-5 所示，由于电场的方向与极化强度的方向相同，所以电场的作用使极化强度增大。这时，陶瓷片内的正负束缚电荷之间距离也增大，即陶瓷片沿极化方向产生伸长形变（图中虚线）。

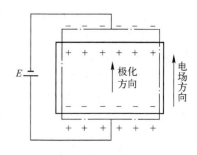

图 5-5　压电陶瓷的逆压电效应

同理，如果外加电场的方向与极化方向相反，则陶瓷片沿极化方向产生缩短形变。这种由于电效应而转变为机械效应，或者由电能转变为机械能的现象，就是逆压电效应。

可见，压电陶瓷之所以具有压电效应，是由于陶瓷内部存在自发极化。自发极化经过极化工序处理而被迫取向排列后，陶瓷内即存在剩余极化强度。如果外界的作用（如压力或电场的作用）能使此极化强度发生变化，陶瓷就出现压电效应。

此外，陶瓷内的极化电荷是束缚电荷，而不是自由电荷，这些束缚电荷不能自由移动。所以在陶瓷中产生的放电或充电现象，是通过陶瓷内部极化强度的变化，引起电极面上自由电荷的释放或补充的结果。

（3）压电效应分析

压电效应产生的电荷量的大小与外力成正比，即

$$q = d_{33}F \tag{5-7}$$

式中，d_{33} 为压电陶瓷的压电系数；F 为作用力。

压电陶瓷的压电系数比石英晶体的大得多，所以采用压电陶瓷制作的压电式传感器的灵敏度较高。

极化处理后的压电陶瓷材料的剩余极化强度和特性与温度有关，它的参数也随时间变化，从而使其压电特性减弱。

5.1.2　压电式传感器的测量电路

1. 压电式传感器的测量特点

（1）测量对象

5-2　压电式传感器的测量电路

压电式传感器主要测量力及力的派生物理量（如压力、位移、加速度等）。

此外，压电元件在压电传感器中必须有一定的预应力，这样可以保证在作用力变化时，压电片始终受到压力，同时也保证了压电片的输出与作用力的线性关系。

1）宜用于动态测量。压电材料上产生的电荷只有在无泄露的情况下才能长期保存。这就要求传感器内部信号电荷无"漏损"，外电路负载无穷大，否则电路将以某时间常数按指数规律放电。事实上，传感器内部不可能没有泄漏，这对于静态标定以及低频准静态测量极为不利，必然带来误差。只有外力以较高频率不断地作用，传感器的电荷才能得以补充，因此，压电晶体不适合于静态测量。只能施加交变力，电荷才能得到不断补充，才能供给回路一定的电流，故只宜做动态测量。

2）连接高阻前置放大器。外电路负载也不可能无穷大，只有连接高阻前置放大器，减少晶

片的漏电流以减少测量误差。所以压电传感器的绝缘电阻与前置放大器的输入电阻相并联。为保证传感器和测试系统有一定的低频或准静态响应，要求压电传感器绝缘电阻应保持在 $10^{13}\Omega$ 以上，才能使内部电荷泄漏减少到满足一般测试精度的要求。与上相适应，测试系统则应有较大的时间常数，亦即前置放大器要有相当高的输入阻抗，否则传感器的信号电荷将通过输入电路泄漏，即产生测量误差。

（2）压电元件的联接形式

在压电式传感器中，常用两片或多片压电元件组合在一起使用。由于压电材料是有极性的，因此接法也有两种。压电元件的联接形式如图 5-6 所示。

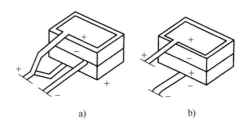

a)   b)

图 5-6　压电元件的联接形式

a) 并联　b) 串联

图 5-6a 为并联形式，片上的负极集中在中间极上，其输出电容 C' 为单片电容 C 的两倍，但输出电压 U' 等于单片电压 U，极板上电荷量 q' 为单片电荷量 q 的两倍，即

$$q' = 2q;\quad U' = U;\quad C' = 2C \tag{5-8}$$

由于输出电荷量大，本身电容大，因此时间常数也大，通常适用于测量慢速信号，并以电荷量作为输出的场合。

图 5-6b 为串联形式，正电荷集中在上极板，负电荷集中在下极板，而中间的极板上产生的负电荷与下片产生的正电荷相互抵消。从图中可知，输出的总电荷 q' 等于单片电荷 q，而输出电压 U' 为单片电压 U 的两倍，总电容 C' 为单片电容 C 的一半，即

$$q' = q;\quad U' = 2U;\quad C' = \frac{1}{2}C \tag{5-9}$$

由于输出电压高，本身电容小，因此时间常数也小，通常适用于测量快速信号，并以电压量作为输出，且测量电路输入阻抗很高的场合。

2. 压电式传感器的等效电路

（1）理想等效电路

当压电传感器中的压电晶体承受被测机械应力的作用时，在它的两个极面上出现极性相反但电量相等的电荷。可把压电传感器看成一个静电发生器，如图 5-7a 所示。也可把它视为两极板上聚集异性电荷，中间为绝缘体的电容器，如图 5-7b 所示。其电容量为

$$C_{\mathrm{a}} = \frac{\varepsilon_{\mathrm{r}}\varepsilon_0 A}{d} \tag{5-10}$$

式中，A 为压电片的面积；d 为压电片的厚度；ε_{r} 为压电材料的相对介电常数。

因此，压电传感器可以等效为一个与电容相并联的电压源，如图 5-7a 所示。

$$U_a = \frac{q}{C_a} \tag{5-11}$$

式中，U_a 为电容器上的电压，q 为电荷量；C_a 为电容量。

压电传感器也可以等效为一个电荷源，如图 5-7b 所示。

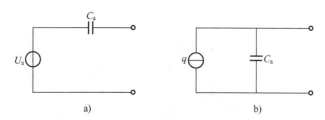

图 5-7　压电传感器的理想等效电路

a) 电压源　b) 电荷源

（2）实际等效电路

压电传感器在实际使用时总要与测量仪器或测量电路相连接，因此还须考虑连接电缆的等效电容 C_c，放大器的输入电阻 R_i，输入电容 C_i 以及压电传感器的泄漏电阻 R_a。

这样压电传感器在测量系统中的实际等效电路如图 5-8 所示。

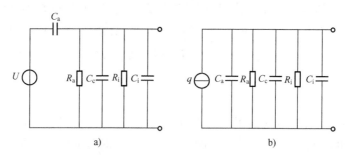

图 5-8　压电传感器的实际等效电路

a) 电压源　b) 电荷源

3. 压电式传感器的测量电路

压电传感器本身的内阻抗很高，而输出能量较小，因此它的测量电路通常需要接入一个高输入阻抗的前置放大器，其作用一是把它的高输出阻抗变换为低输出阻抗；二是放大传感器输出的微弱信号。

压电传感器的输出可以是电压信号，也可以是电荷信号，因此前置放大器也有两种形式，即电压放大器和电荷放大器。

（1）电压放大器

电压放大器实际是一个阻抗变换器，图 5-9a 是电压放大器的电路原理图，图 5-9b 是其输入端简化等效电路图。

在图 5-9b 中，电阻 R 是 R_a 和 R_i 的并联，电容 C 是 C_a、C_c、C_i 的并联，而输入电压 U_i 为

$$U_i = \frac{q}{C_a} = \frac{dF}{C_a} \tag{5-12}$$

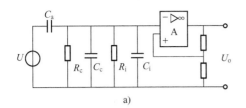
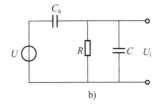

图 5-9　电压放大器的电路原理图及其等效电路图

a) 电路原理图　b) 输入端简化等效电路图

若压电元件受正弦力 $f = F_m \sin\omega t$ 的作用，则其电压为

$$u_a = \frac{dF_m}{C_a} \cdot \sin\omega t = U_m \sin\omega t \tag{5-13}$$

式中，U_m 为压电元件输出电压幅值；d 为压电系数。

由此可得放大器输入端电压 U_i 的复数形式为：

$$\dot{U}_i = df\frac{\mathrm{j}\omega R}{1 + \mathrm{j}\omega R(C_i + C_a)} \tag{5-14}$$

$\dot{U}_i$ 的幅值 U_{im} 为

$$U_{im} = \frac{dF_m\omega R}{\sqrt{1 + \omega^2 R^2(C_a + C_c + C_i)^2}} \tag{5-15}$$

输入电压和作用力之间相位差为

$$\varphi = \frac{\pi}{2} - \arctan[\omega(C_a + C_c + C_i)R] \tag{5-16}$$

在理想情况下，传感器的 R_a 电阻值与前置放大器输入电阻 R_i 都为无限大，即 $\omega(C_a+C_c+C_i)R \gg 1$，那么由式（5-15）可知，理想情况下输入电压幅值 U_{im} 为

$$U_{im} = \frac{dF_m}{C_a + C_c + C_i} \tag{5-17}$$

式（5-17）表明前置放大器输入电压 U_{im} 与频率无关。一般认为 $\omega/\omega_0 > 3$ 时，就可以认为 U_{im} 与 ω 无关，ω_0 表示测量电路时间常数之倒数，即

$$\omega_0 = \frac{1}{R(C_a + C_c + C_i)} \tag{5-18}$$

这表明压电传感器有很好的高频响应，但是当作用于压电元件的力为静态力（$\omega=0$）时，前置放大器的输入电压等于零，因为电荷会通过放大器输入电阻和传感器本身漏电阻漏掉，所以压电传感器不能用于静态力测量。

式（5-17）中 C_c 为连接电缆电容，当电缆长度改变时，C_c 也将改变，因而 U_{im} 也随之变化。因此，压电传感器与前置放大器之间的连接电缆不能随意更换，否则将引入测量误差。

（2）电荷放大器

电荷放大器常作为压电传感器的输入电路，电荷放大器由一个具有深度负反馈的高增益放大器和一个反馈电容 C_f 构成，当略去 R_a 和 R_i 并联电阻后，电荷放大器可用图 5-10 所示的等效电路表示。

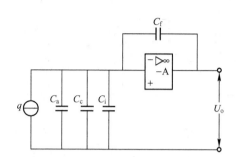

图 5-10   电荷放大器等效电路

若放大器的开环增益 A 足够大，并且放大器的输入阻抗很高，则放大器输入端几乎没有分流，运算电流仅流入反馈回路 C_f。

图 5-10 中 A 为运算放大器增益。由于运算放大器输入阻抗极高，放大器输入端几乎没有分流，其输出电压 U_o 为

$$U_o \approx U_{C_f} = -\frac{q}{C_f} \tag{5-19}$$

式中，U_o 为放大器输出电压；U_{C_f} 为反馈电容两端电压。

由运算放大器的基本特性，可求出电荷放大器的输出电压为

$$U_o = -\frac{Aq}{C_a + C_c + C_i} \tag{5-20}$$

通常 $A=10^4\sim10^6$，因此若满足 $(1+A)C_f \gg C_a + C_c + C_i$ 时，式（5-19）可表示为

$$U_{C_f} = -\frac{q}{C_f} \tag{5-21}$$

可见，电荷放大器的输出电压 U_o 与电缆电容 C_c 无关，且与 q 成正比，这是电荷放大器的最大特点。

5.1.3   压电式传感器的应用

1. 压电式测力传感器

根据使用要求不同，压电式测力传感器有不同的结构形式，但基本原理相同。压电式单向测力传感器的结构图如图 5-11 所示，它主要由石英晶片、绝缘套、电极、上盖及基座等组成。

5-3   压电式传感器的应用

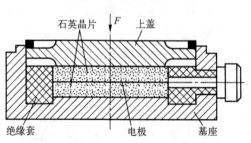

图 5-11   压电式单向测力传感器的结构图

传感器上盖为传力元件，它的外缘壁厚为 0.1～0.5mm，当外力作用时，它将产生弹性变形，将力传递到石英晶片上。石英晶片采用 xy 切型，利用其纵向压电效应，通过 d_{11} 实现力-电转换。当膜片受到压力 F 作用后，则在压电晶片上产生电荷。在一个压电片上所产生的电荷 q 为

$$q = d_{11}F$$

式中，F 为作用于压电片上的力；d_{11} 为压电系数。

石英晶片的尺寸为 $\Phi 8 \times 1$mm。该传感器的测力范围为 0～50N，最小分辨率为 0.01，固有频率为 50～60kHz，整个传感器重 10g。

2. 压电式加速度传感器

压电式加速度传感器的结构一般有纵向效应型、横向效应型和剪切效应型 3 种，纵向效应型是最常见的。压电式加速度传感器结构图如图 5-12 所示。它主要由压电元件、质量块、预压弹簧、基座及外壳等组成。整个部件装在外壳内，并用螺栓加以固定。压电陶瓷和质量块为环形，通过螺母对质量块预先加载，使之压紧在压电陶瓷上。测量时将传感器基座与被测对象牢牢地紧固在一起，输出信号由电极引出。

当传感器感受振动时，因为质量块相对被测体质量较小，因此质量块感受与传感器基座相同的振动，当加速度传感器和被测物一起受到冲击振动时，压电元件受质量块与加速度方向相反的惯性力的作用，根据牛顿第二定律，此惯性力是加速度的函数，即

$$F = ma \tag{5-22}$$

式中，F 为质量块产生的惯性力；m 为质量块的质量；a 为加速度。

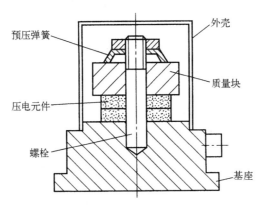

图 5-12　压电式加速度传感器结构图

同时，惯性力 F 作用于压电元件上，因而产生电荷 q。当传感器选定后，m 为常数，则传感器输出电荷为

$$q = d_{11}F = d_{11}ma ; \qquad a = \frac{1}{d_{11}m}q \tag{5-23}$$

可见，输出电荷 q 与加速度 a 成正比。因此，测得加速度传感器输出的电荷便可知加速度的大小。此式表明电荷量直接反映加速度大小。其灵敏度与压电材料的压电系数和质量块的质量有关。为了提高传感器的灵敏度，一般选择压电系数大的压电陶瓷片。若增加质量块质量，会影响被测振

动，同时会降低振动系统的固有频率，因此一般不用增加质量的方法来提高传感器灵敏度。此外用增加压电片数目和采用合理的连接方法也可提高传感器的灵敏度。

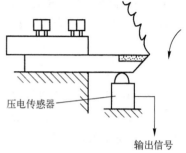

3. 压电式金属加工切削力测量

利用压电陶瓷传感器测量刀具切削力的测量示意图如图 5-13 所示。由于压电陶瓷元件的自振频率高，特别适合测量变化剧烈的载荷。

图中压电传感器位于车刀前部的下方，当进行切削加工时，切削力通过刀具传给压电传感器，压电传感器将切削力转换为电信号输出，记录下电信号的变化便可测得切削力的变化。

图 5-13　压电陶瓷传感器测量刀具切削力的测量示意图

4. 压电式玻璃破碎报警器

BS-D$_2$ 压电式传感器是专门用于检测玻璃破碎的一种传感器，它利用压电元件对振动敏感的特性来感知玻璃受撞击和破碎时产生的振动波。传感器把振动波转换成电压输出，输出电压经放大、滤波、比较等处理后提供给报警系统。BS-D$_2$ 压电式玻璃破碎传感器的外形及内部电路图如图 5-14 所示。传感器的最小输出电压为100mV，最大输出电压为100V，内阻抗为15～20kΩ。

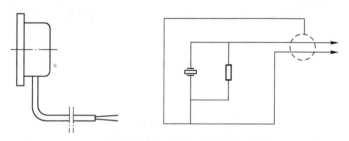

图 5-14　BS-D$_2$ 压电式玻璃破碎传感器的外形及内部电路图

报警器使用时，传感器用胶粘贴在玻璃上，通过电缆和报警电路相连。为了提高报警器的灵敏度，信号经放大后，需经带通滤波器进行滤波，要求它对选定的频谱通带的衰减要小，而带外衰减要尽量大。由于玻璃振动的波长在音频和超声波的范围内，这就使滤波器成为电路中的关键。当传感器输出信号高于设定的阈值时，才会输出报警信号，驱动报警执行机构工作。

5.2　压磁式传感器

压磁式传感器是基于铁磁材料压磁效应的传感器，又称为磁弹性传感器。压磁式传感器的敏感元件由铁磁材料制成，它把作用力（如弹性应力、残余应力）的变化转换成磁导率的变化，并引起绕于其上的线圈的阻抗或电动势的变化，从而感应出电信号，进而实现非电量测量，是典型的无源传感器。

压磁式传感器是测力传感器的一种，它利用铁磁材料受力后导磁性能的变化，将被测力转换为电信号。

压磁式传感器是一种新型传感器，它的优点是输出功率大、信号强、结构简单、牢固可靠、抗干扰性好、过载能力强及价格便宜。缺点是测量精度不是很高、频响较低。

5.2.1　压磁式传感器的基本原理

1. 铁磁材料的压磁效应

某些铁磁材料在受外界机械力（例如压力、扭力及弯力）作用后，在它内部产生了机械应力，从而引起铁磁材料磁导率发生变化。这种应力使铁磁材料的磁性质发生变化的现象，称为压磁效应。

5-4　压磁式传感器的基本原理

铁磁材料的压磁效应具体可表述为：当材料受到压力时，在作用力方向磁导率减小，而在垂直作用力方向，磁导率增大；当作用力是拉力时，其效果相反；作用力取消后，磁导率复原。铁磁材料的压磁效应还与磁场有关。只有在一定条件下（例如磁场强度恒定时），压磁效应才有单值特性，但不是线性关系。

（1）磁致伸缩效应

铁磁材料在磁场中磁化时，在磁场方向会伸长或缩短，这种现象称为磁致伸缩效应。材料随磁场强度的增加而伸长或缩短不是无限制的，最终会达到饱和。各种材料的饱和伸缩比是定值，称为磁致伸缩系数，用 λ_S 表示，即

$$\lambda_S = \frac{\Delta l}{l} \tag{5-24}$$

式中，$\Delta l / l$ 为伸缩比。

在一定的磁场范围内，一些材料（如 Fe）的 λ_S 为正值，称为正磁致伸缩；反之，一些材料（如 Ni）的 λ_S 为负值，称为负磁致伸缩。

测试表明，物体磁化时，不但磁化方向上会伸长（或缩短），在偏离磁化方向的其他方向上也同时伸长（或缩短），只是随着偏离角度的增大其伸长（或缩短）比逐渐减小，直到接近垂直于磁化方向反而要缩短（或伸长）。铁磁材料的这种磁致伸缩，是由于自发磁化时导致物质的晶格结构改变，使原子间距发生变化而产生的现象。

（2）磁弹性效应

铁磁物体被磁化时如果受到限制而不能伸缩，内部会产生应力。如果在它外部施力，也会产生应力。当铁磁物体因磁化而引起伸缩（且不管何种原因）产生应力 σ 时，其内部必然存在磁弹性能 E。分析表明，E 与 $\lambda_S \sigma$ 成正比，且同磁化方向与应力方向之间的夹角有关。由于 E 的存在，将使铁磁材料的磁化方向发生变化。

对于正磁致伸缩材料，如果存在拉应力，将使磁化方向转向拉应力方向，加强拉应力方向的磁化，从而使拉应力方向的磁导率增大。反之，压应力将使磁化方向转向垂直于压应力的方向，削弱应力方向的磁化，从而使压应力方向的磁导率减小。

对于负磁致伸缩材料，情况正好相反。

这种被磁化的铁磁材料在应力影响下形成磁弹性能，使磁化强度矢量重新取向，从而改变应力方向的磁导率的现象，称为磁弹性效应，或称为压磁效应。

铁磁材料的相对磁导率变化与应力 σ 之间的关系为

$$\frac{\Delta \mu}{\mu} = \frac{2\lambda_S}{B_S^2} \sigma \mu \tag{5-25}$$

式中，μ 为铁磁材料的磁导率；B_S 为饱和磁感应强度。

2. 压磁式应变传感器的工作原理

压磁式应变传感器的结构简图如图 5-15 所示。压磁元件装入弹性支架内，支架对压磁元件有额定压力 5%～15%的预应力。外力通过传力钢球集中作用在弹性横梁上，垂直均匀地传给压磁元件。

本例的压磁元件由冷轧硅钢片冲压而成，经热处理后叠成一定厚度，用环氧树脂黏合在一起。在中间部分冲有 4 个对称小孔，压磁式应变传感器的工作原理图如图 5-16a 所示。孔 1 与孔 2 间绕励磁线圈，孔 3 与孔 4 间绕感应线圈。压磁元件在外力作用下，产生应变，引起磁导率变化。

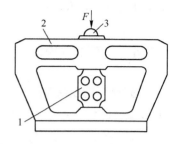

图 5-15　压磁式应变传感器的结构简图

1—压磁元件　2—弹性支架　3—传力钢球

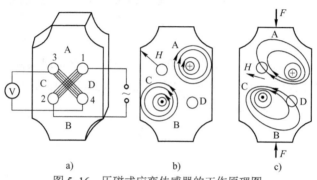

图 5-16　压磁式应变传感器的工作原理图

a) 工作原理图　b) 无外力作用时　c) 有外力作用时

在励磁线圈中通以交变电流时，磁导率的变化将导致线圈耦合系数的变化，从而使输出的感应电动势变化，达到把作用力转换成电荷量输出的目的。

当励磁线圈孔 1、2 线圈绕组 N_{12} 中通过交变电流时，铁心产生磁场。设把 4 个孔空间分成 A、B、C、D 4 个区域。

在无外力作用的情况下，如图 5-16b 所示，A、B、C、D 4 个区域的磁导率是相同的，这时合成磁场 H 平行于输出线圈的平面，磁感应线不穿过感应线圈，输出线圈（孔 3、4 线圈绕组 N_{34}）不产生感应电动势。

当有外力作用时，如图 5-16c 所示，A、B 区域将受到一定的应力，而 C、D 区域基本上仍处于自由状态，沿作用力方向的 A、B 区域的磁导率下降，磁阻增大，而 C、D 区域磁导率基本不变。这样励磁绕组所产生的磁感应线将重新分布，部分磁感应线绕过 C、D 区域闭合，于是合成磁场 H 不再与 N_{34} 平面平行，一部分磁感应线穿过 N_{34} 而产生感应电动势，外作用力越大，穿过 N_{34} 的磁感应线就越多，感应电动势值就越大。可见，感应电动势是随外力作用而变化的。

3. 铁磁材料的压磁应变灵敏度

从式（5-25）可知，用于压磁式传感器的铁磁材料要求能承受大的应力、磁导率高、饱和磁感应强度小。压磁式传感器所使用的铁磁材料一般为硅钢片、坡莫合金等。又因硅钢片性能稳定，价格便宜，故选用者居多。

铁磁材料的压磁应变灵敏度的表示方法与应变灵敏度系数表示方法相似，即

$$S = \frac{\varepsilon_\mu}{\varepsilon_1} = \frac{\Delta\mu / \mu}{\Delta l / l} \qquad (5\text{-}26)$$

式中，ε_μ 为磁导率的相对变化；ε_1 为在机械力的作用下铁磁物质的相对变形。

压磁应力灵敏度定义为：单位机械应力所引起的磁导率相对变化。即

$$S_\sigma = \frac{\Delta\mu / \mu}{\sigma} \qquad (5\text{-}27)$$

可见，压磁传感器可以用来测量压力、拉力、弯矩、扭转力（或力矩），其变换链为：力转化为内应力表现为磁导率，影响磁阻从而改变阻抗或电动势。

5.2.2　压磁式传感器的结构

1. 压磁元件的基本结构

由以上论述可看出，压磁式传感器的核心部分是压磁元件，它实质是一个力-电变换元件。压磁元件常用的材料有硅钢片、坡莫合金和一些铁氧体，最常用的材料是硅钢片。为了减小涡流损耗，压磁元件的铁心大都采用薄片的铁磁材料叠合而成。其中，坡莫合金具有很高的灵敏度，但成本高；铁氧体也有较高的灵敏度，但材质较脆。为了减小涡流损耗，压磁元件的铁心大都采用薄片的铁磁材料叠合而成。冲片形状大致有 4 种，即四孔圆弧形冲片、六孔圆弧形冲片、中字形冲片及田字形冲片。

> 5-5　压磁式传感器的结构

2. 压磁传感器的基本结构

压磁传感器可分为阻流圈式、变压器式、桥式、电阻式、魏德曼效应和巴克豪森效应传感器。其中阻流圈式、变压器式和桥式用得较多。

（1）阻流圈式

这种传感器的敏感元件是绕有线圈的用铁磁材料制成的铁心，如图 5-17a 所示。在线圈中通有交流电，铁心在外力 F 的作用下，磁导率发生变化，磁阻和磁通也相应变化，从而改变了线圈的阻抗，引起线圈中的电流变化。这种结构在不受力时有初始信号，需要用补偿电路加以抵销。

（2）变压器式

如图 5-17b 所示，在它的铁心上有两个分开的线圈，一是接交流电源的励磁线圈，另一是输出测量线圈。改变线圈的匝数比即可得到不同档次的电压输出信号。

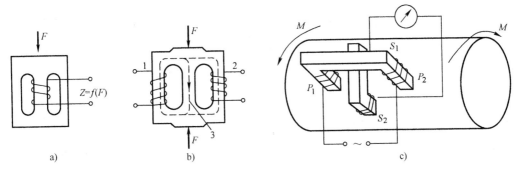

图 5-17　压磁传感器的结构

a) 阻流圈式　b) 变压器式　c) 桥式

（3）桥式

如图5-17c所示，它由两个垂直交叉放置的Ⅱ形铁心构成，在两个铁心上分别绕以励磁线圈和测量线圈。这种传感器用于测量铁磁材料的受力状况（例如扭矩），在被测材料上4点P_1、S_1、P_2、S_2之间的磁阻形成一个磁桥。在未受力时，由于材料的各向同性，各桥臂磁阻相等，测量线圈内通过两束方向相反、大小相等的磁通，相互抵消后没有感应电动势，输出为零。当材料受扭矩力M时，其上发生压磁效应，两个方向的磁导率发生不同变化，磁桥失去平衡，于是测量线圈就能输出与扭矩大小成一定关系的感应信号。

由于铁磁材料的磁化特性随温度而变，压磁式传感器通常要进行温度补偿。最常用的方法是将工作传感器与不受载体作用的补偿传感器构成差动回路。

5.2.3 压磁式传感器的应用

压磁式测力传感器具有输出功率大，抗干扰能力强，过载性能好，结构与电路简单，能在恶劣环境下工作，寿命长等一系列特点。尽管它的测量精度不高（误差约为1%），反应速度低，但由于上述优点，尤其是寿命长，常用于重工业、化工、冶金、矿山及运输等工业部门作为测力和称重传感器。

5-6 压磁式传感器的应用

例如用于起重运输的过载保护系统、轧钢压力及钢板厚度的控制系统、铁路货车连续称量系统（即铁道衡）。用来测量轧钢的轧钢刀、钢带的张力、纸张的张力、吊车提物的自动称量、配料的测量、金属切削过程的切削力以及电梯安全保护等。

构件内应力的无损测量采用压磁式传感器，比用X射线方法、开槽法、钻孔法和电阻应变法优越。还可用于实现转轴扭矩的非接触测量等。

压磁式传感器不仅用于自动控制和机械力的无损测量，而且还用于骨科和运动医学测试。对于压磁式传感器测量过程的各个变换阶段，它的理论工程计算方法，以及材料和工艺还需深入研究。

1. 压磁传感器的测量电路

压磁式传感器的输出信号较大，一般不需要放大。所以测量电路主要由励磁电源、滤波电路、相敏整流和显示器等组成，压磁式传感器的电路原理框图如图5-18所示。

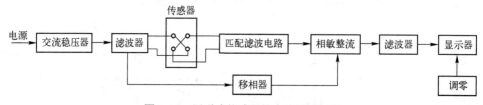

图5-18 压磁式传感器的电路原理框图

2. 测量一个方向变化的传感器

图5-19是一些力在一个方向作用，从而产生磁导率的变化的压磁式传感器的结构形式。

（1）测量压力的传感器

1）测量电感值的改变。图5-19a、b是与电感传感器相似的测量压力P作用的传感器，它通过改变磁导率来达到电感值的改变。这里：

$$L = K_1 \cdot \mu \approx K_2 P \tag{5-28}$$

式中，L 为传感器的电感；K_1、K_2 为与励磁电流大小有关的系数，在一定条件下可认为是近似的常数。

2）测量互感值的改变。图 5-19d、e 是与互感传感器相似的测量压力 P 用的传感器，它通过改变磁导率来达到互感值的改变。这里：

$$E_2 = \frac{N_2}{N_1} K(P) \cdot u_1 \cdot P \tag{5-29}$$

式中，E_2 为传感器输出感生电势；u_1 为原端励磁电压；N_1、N_2 为一次和二次绕组的匝数；$K(P)$ 为系数，它与励磁电流频率及幅值有关，同时也与被测力 P 有关。

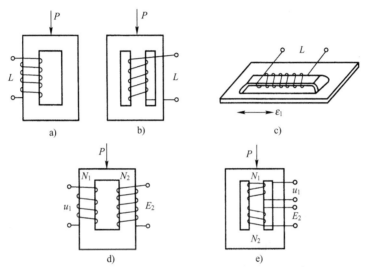

图 5-19　一个方向产生磁导率的变化的压磁式传感器

a)、b) 电感式测压力　c) 电感式测应变　d)、e) 互感式测压力

（2）测量应变的传感器

图 5-19c 是一种压磁应变片。在日字形铁心凸起在外的中间铁舌上绕上绕组，使用时将它粘在被测应变的工件表面，使其整体与被测工件同时发生变形，从而引起铁心中磁导率改变，导致电感值改变。

这种结构也可在铁舌上绕两个绕组做成变压器型传感器，常称为互感型压磁应变片。

3. 测量两个方向变化的传感器

在两个方向产生磁导率的变化的压磁式传感器如图 5-20 所示。

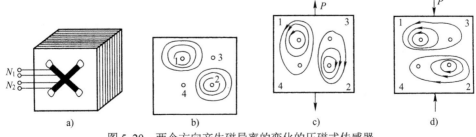

图 5-20　两个方向产生磁导率的变化的压磁式传感器

a) 传感器结构　b) 传感器没受外力时　c) 传感器受外力时　d) 传感器受压力时

图 5-20a 所示的是传感器结构；图 5-20b 所示的是传感器在没受外力时，$E_2=0$；图 5-20c 所示的是传感器受拉力时，$E_2 \neq 0$；图 5-20d 所示的是传感器受压力时，$E_2 \neq 0$，可见因受的力不同，相位与受拉力时相差 $180°$。

该传感器常用来测量几万牛顿的压力，耐过载能力强，线性度为 3%～5%。

习题与思考题

1. 什么是压电效应？以石英晶体为例说明压电晶体是怎样产生压电效应的？

2. 常用的压电材料有哪些？各有哪些特点？

3. 压电式传感器能否用于静态测量？为什么？

4. 某压电式压力传感器的灵敏度为 8×10^{-4} pC/Pa，假设输入压力为 300kPa 时的输出电压是 1V，试确定传感器总电容量。

5. 用压电式加速度计及电荷放大器测量振动，若传感器灵敏度为 7pC/g（g 为重力加速度），电荷放大器灵敏度为 100mV/pC，试确定输入 3g 加速度时系统的输出电压。

6. 用压电式传感器和电荷放大器测量某种机器的振动，已知传感器的灵敏度为 100pC/g，电荷放大器的反馈电容 $C_f=0.01\mu F$，测得输出电压峰值为 $U_{om}=0.4V$，振动频率为 100Hz。

① 机器振动的加速度最大值 a_m(m/s^2)；② 假定振动为正弦波，求振动的速度 $v(t)$；③ 求出振动的幅度的最大值 x_{m0}。

7. 根据图 5-21 所示的石英晶片的受力方向，标出晶片上产生电荷的极性。

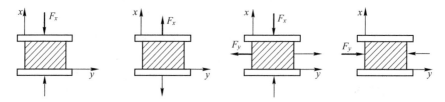

图 5-21 石英晶片的受力示意图

8. 压电式传感器测量电路的作用是什么？其核心是解决什么问题？

9. 一压电式传感器的灵敏度 $K_1=10$pC/mPa，连接灵敏度 $K_2=0.008$V/pC 的电荷放大器，所用的笔式记录仪的灵敏度 $K_3=25$mm/V，当压力变化 $\Delta p=8$mPa 时，记录笔在记录纸上的偏移为多少？

10. 某加速度计的校准振动台能做 50Hz 和 1g 的振动，今有压电式加速度计出厂时标出灵敏度 $K=100$mV/g，由于测试要求需加长导线，因此要重新标定加速度计灵敏度，假定所用的阻抗变换器放大倍数为 1，电压放大器放大倍数为 100，标定时晶体管毫伏表上指示为 9.13V。试画出标定系统的框图，并计算加速度计的电压灵敏度。

11. 什么是压磁效应？

12. 与其他测量压力的传感器相比，压磁传感器有什么特点？

13. 通过一个实例说明压磁式传感器的应用。

第6章 磁电式传感器技术

磁电式传感器是可以将各种磁场及其变化的量转变成电信号输出的装置。自然界和人类社会生活的许多地方都存在磁场或与磁场相关的信息。利用人工设置的永久磁体产生的磁场，可作为许多种信息的载体。因此，探测、采集、存储、转换、复现和监控各种磁场和磁场中承载的各种信息的任务，自然就由磁电式传感器来完成。

最常见的磁电式传感器有两种，一种是根据导体的磁电感应原理形成的磁电感应式传感器，一种是根据半导体的霍尔效应形成的霍尔传感器。

6.1 磁电感应式传感器

磁电感应式传感器有时又简称为磁电传感器，它是利用电磁感应原理将被测量（如振动、位移、转速等）转换成电信号的一种传感器。它不需要辅助电源就能把被测对象的机械量转换成易于测量的电信号，是有源传感器。磁电感应式传感器输出功率大且性能稳定，具有一定的工作带宽（10～1000Hz），所以得到普遍应用。

6-1 磁电感应式传感器

6.1.1 磁电感应式传感器的工作原理

1. 电磁感应定律

根据电磁感应定律：无论任何原因使通过回路面积的磁通量发生变化时，回路中产生的感应电动势与磁通量对时间的变化率的负值成正比。因此，当 N 匝线圈在恒定磁场内运动时，设穿过线圈的磁通为 Φ，则线圈内的感应电势 E 与磁通变化率 $\mathrm{d}\Phi/\mathrm{d}t$ 有如下关系：

$$E = -N\frac{\mathrm{d}\Phi}{\mathrm{d}t} \tag{6-1}$$

式中，Φ 为线圈的磁通；N 为线圈匝数。

式（6-1）中的感应电动势是在非恒定的磁场产生的。在恒定的磁场中，也可以产生电磁感应电动势。

2. 电磁感应定律的应用

（1）线圈在恒定磁场中做直线运动

当线圈在恒定磁场中做直线运动并切割磁力线时，由于 $\Phi=BS$，因而

$$\frac{\mathrm{d}\Phi}{\mathrm{d}t} = BL\frac{\mathrm{d}x}{\mathrm{d}t} = BLv\sin\theta \tag{6-2}$$

式中，Φ 为磁场的磁感应强度；x 为线圈与磁场相对运动的位移；v 为线圈与磁场相对运动的速度；θ 为线圈运动方向与磁场方向的夹角；N 为线圈的有效匝数；S 为线圈的截面积；L 为每匝

线圈的平均长度。

联立式（6-1）、式（6-2），则线圈两端的感应电动势 E 为

$$E = NBLv\sin\theta \tag{6-3}$$

当 $\theta=90°$ 时，式（6-3）可写成

$$E = NBLv \tag{6-4}$$

（2）线圈在恒定磁场中做旋转运动

当线圈相对磁场做旋转运动切割磁力线时，由于 $\Phi=BS\cos\gamma$，因而

$$\frac{\mathrm{d}\Phi}{\mathrm{d}t} = BS\frac{\mathrm{d}\gamma}{\mathrm{d}t}\sin\gamma = BS\omega\sin\gamma \tag{6-5}$$

联立式（6-1）、式（6-5），则线圈两端的感应电动势为

$$E = NBS\omega\sin\gamma \tag{6-6}$$

式中，ω 为旋转运动角速度；S 为线圈的截面积；γ 为线圈平面的法线方向与磁场方向间的夹角。

当 $\gamma=90°$ 时，式（6-6）可写成

$$E = NBS\omega \tag{6-7}$$

当 N、B、S、L 为定值时，感应电动势 E 与线圈和磁场的相对运动线速度 v 或角速度 ω 成正比。

由于速度和位移、加速度之间是积分、微分的关系，因此只要适当加入积分、微分电路，便能通过测量感应电动势得到位移和加速度。

6.1.2　磁电感应式传感器的结构

如前所述，我们可以用改变磁通的方法产生感应电动势，也可以用线圈在恒定磁场中切割磁力线的方法产生感应电动势。据此，磁电传感器可以设计成两种结构：变磁通式和恒磁通式。

1. 变磁通式磁电传感器

在这类磁电传感器中，产生磁场的永久磁铁和线圈都固定不动，而是通过磁通的变化产生感应电动势。图 6-1 所示是一种变磁通式磁电传感器，可用来测量旋转物体的角速度，称为磁电式转速传感器。根据线圈和磁铁安装的位置不同，其磁路也不同，因此，可以划分为开磁路式和闭磁路式。

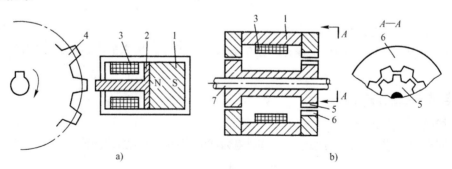

图 6-1　变磁通式磁电传感器

a) 开磁路　b) 闭磁路

1—永久磁铁　2—软磁铁　3—感应线圈　4—测量齿轮　5—内齿轮　6—外齿轮　7—转轴

（1）开磁路变磁通式

图 6-1a 所示的磁电式转速传感器为开磁路变磁通式，主要由两部分组成。第一部分是固定部分，包括磁铁、感应线圈及用软铁制成的极靴（又称为极掌）。第二部分是可动部分，主要是传感齿轮，它由铁磁材料制成，安装在被测轴上，随轴转动。

每转动一个齿，齿轮的齿顶和齿谷交替经过极靴。由于极靴与齿轮之间的气隙交替变化，引起磁场中磁路磁阻的改变，使得通过线圈的磁通也交替变化，从而导致线圈两端产生感应电动势。传感齿轮每转过一个齿，感应电动势对应经历一个周期，线圈中产生的感应电动势的变化频率等于被测转速与测量齿轮齿数的乘积。

这种传感器结构简单，但输出信号较小，且因高速轴上加装齿轮较危险而不宜用于高转速的测量。

（2）闭磁路变磁通式

图 6-1b 为闭磁路变磁通式，它由装在转轴上的内齿轮和外齿轮、永久磁铁和感应线圈组成，内外齿轮齿数相同。当转轴连接到被测转轴上时，外齿轮不动，内齿轮随被测轴转动，内、外齿轮的相对转动使气隙磁阻产生周期性变化，从而引起磁路中磁通的变化，使线圈内产生周期性变化的感生电动势。显然，感应电动势的变化频率与被测转速成正比。

2. 恒磁通式磁电传感器

在这类磁电传感器中，工作气隙中的磁通保持不变，而线圈中的感应电动势是由于工作气隙中的线圈与磁钢之间做相对运动，线圈切割磁力线产生的。其值与相对运动速度成正比。

图 6-2 为恒磁通式磁电传感器典型结构，它由永久磁铁、线圈、弹簧及金属骨架等组成。

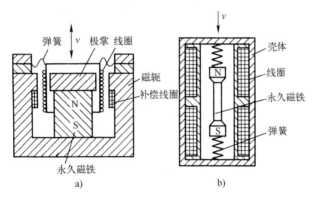

图 6-2　恒磁通式磁电传感器典型结构

a) 动圈式　b) 动铁式

磁路系统产生恒定的直流磁场，磁路中的工作气隙固定不变，因而气隙中磁通也是恒定不变的。其运动部件可以是线圈（称为动圈式），也可以是磁铁（称为动铁式）。无论是动圈式还是动铁式，其工作原理是完全相同的。

当其壳体随被测振动体一起振动时，由于弹簧较软，运动部件质量相对较大，当振动频率足够高（远大于传感器固有频率）时，运动部件惯性很大，来不及随振动体一起振动，近乎静止不动，振动能量几乎全被弹簧吸收，永久磁铁与线圈之间的相对运动速度接近于振动体振动速度，磁铁与线圈的相对运动切割磁力线，从而产生感应电动势。

6.1.3 磁电感应式传感器的特性

磁电感应式传感器的特性包括传感器的移动-电气输出特性、电气输出灵敏度和误差分析。其中传感器的移动-电气输出特性、电气输出灵敏度是磁电感应式传感器的基本特性。

1. 磁电感应式传感器的基本特性

（1）电流输出特性

当测量电路接入磁电感应式传感器测量回路中时：

1）磁电感应式传感器的输出电流 I_o 为

$$I_o = \frac{E}{R + R_1} = \frac{BLN}{R + R_f} v$$

式中，R_f 为测量电路输入电阻；R 为线圈等效电阻。

2）传感器的电流灵敏度为

$$S_I = \frac{I}{v} = \frac{BLN}{R + R_f}$$

（2）电压输出特性

1）传感器的输出电压为

$$U_o = I_o R_f = \frac{BLNR_f}{R + R_f} v$$

2）传感器的电压灵敏度为

$$S_U = \frac{U_o}{v} = \frac{BLNR_f}{R + R_f}$$

2. 磁电感应式传感器的测量电路

磁电感应式传感器直接输出感应电动势，且传感器通常具有较高的灵敏度，所以一般不需要高增益放大器。但磁电感应式传感器是速度传感器，若要获取被测位移或加速度信号，则需要配用积分或微分电路。图 6-3 为磁电感应式传感器测量电路框图。

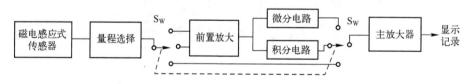

图 6-3　磁电感应式传感器测量电路框图

6.1.4 磁电感应式传感器的应用

1. 磁电式转速传感器

（1）磁电式转速传感器的结构

6-2　磁电感应式传感器的应用

在实际应用中，磁电式转速传感器的具体结构形式有很多。比如前面讲过的根据磁路形式可分为开磁路式和闭磁路式。

根据形成磁场的方式，磁电式转速传感器可以分为永磁型和励磁型两种结构类型。永磁型磁电式转速传感器的磁场是由永久磁铁产生的，属于永磁型。励磁型磁电式转速传感器的磁场是由电磁铁产生的，与永磁型相比多了一组励磁线圈，工作时需外加励磁电源。

根据极靴的结构形式磁电式转速传感器又可分为单极型、双极型和齿型 3 种结构类型。传感器的极靴只有一个极的简单结构的，属于单极型。双极型有两个极靴，分别代表 N 极和 S 极，与传感齿轮上的两个对应齿形成气隙。齿型传感器的极靴被制成其齿数与传感齿轮齿数相等的齿座，齿座与齿轮以极小的工作间隙相对安装于同一轴线上。齿座的齿轮与传感齿轮分别代表磁场的两极。采用双极型或齿型的极靴能大大提高传感器的电动势灵敏度。

根据安装形式，磁电式转速传感器还可分为分离式和整体式。

（2）常用的磁电式转速传感器

1）国产 SZMB-3 型磁电式转速传感器。该传感器通过联轴节与被测轴连接，当转轴旋转时将角位移转换成电脉冲信号，供二次仪表使用。该传感器每转输出 60 个脉冲，输出信号幅值≥300mV（50r/min 时），测速范围为 50～5000r/min。

2）国产 SZMB-5 型磁电式转速传感器。该传感器输出信号的波形为近似正弦波，幅值与 SZMB-3 型相同。工作时，信号幅值大小与转速成正比，与铁心和齿顶间隙的大小成反比。被测齿轮的模数 $m=2$，齿数 $z=60$，传感器铁心和被测齿顶间隙 $\delta=0.5\mathrm{mm}$，测量范围为 50～5000r/min。

（3）磁电式转速传感器的计算

在上述两种结构的磁电转速传感器中，有

$$T = \frac{60}{zn} \text{ 或 } f = \frac{zn}{60} \qquad (6-8)$$

式中，T 为感应电动势周期；f 为感应电动势频率；z 为齿轮齿数；n 为转速（r/min）。

式（6-8）表明，传感器输出电动势的频率与被测转速成正比。因此，只要将该电动势放大整形成矩形波信号，送到计数器或频率计中，即可由频率测出转速。

2．动圈式振动速度传感器

动圈式振动速度传感器结构示意图如图 6-4 所示。它由固定部分、可动部分及弹簧片组成。

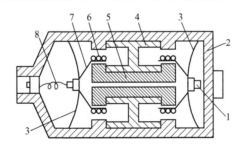

图 6-4　动圈式振动速度传感器结构示意图

1—限幅器　2—壳体　3—弹簧片　4—芯轴　5—磁钢　6—线圈　7—阻尼环　8—输出线

固定部分主要是磁钢和壳体，壳体由软磁材料制成，与磁钢固定在一起。可动部分包括线圈、芯轴及阻尼环。线圈和阻尼环分别固定在芯轴的两端，它们是传感器的惯性元件。弹簧片在芯轴的上下做拱型支承，弹簧片与壳体相连。

工作时，传感器与被测物体刚性连接，当物体振动时，传感器外壳和永久磁铁随之振动，架空的线圈、芯轴和阻尼环因惯性而不随之振动。因而，磁路空气隙中的线圈切割磁力线而产生正比于振动速度的感应电动势，线圈的输出通过引线输出到测量电路。

该传感器测量的是振动速度参数，若在测量电路中接入积分电路，则输出电动势与位移成正比；若在测量电路中接入微分电路，则其输出与加速度成正比。

3. 磁电式扭矩传感器

磁电式扭矩传感器的工作原理图如图 6-5 所示。在驱动源和负载之间的扭转轴的两侧安装有齿形圆盘，它们旁边装有相应的两个磁电传感器。磁电传感器的结构如图 6-1a 所示。

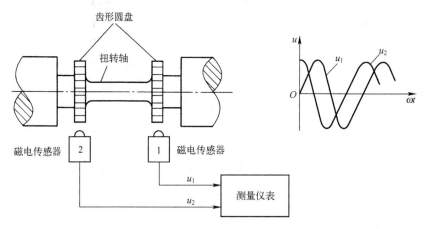

图 6-5　磁电式扭矩传感器的工作原理图

传感器的检测元件部分由永久磁场、感应线圈和铁心组成。永久磁铁产生的磁力线与齿形圆盘交链。当齿形圆盘旋转时，圆盘齿凸凹引起磁路气隙的变化，于是磁通量也发生变化，在线圈中感应出交流电压，其频率等于圆盘上齿数与转数乘积。

当扭矩作用在扭转轴上时，两个磁电传感器输出的感应电压 u_1 和 u_2 存在相位差。这个相位差与扭转轴的扭转角成正比。这样传感器就可以把扭矩引起的扭转角转换成相位差的电信号了。

4. 电磁流量计

目前常用的电磁流量计是基于磁电感应传感器的一种流量测量装置。电磁流量计的工作原理如图 6-6 所示。

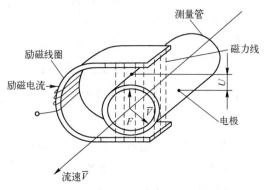

图 6-6　电磁流量计的工作原理

当流过测量导管的导电流体以流速 $\overline{V}$ 做切割磁感应强度为 B 的磁力线运动时，则在一对检

测电极之间检测的感应电动势 E 所产生的电压 U 根据式（6-3）可得

$$U = KBDV$$

即

$$\bar{V} = \frac{U}{KBD} \tag{6-9}$$

式中，U 为两检测电极之间的信号电压；B 为磁感应强度；D 为测量导管内径；$\bar{V}$ 为平均流速；K 为比例常数。

通过测量导管的瞬时体积流量 Q 为

$$Q = S\bar{V} \tag{6-10}$$

式中，S 为管道的截面积。

将式（6-9）代入式（6-10）有

$$Q = \frac{S}{KBD}U \tag{6-11}$$

由于测量导管内径固定，励磁电流恒定时，磁感应强度 B 也恒定不变，故两检测电极之间的信号电压 U 与体积流量 Q 呈线性关系，因此，体积流量正比于电极间的信号电压，测出此信号电压值并经过电路转换即可得出体积流量 Q。

6.2 霍尔传感器

霍尔传感器是基于霍尔效应的一种传感器。1879 年美国物理学家霍尔首先在金属材料中发现了霍尔效应，但由于金属材料的霍尔效应太弱而没有得到应用。随着半导体技术的发展，开始用半导体材料制成霍尔元件，由于它的霍尔效应显著而得到应用和发展。霍尔传感器广泛用于电磁测量、压力、加速度及振动等方面的测量。

6-3　霍尔传感器

6.2.1 霍尔效应及其参数

1. 霍尔效应

在置于磁场中的导体或半导体内通入电流，若电流与磁场垂直，则在与磁场和电流都垂直的方向上会出现一个电势差，这种现象称为霍尔效应。

霍尔效应与霍尔元件如图 6-7 所示，长、宽、高分别为 L、W、H 的 N 型半导体薄片的相对两侧通以控制电流，在薄片垂直方向加以磁场 B。

在图示方向磁场的作用下，电子将受到一个由 c 侧指向 d 侧方向力的作用，这个力就是洛伦兹力，其大小为

$$F_L = eBv \tag{6-12}$$

式中，e 为电子电荷；v 为电子运动平均速度；B 为磁场的磁感应强度。

F_L 的方向在图 6-7a 中是向上的，此时电子除了沿电流反方向做定向运动外，还在 F_L 的作用下向 d 侧漂移，结果使导电体的上底面积累电子，而下底面积累正电荷，从而形成了附加内电场 E_H，此内电场称为霍尔电场，该电场强度为

$$E_H = \frac{U_H}{b} \tag{6-13}$$

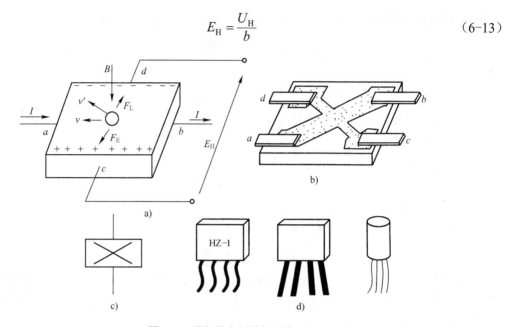

图6-7 霍尔效应与霍尔元件

a) 霍尔效应 b) 霍尔元件结构 c) 图形符号 d) 外形

式中，U_H 为电位差。

霍尔电场的出现，使定向运动的电子除了受洛伦兹力作用外，还受到霍尔电场的作用力，其大小为

$$F_E = eE_H \tag{6-14}$$

F_E 阻止了电荷继续积累。随着上、下底面积累电荷的增加，霍尔电场增强，电子受到的电场力也增加，当电子所受洛伦兹力与霍尔电场作用力大小相等、方向相反时，电荷不再向两底面积累，达到平衡状态。即

$$F_L = F_E, \tag{6-15}$$

$$eE_H = eBv \tag{6-16}$$

设导电体单位体积内电子数为 n，电子定向运动平均速度为 v，则励磁电流为

$$I = nevbd \tag{6-17}$$

由式（6-16）、式（6-17）得

$$E_H = \frac{IB}{bdae} \tag{6-18}$$

将式（6-18）代入式（6-13）得

$$U_H = U\frac{IB}{ned} = R_H\frac{IB}{d} = K_H IB \tag{6-19}$$

式中，R_H 为霍尔常数，其大小取决于导体载流子密度；K_H 为霍尔片的灵敏度。

$$R_H = \frac{1}{ne}; \quad K_H = \frac{R_H}{d} \tag{6-20}$$

式（6-19）、式（6-20）的意义在于：

1）霍尔电势 U_H 的大小正比于激励电流 I 和磁感应强度 B 的乘积。

2）霍尔元件的灵敏度 K_H 是表征单位磁感应强度和单位控制电流时输出霍尔电压的大小。

3）当控制电流方向或磁场方向改变时，输出电动势方向也将改变。

4）霍尔元件的灵敏度 K_H 与霍尔常数 R_H 成正比，而与霍尔片厚度 d 成反比。所以，为了提高灵敏度，霍尔元件常制成薄片形状。

2. 霍尔参数

从式（6-19）、式（6-20）来看，对霍尔片材料的要求是希望有较大的霍尔常数 R_H。

霍尔元件激励极间电阻为

$$R = \rho \frac{L}{bd} \tag{6-21}$$

$$R = \frac{U_I}{I} = \frac{E_I L}{I} = \frac{v}{\mu} \frac{L}{nevbd} \tag{6-22}$$

式中，U_I 为加在霍尔元件两端的激励电压；E_I 为霍尔元件激励极间内电场；v 为电子移动的平均速度；μ 为电子迁移率。则

$$\frac{\rho L}{bd} = \frac{L}{\mu nebd} \tag{6-23}$$

解得

$$R_H = \mu \rho \tag{6-24}$$

由式（6-24）可知，霍尔常数等于霍尔片材料的电阻率 ρ 与电子迁移率 μ 的乘积。

可见，若要霍尔效应强，则必须使 R_H 值大，因此要求霍尔片材料有较大的电阻率和载流子迁移率。一般金属材料载流子迁移率很高，但电阻率很小；而绝缘材料电阻率极高，但载流子迁移率极低。故只有半导体材料适于制造霍尔片。

目前常用的霍尔元件材料有锗、硅、锑化铟及砷化铟等半导体材料。其特点如下。

1）N 型锗容易加工制造，其霍尔系数、温度性能和线性度都较好。

2）N 型硅的线性度最好，其霍尔系数、温度性能同 N 型锗相近。

3）锑化铟对温度最敏感，尤其在低温范围内温度系数大，但在室温时其霍尔系数较大。

4）砷化铟的霍尔系数较小，温度系数也较小，输出特性线性度好。

6.2.2 霍尔元件及其传感器

1. 霍尔元件基本结构

霍尔元件的结构很简单，它由霍尔片、引线和壳体组成，如图 6-8a 所示。

霍尔片是一块矩形半导体单晶薄片，引出 4 根引线。1、1′两根引线加激励电压或电流，称为激励电极；2、2′引线为霍尔输出引线，称为霍尔电极。

霍尔元件壳体由非导磁金属、陶瓷或环氧树脂封装而成。在电路中，霍尔元件可用两种符号表示，如图 6-8b 所示。

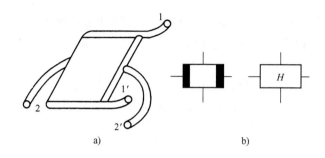

图 6-8 霍尔元件

a) 外形结构示意图 b) 图形符号

2. 常用的霍尔传感器

（1）霍尔开关集成传感器

霍尔开关集成传感器是利用霍尔效应与集成电路技术制成的一种磁敏传感器，它能感知一切与磁信息有关的物理量，并以开关信号形式输出。图 6-9 所示为霍尔开关集成传感器内部组成框图。

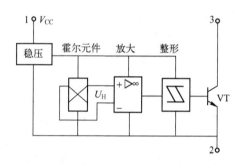

图 6-9 霍尔开关集成传感器内部组成框图

当有磁场作用在霍尔开关集成传感器上时，霍尔元件输出霍尔电压 U_H，一次磁场强度变化，使传感器完成一次开关动作。

霍尔开关集成传感器具有使用寿命长，无触点磨损，无火花干扰，无转换抖动，工作频率高，温度特性好，能适应恶劣环境等优点。

常见霍尔开关集成传感器型号有 UGN-3020、UGN-3030、UGN-3075 等。

霍尔开关集成传感器常用于点火系统、保安系统、转速测量、里程测量、机械设备限位开关、按钮开关、电流的测量和控制、位置及角度的检测等。

（2）霍尔线性集成传感器

霍尔线性集成传感器的输出电压与外加磁场强度呈线性比例关系。

这类传感器一般由霍尔元件和放大器组成，当外加磁场时，霍尔元件产生与磁场呈线性比例变化的霍尔电压，经放大器放大后输出。

霍尔线性集成传感器有单端输出型和双端输出型两种，典型产品分别为 SL3501T 和 SL3501M 两种。霍尔线性集成传感器的电路结构如图 6-10 所示。

霍尔线性集成传感器常用于位置、力、重量、厚度、速度、磁场及电流等的测量和控制。

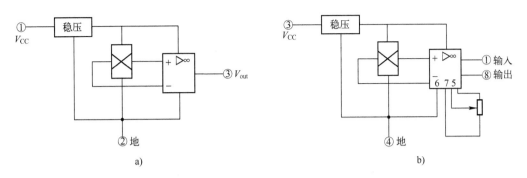

图 6-10　霍尔线性集成传感器的电路结构

a) 单端输出型　b) 双端输出型

6.2.3　霍尔传感器的应用

霍尔传感器的应用按被检测的对象的性质可分为直接应用和间接应用两种。

直接应用：直接检测出受检测对象本身的磁场或磁特性（如高斯计等）。

间接应用：检测受检对象上人为设置的磁场，将这个磁场作为被检测的信息的载体，通过它将许多非电、非磁的物理量（例如力、位移、速度以及工作状态发生变化的时间等）转变成电量来进行检测和控制。

1. 霍尔式微位移传感器

霍尔元件具有结构简单、体积小、动态特性好和寿命长的优点，它不仅用于磁感应强度、有功功率及电能参数的测量，也在位移测量中得到广泛应用。

图 6-11 给出了一些霍尔式位移传感器的工作原理图。

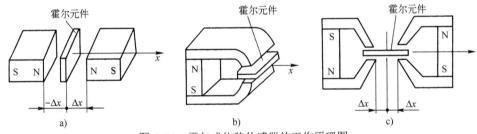

图 6-11　霍尔式位移传感器的工作原理图

a) 磁场强度相同的两块永久磁铁　b) 一块永久磁铁　c) 两块结构相同的磁铁

图 6-11a 是磁场强度相同的两块永久磁铁，同极性相对地放置，霍尔元件处在两块磁铁的中间。由于磁铁中间的磁感应强度 $B=0$，因此霍尔元件输出的霍尔电势 U_H 也等于零，此时位移 $\Delta x=0$。若霍尔元件在两磁铁中产生相对位移，霍尔元件感受到的磁感应强度也随之改变，这时 U_H 不为零，其量值大小反映出霍尔元件与磁铁之间相对位置的变化量，这种结构的传感器，其动态范围可达 5mm，分辨率为 0.001mm。

图 6-11b 是一种结构简单的霍尔位移传感器，是由一块永久磁铁组成磁路的传感器，在 $\Delta x=0$ 时，霍尔电压不等于零。

图 6-11c 是一个由两个结构相同的磁路组成的霍尔式位移传感器，为了获得较好的线性分布，在磁极端面装有极靴，霍尔元件调整好初始位置时，可以使霍尔电压 $U_H=0$。

这种传感器灵敏度很高，但它所能检测的位移量较小，适合于微位移量及振动的测量。

2. 霍尔计数装置

霍尔开关传感器 SL3501 是具有较高灵敏度的集成霍尔元件，能感受到很小的磁场变化，因而可对铁磁金属零件进行计数检测。

图 6-12 是霍尔计数装置的工作原理及电路图。当钢球通过霍尔开关传感器时，传感器可输出峰值 20mV 的脉冲电压，该电压经运算放大器 A（μA741）放大后，驱动半导体晶体管 VT（2N5812）工作，VT 输出端便可接计数器进行计数，并由显示器显示检测数值。

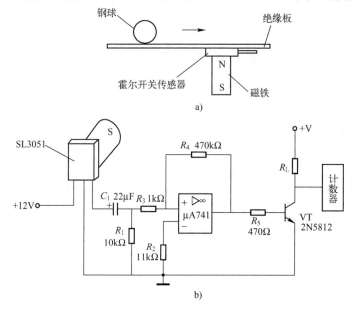

图 6-12 霍尔计数装置的工作原理及电路图

3. 霍尔式转速传感器

图 6-13 是几种不同结构的霍尔式转速传感器。磁性转盘的输入轴与被测转轴相连，当被测转轴转动时，磁性转盘随之转动，固定在磁性转盘附近的霍尔传感器便可在每一个小磁铁通过时产生一个相应的脉冲，检测出单位时间的脉冲数，便可知被测转速。磁性转盘上小磁铁数目的多少决定了传感器测量转速的分辨率。

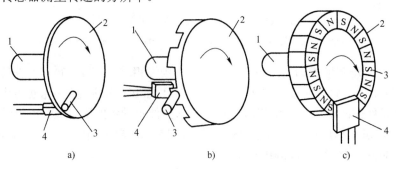

图 6-13 几种不同结构的霍尔式转速传感器

1—输入轴 2—转盘 3—小磁铁 4—霍尔传感器

与磁电式转速器一样，在上述 3 种结构的霍尔式转速传感器中，有

$$T = \frac{60}{zn} \text{ 或 } f = \frac{zn}{60} \tag{6-25}$$

式中，T 为霍尔电动势周期；f 为霍尔电动势频率；z 为齿轮齿数；n 为转速（r/min）。

习题与思考题

1. 说明磁电感应式传感器的基本工作原理。

2. 试通过转速测量系统的实例说明磁电式转速传感器的应用。

3. 磁电式振动传感器与磁电式转速传感器在工作原理上有什么区别？

4. 采用 SZMB-3 型磁电式传感器测量转速，当传感器输出频率为 1kHz 的正弦波信号时，被测轴的转速是多少？

5. 磁电式传感器能否检测表面粗糙度？试绘出其原理图。

6. 请写出你认为可以用磁电式传感器来检测的物理量。

7. 为什么导体材料和绝缘体材料均不宜做成霍尔元件？

8. 霍尔灵敏度与霍尔元件厚度之间有什么关系？

9. 写出你认为可以用霍尔传感器来检测的物理量。

10. 设计一个采用霍尔传感器的液位控制系统。要求画出磁路系统示意图和电路原理简图，并简要说明其工作原理。

11. 查网上资料，KROHNE（科隆）OPTIFLUX2300 电磁流量计，能测量何种介质的流量？量程是多少？能在何种工况下工作？

第7章 热电式传感器技术

热电式传感器都是利用材料的热效应与电输出之间的关系来进行测量的传感器。一种是金属导体的热电效应形成的热电偶传感器，另一种是半导体的热释电效应形成的热释电传感器。

7.1 热电偶传感器

温差热电偶（简称为热电偶）是目前温度测量中使用最普遍的传感元件之一。它除具有结构简单，测量范围宽，准确度高，热惯性小，输出信号为电信号便于远距离传输或信号转换等优点外，还能用来测量流体的温度、测量固体以及固体壁面的温度。微型热电偶传感器还可用于快速及动态温度的测量。

7-1 热电效应与测温原理

7.1.1 热电效应与热电偶测温原理

两种不同的导体或半导体 A 和 B 组合成图 7-3 所示闭合回路，若导体 A 和 B 的连接处温度不同（设 $T>T_0$），则在此闭合回路中就有电流产生，也就是说回路中有电动势存在，这种现象称为热电效应。这种现象早在 1821 年首先由塞贝克（Seeback）发现，所以又称为塞贝克效应。

回路中所产生的电动势，称为热电动势。它由两部分组成，即温差电动势和接触电动势。

1. 热电效应

（1）两种导体的接触热电动势

假设两种金属 A、B 的自由电子密度不同，分别为 N_A 和 N_B。且 $N_A > N_B$。当两种金属相接时，将产生自由电子的扩散现象，两种导体的接触电动势如图 7-1 所示。从 A 扩散到 B 的电子数目多，达到动态平衡时，在 A、B 之间形成稳定的电位差，即接触电动势 e_{AB}，其大小为

$$e_{AB}(T) = \frac{kT}{e} \ln \frac{N_A}{N_B} \qquad (7-1)$$

式中，$e_{AB}(T)$ 为导体 A、B 接点在温度 T 时形成的接触电动势；e 为单位电荷，$e = 1.6 \times 10^{-19} C$；$k$ 为波尔兹曼常数，$k = 1.38 \times 10^{-23} J/K$；$N_A$、$N_B$ 为导体 A、B 在温度为 T 时的电子密度。

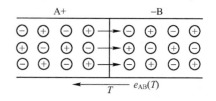

图 7-1 两种导体的接触电势

可见，接触电动势的大小与温度高低及导体中的电子密度有关。即取决于 A、B 的性质及接触点的温度，而与其形状尺寸无关。

（2）温差电动势

温差电动势是在同一导体的两端因其温度不同而产生的一种电动势。高温侧电子受热能运

动加剧，高温侧失去电子而带正电，低温侧得到电子而带负电，即形成一个静电场，使两端出现电位差，如图 7-2 所示。此电位差称为温差电动势，又称为汤姆森电势，其大小为

$$e_A(T, T_0) = \int_{T_0}^{T} \sigma_A dT \tag{7-2}$$

式中，$e_A(T, T_0)$ 为导体 A 两端温度为 T、T_0 时形成的温差电动势；T, T_0 为高低温端的绝对温度；σ_A 为汤姆森系数，表示导体 A 两端的温度差为 $1℃$ 时所产生的温差电动势，例如在 $0℃$ 时，铜的 $\sigma = 2\mu V/℃$。

（3）回路总电动势

由导体材料 A、B 组成的闭合回路，其接点温度分别为 T、T_0，如果 $T > T_0$，则必存在着两个接触电动势和两个温差电动势，回路的总电动势如图 7-3 所示。回路的总电动势为

$$E_{AB}(T, T_0) = e_{AB}(T) - e_{AB}(T_0) - e_A(T, T_0) + e_B(T, T_0) \tag{7-3}$$

图 7-2　温差电动势　　　　　　　图 7-3　回路的总电动势

在总电动势中，由于温差电动势比接触电动势小很多，经常可以忽略不计，则热电偶的热电动势可表示为

$$E_{AB}(T, T_0) = e_{AB}(T) - e_{AB}(T_0) \tag{7-4}$$

对于已选定的热电偶，当参考端温度 T_0 恒定时，$E_{AB}(T_0)$ 为常数，即 $E_{AB}(T_0) = C$，则总的热电动势就只与温度 T 成单值函数关系，即

$$E_{AB}(T, T_0) = e_{AB}(T) - C = f(T) \tag{7-5}$$

可见，热电偶的热电动势等于两端温度分别为 T、℃ 与 T_0、℃ 的热电动势之差。

实际应用中，热电动势与温度之间的关系是通过热电偶分度表来确定的。分度表是在参考端温度为 0℃ 时，通过实验建立起来的热电动势与工作端温度之间的数值对应关系。

（4）结论

1）热电偶回路热电动势只与组成热电偶的材料及两端温度有关，与热电偶的长度、粗细无关。

2）只有用不同性质的导体（或半导体）才能组合成热电偶；相同材料不会产生热电动势。

3）只有当热电偶两端温度不同，热电偶的两导体材料不同时才能有热电动势产生。

4）导体材料确定后，热电动势的大小只与热电偶两端的温度有关。如果使 $E_{AB}(T_0) = $ 常数，则回路热电动势 $E_{AB}(T, T_0)$ 就只与温度 T 有关，而且是 T 的单值函数，这就是利用热电偶测温的原理。

2. 热电偶的基本定律

（1）中间导体定律

在热电偶回路中接入第三种导体，只要该导体两端温度相等，热电偶产生的总热电动势就不变。中间导体定律示意图如图 7-4 所示。或者用下式描述，即

$$E_{ABC}(T,T_0) = E_{AB}(T,T_0) = e_{AB}(T) - e_{AB}(T_0) \qquad (7-6)$$

根据这个定律，我们可以采取任何方式焊接导线，将热电动势通过导线接至测量仪表进行测量，且不影响测量精度。

根据上述原理，可以在热电偶回路中接入电位计 E，只要保证电位计与连接热电偶处的接点温度相等，就不会影响回路中原来的热电动势。

（2）中间温度定律

在热电偶测量回路中，测量端温度为 T，自由端温度为 T_0，中间温度为 T_0'，则 T 与 T_0 热电动势等于 T 与 T_0' 热电势和 T_0' 与 T_0 热电动势的代数和，中间温度定律示意图如图 7-5 所示。或者用下式描述，即：

$$E_{AB}(T,T_0) = E_{AB}(T,T_0') + E_{AB}(T_0',T_0) \qquad (7-7)$$

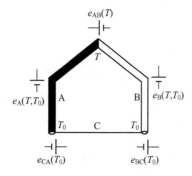

图 7-4　中间导体定律示意图

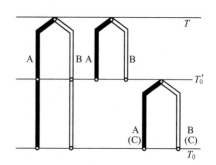

图 7-5　中间温度定律示意图

该定律为使用热电偶分度表提供了依据。同时，可使用补偿导线使测量距离加长，也可用于消除热电偶自由端温度变化的影响。

（3）参考电极定律

当接点温度为 T、T_0 时，用导体 A、B 组成的热电偶的热电动势等于 AC 热电偶和 CB 热电偶的热电动势的代数和。此为参考电极定律（见图 7-6），也称为组成定律，有

$$E_{AB}(T,T_0) = E_{AC}(T,T_0) - E_{BC}(T,T_0) \qquad (7-8)$$

导体 C 称为参考电极，故把这一性质称为参考电极定律。

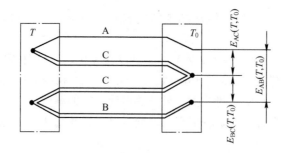

图 7-6　参考电极定律示意图

参考电极定律大大简化了热电偶选配电极的工作。由于纯铂丝的物理化学性能稳定，熔点较高，易提纯，所以目前常用纯铂丝作为参考电极。如果已求出各种热电极对铂极的热电特性，可大大简化热电偶的选配工作。

【例 7-1】 当 t 为 100℃，t_0 为 0℃时，铬合金-铂热电偶的 $E(100℃,0℃)$为+ 3.13mV，铝合金-铂热电偶 $E(100℃,0℃)$为-1.02mV，求铬合金-铝合金热电偶的热电动势 $E(100℃,0℃)$。

解：设铬合金为 A，铝合金为 B，铂为 C。

即

$$E_{AC}(100℃,0℃)=+3.13mV$$

$$E_{BC}(100℃,0℃)=-1.02mV$$

根据式（7-8），有

$$E_{AB}(100℃,0℃)=E_{AC}(100℃,0℃)-E_{BC}(100℃,0℃)=3.13mV-(-1.02mV)=4.15mV$$

（4）均质导体定律

由一种均质导体组成的闭合回路，不论其导体是否存在温度梯度，回路中都没有电流（即不产生电动势）；反之，如果有电流流动，此材料则一定是非均质的。此为均质导体定律。

1）热电偶必须采用两种不同材料作为电极。

2）对于由几种不同材料串联组成的闭合回路，接点温度分别为 T_1、T_2、…、T_n，冷端温度为 0℃的热电动势，其热电动势为

$$E=E_{AB}(T_1)+E_{BC}(T_2)+\cdots+E_{NA}(T_n) \tag{7-9}$$

7.1.2 热电偶及其分度表

1. 热电偶的材料

7-2 热电偶及其分度表

从理论上讲，任何两种导体都可以配制成热电偶，但实际上并不是所有材料都能制作热电偶，热电偶材料必须满足一些要求，特别是用于精确可靠测量温度的热电偶材料必须满足以下几点。

1）热电偶材料受温度作用后能产生较高的热电动势，热电动势和温度之间的关系最好呈线性或近似线性的单值函数关系；材料应满足电阻温度系数小，电阻率高，资源丰富，价格便宜。

2）能测量较高的温度，并在较宽的温度范围内应用。

3）物理性能稳定，导电性能好，热容量要小。

4）化学性能稳定，以保证在不同介质中测量时不被腐蚀。

5）热电性能稳定，热电特性不随时间改变。

6）机械性能好，材质均匀。

7）复现性要好，便于大批生产和互换，便于制定统一的分度表。

满足上述条件的热电偶材料并不是很多。我国把性能符合专业标准或国家标准并具有统一分度表的热电偶材料称为定型热电偶材料。

2. 热电偶的种类

常用的热电偶可分为标准热电偶和非标准热电偶两大类。

标准热电偶是指国家标准规定了其热电动势与温度的关系、允许误差，并有统一的标准分度表的热电偶，它有与其配套的显示仪表可供选用。

非标准热电偶在使用范围或数量级上均不及标准热电偶，一般也没有统一的分度表，主要用于某些特殊场合的测量。

我国从 1988 年 1 月 1 日起，热电偶和热电阻全部按 IEC 国际标准生产，并指定 S、B、E、K、R、J、T 7 种标准热电偶为我国统一设计型热电偶。表 7-1 列出几种工业热电偶的分类及性能。其中所列各种型号的热电偶的电极材料前者为正极，后者为负极。

表 7-1　几种工业热电偶的分类及性能

名称	分度号	测量范围/℃	适用气氛[①]	稳定性
铂铑$_{30}$-铂铑$_6$	B	200～1800	O、N	<1500℃，优；>1500℃，良
铂铑$_{13}$-铂	R	-40～1600	O、N	<1400℃，优；>1400℃，良
铂铑$_{10}$-铂	S		O、N	
镍铬-镍硅（铝）	K	-270～1300	O、N	中等
镍铬硅-镍硅	N	-270～1260	O、N、R	良
镍铬-康铜	E	-270～1000	O、N	中等
铁-康铜	J	-40～760	O、N、R、V	<500℃，良；>500℃，差
铜-康铜	T	-270～350	O、N、R、V	-170～200℃，优
钨铼$_3$-钨铼$_{25}$	WR$_{e3}$-WR$_{e25}$	0～2300	N、V、R	中等
钨铼$_5$-钨铼$_{26}$	WR$_{e5}$-WR$_{e26}$			

① 表中 O 为氧化气氛，N 为中性气氛，R 为还原气氛，V 为真空。

3. 热电偶的分度表

热电偶的热电动势与温度的关系表称为分度表，工业热电偶分度简表见表 7-2。

表 7-2　工业热电偶分度简表　　　　　　　（单位：mV）

t_{90}/℃	热电偶类型							
	B	R	S	K	N	E	J	T
-270	—	—	—	-6.458	-4.345	-9.835	—	-6.258
-200	—	—	—	-5.891	-3.990	-8.825	-7.890	-5.603
-100	—	—	—	-3.554	-2.407	-5.237	-4.633	-3.379
0	0	0	0	0	0	0	0	0
100	0.033	0.647	0.646	4.096	2.774	6.319	5.269	4.279
200	0.178	1.469	1.441	8.138	5.913	13.421	10.779	9.288
300	0.431	2.401	2.323	12.209	9.341	21.036	16.327	14.862
400	0.787	3.408	3.259	16.397	12.974	28.946	21.848	20.872
500	1.242	4.471	4.233	20.644	16.748	37.005	27.393	—
600	1.792	5.583	5.239	24.905	20.613	45.093	33.102	—
700	2.431	6.743	6.275	29.129	24.527	53.112	39.132	—
800	3.154	7.950	7.345	33.275	28.455	61.017	45.494	—
900	3.957	9.205	8.449	37.326	32.371	68.787	51.877	—
1000	43.834	10.506	9.587	41.276	36.256	76.373	57.953	—
1100	5.780	11.850	10.757	45.119	40.087	—	63.792	—
1200	6.786	13.228	11.951	48.838	43.846	—	69.553	—
1300	7.848	14.629	13.159	52.410	47.513	—	—	—
1400	8.956	16.040	14.373	—	—	—	—	—
1500	10.099	17.451	—	—	—	—	—	—
1600	11.263	18.849	—	—	—	—	—	—
1700	12.433	20.222	—	—	—	—	—	—
1800	13.591	—	—	—	—	—	—	—
1900	—	—	—	—	—	—	—	—

7.1.3　热电偶的结构

1. 工业用热电偶

7-3　热电偶的结构

图 7-7 为典型工业用热电偶结构示意图。它由热电偶丝、绝缘套管、保护套管和接线盒等部分组成。在实验室用时，也可不装保护套管，以减小热惯性。

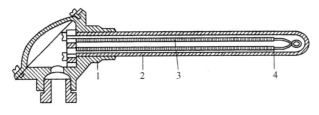

图 7-7　典型工业用热电偶结构示意图

1—接线盒　2—保护套管　3—绝缘套管　4—热电偶丝

2. 铠装式热电偶

铠装式热电偶又称套管式热电偶，其断面结构示意图如图 7-8 所示。它是由热电偶丝、绝缘材料和金属套管三者组合而成。根据它的热端形状不同，可分为 4 种类型，如图 7-8a～d 所示。

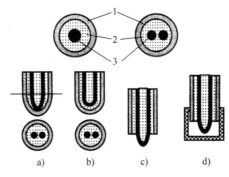

图 7-8　铠装式热电偶的断面结构示意图

a) 碰底型　b) 不碰底型　c) 露头型　d) 帽型

1—金属套管　2—绝缘材料　3—热电极

其优点是小型化（直径为 0.25～12mm），寿命长，热惯性小，使用方便。

测温范围在 1100℃以下的有镍铬-镍硅、镍铬-考铜铠装式热电偶。

3. 快速反应薄膜热电偶

快速反应薄膜热电偶如图 7-9 所示，特别适用于对壁面温度的快速测量。安装时，用黏结剂将它黏结在被测物体壁面上。

目前我国试制的有铁-镍、铁-康铜和铜-康铜 3 种，

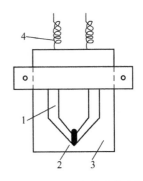

图 7-9　快速反应薄膜热电偶

1—热电极　2—热接点　3—绝缘基板　4—引出线

尺寸为 60mm×6mm×0.2mm；绝缘基板采用云母、陶瓷片、玻璃及酚醛塑料纸等；测温范围在 300℃以下；反应时间为 ms 级。

4. 快速消耗微型热电偶

图 7-10 所示为快速消耗微型热电偶。它是用直径为 0.05～0.1mm 的铂铑$_{10}$-铂铑$_{30}$热电偶装在 U 形石英管中，再铸以高温绝缘水泥，外面再加保护钢帽所组成。

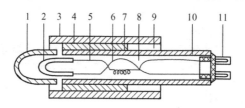

图 7-10　快速消耗微型热电偶

1—钢帽　2—石英　3—纸环　4—绝热泥　5—冷端　6—棉花

7—绝缘纸管　8—补偿导线　9—套管　10—塑料插座　11—簧片与引出线

这种热电偶使用一次就焚化，它的优点是热惯性小，只用注意它的动态标定，测量精度为 ±5～7℃。

7.1.4　热电偶传感器的应用

1. 热电偶的冷端补偿

7-4　热电偶传感器的应用

热电偶的热电动势大小与热电极材料和两接点的温度有关，同时热电偶的分度表和根据分度表刻度的温度仪表都是以热电偶参考端温度等于 0℃为条件的。但实际上，冷端温度受周围温度的影响不可能保持为 0℃或某一常数。因此，要测出实际温度就必须采取修正或补偿措施。常用的冷端补偿方法有冰点槽法、计算修正法、补正系数法、零点迁移法、冷端补偿器法以及软件处理法等。

（1）冷端恒温法

冷端恒温法就是使参考端（冷端）温度处于 0℃或某一恒定温度。具体有以下几种方法。

1）将冷端放在固定的铁匣内，利用铁匣具有的较大的热容量的特性，使冷端温度变化不大或变化缓慢，或将铁匣做成水套式通以流水以提高恒定性。

2）将冷端置入盛油的容器内，利用油的热惰性使接点温度保持一致并接近室温。

3）将冷端置入充满绝缘物的铁管中，把铁管埋在 1.5～2mm 或更深的地下，以保持恒温。

4）将冷端置于恒温器中，恒温器可自动控制温度恒定。

5）将冷端置入冰水混合物容器中，容器维持在 0℃不变。这种方法精度高，一般用在实验室和校验热电偶的装置中。

其中，冰点槽法最常用，即把热电偶的参比端置于冰水混合物容器里，使 T_0=0℃。这种办法仅限于科学实验中使用。为了避免冰水导电引起两个连接点短路，必须把连接点分别置于两个玻璃试管里，浸入同一冰点槽，使相互绝缘。冰点槽法示意图如图 7-11 所示。

（2）补偿导线法

测温时，热电偶长度受一定限制，使得冷端温度直接受到被测介质温度和周围环境温度的影响，难以处于 0℃，而且不稳定。

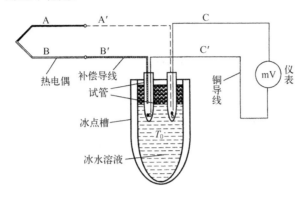

图 7-11 冰点槽法示意图

根据中间温度定律，当热电极 A、B 与补偿导线 A′、B′相连接后仍然可以看作仅由热电极 A、B 组成的回路。一般在低温范围内（0～100℃），用补偿导线作为热电极 A、B，它的作用是把热电偶参考端移至离热源较远及环境温度较恒定的地方。

必须注意的是，补偿导线只起延长热电极的作用，并不能消除冷端温度不为 0℃时的影响，因此还应该用补正方法将其补正到 0℃。

应注意不同的热电偶配用不同的补偿导线及配用热电偶和极性，见表 7-3。

表 7-3 补偿导线及配用热电偶和极性

型号	产品名称	配用热电偶	分度号	绝缘着色		护套着色	
				正	负	普通	精密
SCGV	铜-铜镍 $_{0.6}$ 补偿型导线	铂铑 $_{10}$-铂	S	红	绿	黑	灰
RCGV	铜-铜镍 $_{0.6}$ 补偿型导线	铂铑 $_{13}$-铂	R	红	绿	黑	灰
KCAGV	铁-铜镍 $_{22}$ 补偿型导线	镍铬-镍硅	K	红	蓝	黑	灰
KCBGV	铜-铜镍 $_{40}$ 补偿型导线		K	红	蓝	黑	灰
KXGV	镍铬-镍硅 $_3$ 延长型导线		K	红	黑	黑	灰
EXGV	镍铬 $_{10}$-铜镍 $_{45}$ 延长型导线	镍铬-铜镍	E	红	棕	黑	灰
JXGV	铁-铜镍 $_{45}$ 延长型导线	铁-铜镍	J	红	紫	黑	灰
TXGV	铜-铜镍 $_{45}$ 延长型导线	铜-铜镍	T	红	白	黑	灰
NCGV	铁-铜镍 $_{18}$ 补偿型导线	镍铬-镍硅	N	红	灰	黑	灰
NXGV	镍铬 $_{14}$-镍硅延长型导线	镍铬-镍硅	N	红	灰	黑	灰

【例 7-2】 采用镍铬-镍硅热电偶测量炉温。热端温度为 800℃，冷端温度为 50℃。

为了进行炉温的调节与显示，必须将热电偶产生的热电动势信号送到仪表室，仪表室的环境温度恒为 20℃。首先由镍铬-镍硅热电偶分度表查出它在冷端温度为 0℃，热端温度分别为 800℃、50℃、20℃时的热电动势：

$$E(800,0)=33.277\text{mV}；E(50,0)=2.022\text{mV}；E(20,0)=0.798\text{mV}$$

1) 如果热电偶与仪表之间直接用铜导线连接，根据中间导体定律，输入仪表的热电动势为

$$E(800,50)=E(800,0)-E(50,0)=(33.277-2.022)\text{mV}=31.255\text{mV}$$

查分度表知，对应 31.255mV 的温度是 751℃。与炉内真实温度相差 49℃。

2）如果在热电偶与仪表之间用补偿导线连接，相当于将热电极延伸到仪表室，输入仪表的热电动势为

$$E(800,20)=E(800,0)-E(20,0) =(33.277-0.798)\text{mV} =32.479\text{mV}$$

查分度表知，对应 32.479mV 的温度是 781℃，与炉内真实温度相差 19℃。

（3）冷端补偿器（电桥补偿）法

所谓冷端温度补偿器（一个不平衡电桥），实质上就是产生一个直流信号等于此种热电偶在冷端温度下的电动势的毫伏发生器，将它串接在热电偶的测量线路中，就可以在测量时使读数得到自动补偿。

1）补偿原理。

当冷端温度为 T_H 时，热电动势为

$$E_{AB}(T,T_0)=E_{AB}(T,T_H)+E_{AB}(T_H,T_0)$$

如果在线路中串接一个电动势 $U_{ab}=E_{AB}(T_H,T_0)$，则显示仪表的输入电动势为

$$E_{AB}(T,T_0)=E_{AB}(T,T_H)+U_{ab}$$

只要能满足下式即可达到自动补偿的目的：

$$\Delta E = U_{ab} = I_1 R_{Cu}\alpha\Delta T \qquad (7\text{-}10)$$

从而得到正确的测量值。

2）补偿过程。

利用不平衡电桥产生电动势 U_{ab}，补偿热电偶因冷端温度变化而引起热电动势的变化，冷端补偿器的作用如图 7-12 所示。不平衡电桥由 R_1、R_2、R_3（锰铜丝绕制）、R_{Cu}（铜丝绕制）4 个桥臂和桥路电源组成。设计时，在 0℃ 下使电桥平衡（$R_1=R_2=R_3=R_{Cu}$），此时 $U_{ab}=0$，电桥对仪表读数无影响。

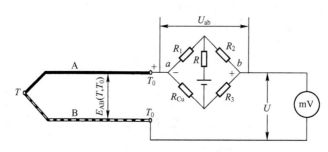

图 7-12　冷端补偿器的作用

其工作过程为

$$T_0\uparrow\rightarrow U_a\uparrow\rightarrow U_{ab}\uparrow\rightarrow E_{AB}(T,T_0)\downarrow$$

通常，供电 4V 直流，在 0～50℃ 或 -20～20℃ 的范围起补偿作用。

【例 7-3】　如果热电偶的冷端温度变化范围为 0～50℃，热电偶选用铂铑$_{10}$-铂。查分度表得出 ΔE 为 0.299mV，因此补偿电阻 R_t 的阻值可以根据上式求出。

$$R_t = \frac{\Delta E}{\alpha\Delta t I_1} = \frac{0.299}{0.00391\times 50\times 0.5}\Omega = 3.07\Omega$$

注意事项：

①　不同材质的热电偶所配的冷端补偿器，其中的限流电阻 R 不同，互换时必须重新调整。

②　桥臂 R_{Cu} 必须和热电偶的冷端靠近，使其处于同一温度之下。

在直读式自动电子电位差计中，它的测量桥路本身具有温度自动补偿功能，只要将热电偶的补偿导线与仪表相连接即可。

（4）计算修正法

用普通室温计算出参考端实际温度 T_H，查出 T_H 对应的热电动势，利用下列公式完成实际被测温度的计算。

$$E_{AB}(T,T_0)=E_{AB}(T,T_H)+E_{AB}(T_H,T_0) \tag{7-11}$$

【例 7-4】　用铜-康铜热电偶测某一温度 T，参比端在室温环境 T_H 中，测得热电动势 $E_{AB}(T,T_H)=1.999\text{mV}$，又用室温计测出 $T_H=21℃$，查此种热电偶的分度表可知，$E_{AB}(21,0)=0.832\text{mV}$，故得

$$E_{AB}(T,0)=E_{AB}(T,21)+E_{AB}(21,0)$$

$$=1.999\text{mV}+0.832\text{mV}$$

$$=2.831\text{mV}$$

再次查分度表，与 2.831mV 对应的热端温度 $T=68℃$。

（5）零点迁移法（显示仪表零位调整法）

如果冷端不是 0℃，但十分稳定（如恒温车间或有空调的场所）。在测量结果中人为加一个恒定值，因为冷端温度稳定不变，电动势 $E_{AB}(T_H,0)$ 是常数，利用指示仪表上调整零点的办法，加大某个适当的值而实现补偿。

例如用动圈仪表配合热电偶测温时，如果把仪表的机械零点调到室温 T_H 的刻度上，在热电动势为零时，指针指示的温度值并不是 0℃而是 T_H。而热电偶的冷端温度已是 T_H，则只有当热端温度 $T=T_H$ 时，才能使 $E_{AB}(T,T_H)=0$，这样，指示值就和热端的实际温度一致了。

这种办法非常简便，而且一劳永逸，只要冷端温度总保持在 T_H 不变，指示值就永远正确。

（6）软件处理法

对于计算机控制系统，不必全靠硬件进行热电偶冷端处理。例如冷端温度恒定但不为 0℃的情况，只需在采样后加一个与冷端温度对应的常数即可。

对于 T_0 经常波动的情况，可利用热敏电阻或其他传感器把 T_0 信号输入计算机，按照运算公式设计一些程序，便能自动修正。

后一种情况必须考虑输入的采样通道中除了热电动势之外还应该有冷端温度信号，如果多个热电偶的冷端温度不相同，还要分别采样，若占用的通道数太多，宜利用补偿导线把所有的冷端接到同一温度处，只使用一个冷端温度传感器和一个修正 T_0 的输入通道就可以了。冷端集中对于提高多点巡检的速度也很有利。

（7）补正系数法

把参考端实际温度 T_H 乘上系数 k，加到由 $E_{AB}(T,T_H)$ 查分度表所得的温度上，成为被测温度 T。用公式表达，即

$$T = T' + kT_H \tag{7-12}$$

式中，T 为未知的被测温度；T' 为参考端在室温下热电偶电动势与分度表上对应的某个温度；T_H 为室温；k 为补正系数，热电偶补正系数见表 7-4。

表 7-4 热电偶补正系数

温度 $T/℃$	补正系数 k	
	铂铑$_{10}$-铂/S	镍铬-镍硅/K
100	0.82	1.00
200	0.72	1.00
300	0.69	0.98
400	0.66	0.98
500	0.63	1.00
600	0.62	0.96
700	0.60	1.00
800	0.59	1.00
900	0.56	1.00
1000	0.55	1.07
1100	0.53	1.11
1200	0.53	—
1300	0.52	—
1400	0.52	—
1500	0.53	—
1600	0.53	—

【例 7-5】 用铂铑$_{10}$-铂热电偶测温，已知冷端温度 T_H=35℃，这时热电动势为 11.348mV。查 S 型热电偶的分度表，得出与此相应的温度 T'=1150℃。对应于 1150℃的补正系数 k=0.53。于是，被测温度为

$$T = 1150℃ + 0.53 × 35℃ = 1168.55℃$$

用这种办法稍稍简单一些，比计算修正法误差可能大一点，但误差不大于 0.14%。

（8）补偿热电偶

在热电偶测量回路中反向串接一支同型号的热电偶。A′、B′是补偿热电偶的热电极，其工作端置于恒定温度 t_0，如果 t_0 为非零的恒定温度，则还必须补正到 0℃。

2. 热电偶温度测量的应用

测量热电动势的仪表有很多种，如电位差计、动圈仪表及电子式自动平衡记录仪等。随着技术的发展，电位差计、动圈仪表、电子式自动平衡记录仪等传统仪表逐渐被数字式仪表所取代，数字式仪表的特点是体积小，数据显示清晰、易读，测量响应快，准确度高等。由于是全电子式，维护量极低，并逐渐智能化，因此得到迅速发展和被广泛应用到各个领域。工业生产

目前大多采用数显表或无纸记录仪。

数字式仪表可分为普通型和智能型两类。当采用热电偶作为感温元件时，其测量线路中应有参考端补偿电路。参考端补偿电路和前述的冷端补偿器一样，都是由电桥的不平衡电压来补偿参考端温度的影响。

（1）测量某点温度

图 7-13 是一个热电偶直接和仪表配用测量某个单点温度的基本电路。

此时，流过测温毫伏表的电流为

$$I = \frac{E_{AB}(T, T_0)}{R_L + R_C + R_M} \tag{7-13}$$

（2）测量两点之间的温度差

测量两点之间温度差的电路如图 7-14 所示，将两个同型号的热电偶配用相同的补偿导线，其接线应使两热电动势反向串联，此时仪表可测得 T_1 和 T_2 之间的温度差值。

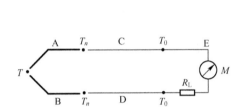

图 7-13　测量某个单点温度的基本电路

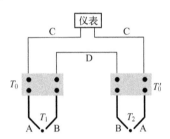

图 7-14　测量两点之间温度差的电路

回路内的总电动势为

$$E_T = e_{AB}(T_1) + e_{BA}(T_2) = e_{AB}(T_1) - e_{AB}(T_2) \tag{7-14}$$

（3）测量设备中的平均温度

图 7-15 所示为测量平均温度的连接电路。一般用几个同型号的热电偶并联在一起，并要求热电偶都工作在线性段。在每一个热电偶线路中分别串联均衡电阻 R，根据电路理论，当仪表的输入阻抗很大时，回路中总的热电动势等于热电偶输出电动势之和的平均值。

设每个热电偶的输出为

$$E_1 = E_{AB}(T_1, T_0); \quad E_2 = E_{AB}(T_2, T_0'); \quad E_3 = E_{AB}(T_3, T_0''); \cdots$$

则回路总的热电动势为

$$E_T = \frac{E_1 + E_2 + \cdots + E_n}{n} \tag{7-15}$$

（4）测量温度之和

图 7-16 所示为热电偶串联连接电路。用几个同型号的热电偶依次将正负相连，A′、B′ 是与测量热电偶热电性质相同的补偿导线。回路总的热电动势为

$$E_T = E_1 + E_2 + E_3 \tag{7-16}$$

这种测温电路的输出电动势大，可感应较小的信号。只要有一个热电偶断路，总的热电动势消失，或热电偶短路，将会引起仪表值的下降。

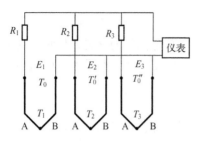

图 7-15　测量平均温度的连接电路

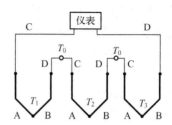

图 7-16　热电偶串联连接电路

7.2　热释电传感器

热释电传感器是利用热释电效应制成的一种非常有应用潜力的传感器。它能检测人或某些动物发射的红外线并转换成电信号输出。在 20 世纪 60 年代，随着激光、红外技术的迅速发展，推动了对热释电效应的研究和对热释电晶体的应用开发。近年来，伴随着集成电路技术的飞速发展，以及对该传感器的特性的深入研究，相关的专用集成电路处理技术也迅速发展。

热释电效应在近 10 年被用于热释电红外探测器中，广泛地用于辐射和非接触式温度测量、红外光谱测量、激光参数测量、工业自动控制、空间技术以及红外摄像中。

7.2.1　热释电效应

1．热释电效应原理

一些晶体受热时，在晶体两端将会产生数量相等而符号相反的电荷，这种由于热变化产生的电极化现象称为热释电效应。

7-5　热释电效应与工作原理

凡是有自发极化的晶体，其表面会出现面束缚电荷。而这些面束缚电荷平时被晶体内部的自由电子和外部来自空气中、附着在晶体表面的自由电荷所中和，其自发极化电矩不能表现出来，因此在常态下呈中性。

如果交变的辐射通过光敏元照射在极化晶体上，则晶体的温度就会变化，晶体结构中的正负电荷重心相对移位，自发极化会发生变化，晶体表面就会产生电荷耗尽，电荷耗尽的状况正比于极化程度。即：晶片的自发极化强度以及由此引起的面束缚电荷的密度均以同样频率发生周期性变化。如果面束缚电荷变化较快，自由电荷来不及中和，在垂直于自发极化矢量的两个端面间会出现交变的端电压。

图 7-17 表示了热释电效应形成的原理。

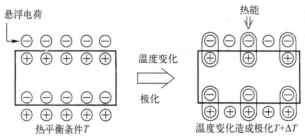

图 7-17　热释电效应形成的原理

2. 热释电效应材料

能产生热释电效应的晶体称为热释电体或热释电元件，常用的热释电材料有单晶、压电陶瓷及高分子薄膜等种类。

单晶热释电晶体的热释电系数高，介质损耗小，至今性能最好的热释电传感器大多选用单晶制作。如 TGS、LATGS、$LiTaO_3$ 等。

压电陶瓷热释电晶体的成本较低，响应较慢。如入侵报警用 PZT 陶瓷传感器工作频率为 $0.2 \sim 5Hz$。

薄膜热释电材料可以用溅射法、液相外延等方法制备。有些薄膜的自发极化取向率已接近单晶水平。由于薄膜一般可以做得很薄，因而对于制作高性能的热释电传感器十分有利。

7.2.2　热释电传感器的工作原理

热释电传感器利用热释电效应，是一种温度敏感传感器。它由陶瓷氧化物或压电晶体元件组成，元件两个表面做成电极构成响应元，当传感器监测范围内温度变化 ΔT 时，热释电效应会在两个电极上会产生电荷 ΔQ，即在两电极之间产生一微弱电压 ΔV。热释电响应元及其传感器工作原理如图 7-18 所示。

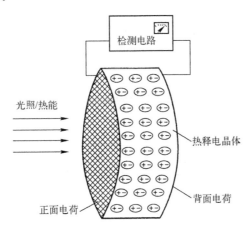

图 7-18　热释电响应元及其传感器工作原理

因为它的输出阻抗极高，所以传感器中有一个场效应晶体管进行阻抗变换。热释电效应所产生的电荷 ΔQ 会跟空气中的离子结合而消失，当环境温度稳定不变时，$\Delta T=0$，传感器无输出。

与所有热传感器一样，热释电传感器的工作原理可以用 3 个过程来描述：辐射→热为吸收过程，热→温度为加热过程；温度→电则为测温过程。加热过程与热敏电阻、热电偶是类似的。

根据热平衡方程，对周期变化的红外辐射响应元温升为

$$\Delta T_{d} = \frac{\varepsilon \Phi}{G\sqrt{1+\omega^{2}\tau^{2}}} \tag{7-17}$$

式中，Φ 为正弦变化辐射功率峰值；ω 为辐射角频率；ε 为响应元比辐射率；G 为响应元热导，单位为 W/K^{-1}；τ 为热时间常数（C/G，即热容与有效热导之比），单位为 s。

而热释电电流与辐射角频率、响应元面积、温升成正比，即

$$i_d = \omega P A_d \Delta T_d \tag{7-18}$$

式中，P 为热电系数；A_d 为响应元面积。

7.2.3 热释电传感器的等效电路

热释电传感器是一个电容性的低噪声器件，热释电传感器/输入放大器的等效电路如图7-19所示。

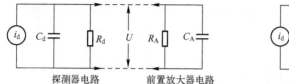
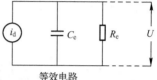

探测器电路　　　　前置放大器电路　　　　　等效电路

图 7-19　热释电传感器/输入放大器的等效电路

其信号输出电压为

$$U = i_d |Z| = \omega P A_d \Delta T_d \cdot \frac{R_e}{\sqrt{1+\omega^2 \tau_e^2}} = \frac{\omega P A_d \Delta T_d R_e}{\sqrt{1+\omega^2 \tau_e^2}} \tag{7-19}$$

式中，R_e 为传感器和前置放大器的等效输入电阻；C_e 为传感器和前置放大器的等效电容。τ_e 为电时间常数，$\tau_e = R_e C_e$。

将温升结果代入，将式（7-17）、式（7-18）代入式（7-19），有

$$U = i_d |Z| = \frac{\omega P A_d R_e}{G\sqrt{1+\omega^2 \tau_e^2}} \frac{\varepsilon}{\sqrt{1+\omega^2 \tau^2}} \Phi \tag{7-20}$$

其响应率（灵敏度）为

$$R = \frac{U}{\Phi} = \frac{\omega P A_d R_e}{G\sqrt{1+\omega^2 \tau_e^2}} \frac{\varepsilon}{\sqrt{1+\omega^2 \tau^2}} \tag{7-21}$$

辐射角频率、热时间常数、电时间常数对热释电器件响应率的影响可归纳为图 7-20 热释电传感器 ΔT、R 与 ω 的对数关系曲线。

1）$\omega=0$ 时，响应率为0。

2）$\omega \neq 0$ 时，

① $\omega \leqslant 1/\tau_T$ 时响应率随角频率增加而增加。

② $1/\tau_T \leqslant \omega \leqslant 1/\tau_e$ 时响应率为常数。

③ $\omega \geqslant 1/\tau_e$ 时响应率与角频率成反比。

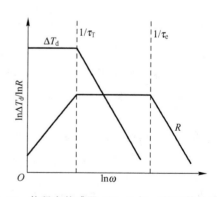

图 7-20　热释电传感器 ΔT、R 与 ω 的对数关系曲线

7.2.4 热释电传感器的应用

热释电传感器的光谱响应范围很宽，已广泛用于辐射测量。热释传感器性能均匀，功耗低，成像型的热释电面阵有很好的应用前景。

7-6　热释电传感器的应用

随着相关信号处理器性能和可靠性的不断提高，热释电晶体已广泛用于红外光谱仪、红外遥感以及热辐射传感器，因其价格低廉、技术性能稳定而广泛应用于各种自动化控制装置中，既可作为红外激光的一种较理想的传感器，又可做成人体被动式热释电红外探头，用于防盗报警、来客告知及非接触开关等红外领域。

1. 被动式热释电红外探测

在自然界，任何高于绝对温度（−273K）的物体都将产生红外光谱，不同温度的物体释放的红外能量的波长是不一样的，因此红外波长与温度的高低是相关的，而且辐射能量的大小与物体表面温度有关。

人体都有恒定的体温，一般在 37℃左右，会发出 10μm 左右特定波长的红外线，被动式热释电红外探头就是靠探测人体发射的红外线而进行工作的。红外线通过菲涅耳滤光片增强后聚集到热释电元件，这种元件在接收到人体红外辐射变化时就会失去电荷平衡，向外释放电荷，经检测处理后就能产生报警信号。

被动式热释电红外探头包含两个互相串联或并联的热释电元件，而且制成的两个电极化方向正好相反，环境背景辐射对两个热释电元件几乎具有相同的作用，使其产生释电效应相互抵消，于是传感器无信号输出。当人体进入检测区时，因人体温度与环境温度有差别，产生 ΔT，则有信号输出。若人体进入检测区后不动，则温度没有变化，传感器也没有输出。因此，这种传感器能检测人体或者动物的活动。

2. 被动式热释电红外探头的结构

被动式热释电红外探头的结构及内部电路如图 7-21 所示。它主要由外壳、滤光片、双热释电元件 PZT 及场效应晶体管（FET）等组成。

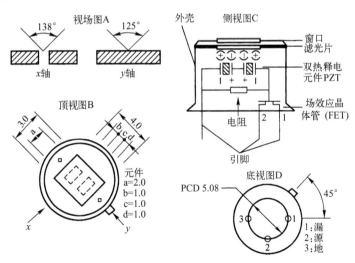

图 7-21　被动式热释电红外探头的结构及内部电路

滤光片设置在窗口处，组成红外线通过的窗口。滤光片为 6μm 多层膜干涉滤光片，对太阳光和荧光灯光的短波长（约 5μm 以下）可很好滤除。

双热释电元件 PZT 将波长在 8～12μm 之间的红外信号的微弱变化转变为电信号，为了只对人体的红外辐射敏感，在它的辐射照面通常覆盖有特殊的菲涅耳滤光片，使环境的干扰受到明显的抑制。

菲涅耳透镜根据菲涅耳原理制成，把红外光线分成可见区和盲区，同时又有聚焦的作用，使被动式热释电红外探头（PIR）灵敏度大大增加。菲涅耳透镜有折射式和反射式两种形式，其作用：一是聚焦作用，将热释的红外信号折射（反射）在 PIR 上；二是将检测区内分为若干个明区和暗区，使进入检测区的移动物体能以温度变化的形式在 PIR 上产生变化热释红外信号，这样被动式热释电红外探头就能产生变化电信号。

如果给热释电元件接上适当的电阻，当元件受热时，电阻上就有电流流过，在两端得到电压信号。

3. 被动式热释电红外探头的特点

被动式热释电红外探头具有本身没有任何类型的辐射，隐蔽性好，器件功耗很小，价格低廉的优点。但是，被动式热释电红外探头也有以下缺点。

1）信号幅度小，容易受各种热源、光源干扰。

2）穿透力差，人体的红外辐射容易被遮挡，不易被探头接收。

3）易受射频辐射的干扰。

4）环境温度和人体温度接近时，探测和灵敏度明显下降，有时造成短时失灵。

5）主要检测的运动方向为横向运动方向，对径向运动的物体检测能力比较差。

虽然被动式热释电红外探头有些缺点，但是利用特殊信号处理方法后，仍然使它在某些领域具有广阔的应用前景。因此，有很多生产商根据热释电传感器的特性设计了专用信号处理器，例如 HOLTEK 的 HT761X、PTI 的 PT8A26XXP、WELTREND 的 WT8072 等。

4. 被动式热释电红外探头的应用

用热释电传感器制作的被动式热释电红外探头，可以根据探测到的人体接近信号发出开关信号，用于各种不同的应用场景。

连入不同的电路，被动式热释电红外探头可以用于室内灯、走廊、楼梯灯等的自动照明控制；太阳能自动感应灯；自动门；红外移动入侵检测器；物联网红外移动探测；摄像机自动控制；玩具；数码相框、楼宇广告屏自动控制；电脑、电视机、冰箱、空调、饮水机等家用电器自动控制；占位检测；汽车防盗系统等。

比如，将热释电传感器安装在空调中，实现智能空调的功能。智能空调能检测出屋内是否有人，微处理器据此自动调节空调的出风量，以达到节能的目的。空调中，热释电传感器的菲涅尔透镜做成球形状，从而能感受到屋内一定空间角范围里是否有人，以及人是静止还是走动着的。

习题与思考题

1. 什么是金属导体的热电效应？试说明热电偶的测量原理。

2. 试分析金属导体产生接触电动势的原因。

3. 补偿导线的作用是什么？使用补偿导线的原则是什么？

4. 试推导热电偶的几个重要定律，并分别说明它们的实用价值。

5. 试证明图 7-22 所示热电偶测量回路中，加入第 3 种材料 C，第 4 种材料 D（无论插入何处），只要插入材料两端温度相同，则回路总电动势不变（$n_a > n_B$，$t > t_0$）。

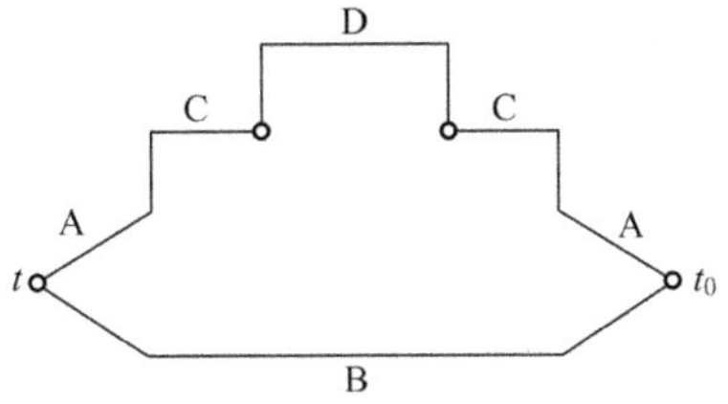

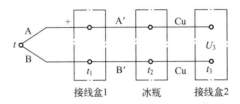

图 7-22　热电偶测量回路

6．用镍铬-镍硅（K）热电偶测温度，已知冷端温度为 40℃，用高精度毫伏表测得这时的热电动势为 29.188mV，求被测点温度。

7．图 7-23 所示为采用补偿导线的镍铬-镍硅热电偶测温示意图，A'、B'为补偿导线，Cu 为铜导线，已知接线盒 1 的温度 t_1=40.0℃，冰瓶温度 t_2=0.0℃，接线盒 2 的温度 t_3=20.0℃。

图 7-23　采用补偿导线的镍铬—镍硅热电偶测温示意图

1）当 U_3=39.310mV 时，计算被测点温度 t。

2）如果 A'、B'换成铜导线，此时 U_3=37.699mV，再求 t。

8．什么是热释电效应？通常用什么材料作为热释电元件？

9．热释电传感器最广泛的应用有哪些？

10．为什么热释电传感器要使用菲涅耳透镜？

第8章　光电式传感器技术

光电传感器是采用光电元器件作为检测元件的传感器。光电元器件是将光能转换为电能的一种传感器件，它是构成光电式传感器的最主要的部件。

光电传感器一般由光源、光学通路和光电元器件三部分组成。它首先把被测量的变化转换成光信号的变化，然后借助光电元器件进一步将光信号转换成电信号。被测量的变化引起的光信号的变化可以是光源的变化，也可以是光学通路的变化，或者是光电元器件的变化。

光电检测方法具有精度高、反应快、非接触等优点，而且可测参数多，传感器的结构简单，形式灵活多样，因此在检测和控制领域内得到广泛应用。

8.1　光电效应与光电传感器

8.1.1　光电效应

光电元器件是光电传感器中最重要的部件，常见的有真空光电元器件和半导体光电元器件两大类。它们的工作原理都基于不同形式的光电效应。

8-1　光电效应

1. 光电效应原理

光电元器件工作的物理基础是光电效应。根据光的波粒二象性，我们可以认为光是一种以光速运动的"粒子流"，这种粒子称为光子。每个光子具有的能量为

$$E = h\nu \tag{8-1}$$

式中，ν 为光波频率；h 为普朗克常数，$h = 6.626 \times 10^{-34} \mathrm{J \cdot s}$。

由此可见，对不同频率的光，其光子能量是不同的，光波频率越高，光子能量越大。用光照射某一物体，可以看作是一连串能量为 $h\nu$ 的光子轰击在这个物体上，此时光子能量就传递给电子，并且是一个光子的全部能量一次性地被一个电子所吸收，电子得到光子传递的能量后其状态就会发生变化，从而使受光照射的物体产生相应的电效应，我们把这种物体材料吸收光子能量而产生相应电效应的物理现象称为光电效应。

2. 光电效应的分类

通常把光电效应分为三类：外光电效应、内光电效应及光生伏特效应。

外光电效应：光照射于某一物体上，使电子从这些物体表面逸出的现象称为外光电效应，也称为光电发射。逸出的电子称为光电子。基于外光电效应的光电元器件有光电管、光电倍增管等。

内光电效应：光照射于某一物体上，使其导电能力发生变化的现象称为内光电效应，也称

光电导效应。基于内光电效应的光电元器件有光敏电阻、光电晶体管等。

光生伏特效应：在光线作用下，能使物体产生一定方向的电动势的现象称为光生伏特效应，即阻挡层光电效应，基于光生伏特效应的光电元器件有光电池等。

3. 光电效应的特性

光照特性：当光电元器件上加上一定电压时，光电流 I 与光电元器件上光照度 E 之间的对应关系称为光照特性。

光谱特性：光电元器件上加上一定的电压，这时如有一单色光照射到光电元器件上，如果入射光功率相同，则光电流会随入射光波长的不同而变化。

伏安特性：在一定照度下，光电流 I 与光电元器件两端电压 u 的对应关系称为伏安特性。伏安特性可以帮助我们确定光电元器件的负载电阻，设计应用电路。

频率特性：在相同的电压和同样幅值的光照下，当入射光以不同频率的正弦频率调制时，光电元器件输出的光电流 I 和灵敏度 S 会随调制频率 f 而变化，称为频率特性。

温度特性：光电元器件的温度特性是指其输出与温度的关系。部分光电元器件输出受温度影响较大，应采取相应措施进行温度补偿。

响应时间：不同光电元器件的响应时间有所不同。光敏电阻响应较慢，为 $10^{-1} \sim 10^{-3}$s，一般不能用于要求快速响应的场合。工业用的硅光电二极管的响应时间为 $10^{-5} \sim 10^{-7}$s，光电晶体管的响应时间比二极管约慢一个数量级，在要求快速响应或入射光、调制光频率较高时应选用硅光电二极管。

8.1.2 光电元器件

1. 光电管和光电倍增管

8-2 光电元器件

光电管和光电倍增管同属于用外光电效应制成的光电转换器件。

（1）光电管

1）光电管的结构。

光电管的外形和结构如图 8-1 所示。半圆筒形金属片制成的阴极和位于阴极轴心的金属丝制成的阳极封装在抽成真空的玻璃壳内，当入射光照射在阴极上时，单个光子就把它的全部能量传递给阴极材料中的一个自由电子，从而使自由电子的能量增加 h。

2）光电管的原理。

当电子获得的能量大于阴极材料的逸出功时，它就可以克服金属表面束缚而逸出，形成电子发射。这种电子称为光电子，光电子逸出金属表面后的初始动能为 $\frac{1}{2}mv^2$。

根据能量守恒定律有

$$\frac{1}{2}mv^2 = h\nu - A \tag{8-2}$$

式中，m 为电子质量；v 为电子逸出的初速度；A 为阴极材料的逸出功。

由式（8-2）可知，光电子逸出阴极表面的必要条件是 $h\nu > A$。由于不同材料具有不同的逸出功，因此对每一种阴极材料，入射光都有一个确定的频率限，当入射光的频率低于此频率限时，不论光强多大，都不会产生光电子发射，此频率限称为"红限"。相应的波长为

$$\lambda_K = \frac{hc}{A} \tag{8-3}$$

式中，λ_K 为红限波长；c 为光速。

光电管正常工作时，阳极电位高于阴极，光电管工作电路如图 8-2 所示。在入射光频率大于"红限"的前提下，从阴极表面逸出的光电子被具有正电位的阳极所吸引，在光电管内形成空间电子流，称为光电流。

此时若光通量增大，轰击阴极的光子数增多，单位时间内发射的光电子数也就增多，光电流变大。在图 8-2 所示的电路中，电流和电阻 R_0 上的电压降就和光通量成函数关系，从而实现光电转换。即

$$U_L = f(\Phi) \tag{8-4}$$

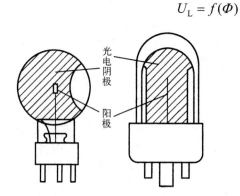

图 8-1　光电管的外形和结构

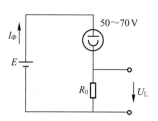

图 8-2　光电管工作电路

式中，U_L 为光电流引起的电压输出；Φ 为光通量。

3）光电管的性质。

阴极材料不同的光电管具有不同的红限，因此适用于不同的光谱范围。

即使入射光的频率大于红限，并保持其强度不变，阴极发射的光电子数量仍会随入射光频率的变化而改变，即同一种光电管对不同频率的入射光灵敏度并不相同。光电管的这种光谱特性要求根据检测对象是紫外光、可见光还是红外光去选择阴极材料不同的光电管，以便获得满意的灵敏度。

（2）光电倍增管

由于真空光电管的灵敏度低，因此人们研制了具有放大光电流能力的光电倍增管。图 8-3 所示是光电倍增管结构示意图。

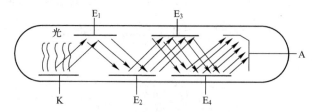

图 8-3　光电倍增管结构示意图

电子被带正电位的阳极所吸引，在光电管内就有电子流，在外电路中便产生了电流。

从图 8-3 中可以看到光电倍增管也有一个阴极 K 和一个阳极 A，与光电管不同的是在它的阴极和阳极间设置了若干个二次发射电极，E_1、E_2、……分别称为第一倍增电极、第二倍增电

极、……倍增电极通常为 10～15 级。

光电倍增管工作时，相邻电极之间保持一定电位差，其中阴极电位最低，各倍增电极电位逐级升高，阳极电位最高。

当入射光照射阴极 K 时，从阴极逸出的光电子被第一倍增电极 E_1 加速，以高速轰击 E_1，引起二次电子发射，一个入射的光电子可以产生多个二次电子，E_1 发射出的二次电子又被 E_1、E_2 间的电场加速，射向 E_2 并再次产生二次电子发射；这样逐级产生的二次电子发射，使电子数量迅速增加，这些电子最后到达阳极，形成较大的阳极电流。

若倍增电极有 N 级，各级的倍增率为 σ，则光电倍增管的倍增率可以认为是 σ^N，因此，光电倍增管有极高的灵敏度。在输出电流小于 1mA 的情况下，它的光电特性在很宽的范围内具有良好的线性关系。光电倍增管的这个特点，使它多用于微光测量。

（3）光电管的特性

1）暗电流。

光电管接上工作电压后，在没有光照的情况下，阳极仍会有一个很小的电流输出，称为暗电流。光电管在工作时，其阳极输出电流由暗电流和信号电流两部分组成。当信号电流比较大时，暗电流的影响可以忽略。但是当光信号非常弱，以至于阳极信号电流很小甚至和暗电流在同一数量级时，暗电流将严重影响对光信号测量的准确性。所以，暗电流的存在决定了光电管可测量光信号的最小值。一只好的光电管，要求其暗电流小并且稳定。

2）光谱响应特征。

光电管对不同波长的光入射的响应能力是不相同的，这一特性可用光谱响应率表示。在给定波长的单位辐射功率照射下所产生的阳极电流大小称为光电管的绝对光谱响应率，表示为

$$S(\lambda) = \frac{I(\lambda)}{P(\lambda)} \tag{8-5}$$

式中，$P(\lambda)$ 为入射到光阴极上的单色辐射功率；$I(\lambda)$ 为在该辐射功率照射下所产生的阳极电流。可见，$S(\lambda)$ 是波长的函数，它与波长的关系曲线称为光电倍增管的绝对光谱响应曲线。

3）光电管的伏安特性。

在一定照度下，光电流与光电管两端电压的对应关系称为伏安特性。光电管的伏安特性如图 8-4 所示。

2. 光敏电阻

（1）工作原理

光敏电阻是采用半导体材料制作，利用内光电效应工作的光电元件。在光线的作用下其阻值往往变小，这种现象称为光导效应，因此光敏电阻又称为光导管。

光敏电阻的原理图如图 8-5 所示。在黑暗环境里，它的电阻值很高，当受到光照时，只要光子能量大于半导体材料的禁带宽度，则价带中的电子吸收一个光子的能量后可跃迁到导带，并在价带中产生一个带正电荷的空穴，这种由光照产生的电子-空穴对增加了半导体材料中载流子的数目，使其电阻率变小，从而造成光敏电阻阻值下降。

光照越强，阻值越低。入射光消失后，由光子激发产生的电子-空穴对将逐渐复合，光敏电阻的阻值也逐渐恢复原值。在光敏电阻两端的金属电极之间加上电压，其中便有电流通过，受到适当波长的光线照射时，电流就会随光强的增加而变大，从而实现光电转换。

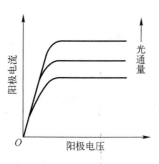

图 8-4 光电管的伏安特性

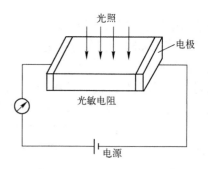

图 8-5 光敏电阻的原理图

光敏电阻没有极性，纯粹是一个电阻元件，使用时既可加直流电压，也可以加交流电压。一般希望暗电阻越大越好，亮电阻越小越好，因为此时光敏电阻的灵敏度高。实际光敏电阻的暗电阻值一般在兆欧级，亮电阻在几千欧以下。

（2）光敏电阻的结构

用于制造光敏电阻的材料主要是金属硫化物、硒化物和碲化物等半导体。通常采用涂敷、喷涂、烧结等方法在绝缘衬底上制作很薄的光敏电阻体及梳状欧姆电极，然后接出引线，封装在具有透光镜的密封壳体内，以免受潮影响其灵敏度。

光敏电阻的原理结构图如图 8-6 所示。它是涂于玻璃底板上的一薄层半导体物质，半导体的两端装有金属电极，金属电极与引出线端相连接，光敏电阻就通过引出线端接入电路。为了防止周围介质的影响，在半导体光敏层上覆盖了一层漆膜，漆膜的成分应使它在光敏层最敏感的波长范围内透射率最大。

光敏电阻的灵敏度易受潮湿的影响，因此要将光电导体严密封装在带有玻璃的壳体中。半导体吸收光子而产生的光电效应，只限于光照的表面薄层。光敏电阻内部构造图如图 8-7 所示。

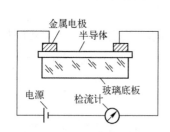

图 8-6 光敏电阻的原理结构图

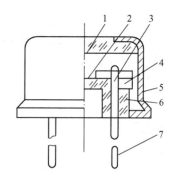

图 8-7 光敏电阻内部构造图

1—玻璃 2—光电导层 3—电极 4—绝缘衬底

5—金属壳 6—黑色绝缘玻璃 7—引线

光敏电阻的电极一般采用梳状，这样可以提高光敏电阻的灵敏度。其特点是灵敏度高，光谱特性好，光谱响应从紫外区一直到红外区。而且体积小、重量轻、性能稳定。

（3）光敏电阻的主要参数

暗电阻和暗电流：光敏电阻在室温和全暗条件下，经过一定时间测得的稳定电阻值称为暗电阻或暗阻。此时流过的电流称为暗电流。

亮电阻和亮电流：光敏电阻在室温和一定光照条件下测得的稳定电阻值称为该光照下的亮电阻或亮阻。此时流过的电流称为亮电流。

光电流：亮电流与暗电流之差称为光电流。显然，光敏电阻的暗阻越大越好，亮阻越小越好，也就是说，暗电流要小，亮电流要大。这样，光敏电阻的灵敏度就高。

（4）光敏电阻的基本特性

1）伏安特性（$I\text{-}U$ 曲线）。

在一定照度下，光敏电阻两端所加的电压与流过光敏电阻的光电流之间的关系称为伏安特性，光敏电阻的伏安特性如图 8-8 所示。由图 8-8 可知，光敏电阻伏安特性近似直线，而且没有饱和现象。受耗散功率的限制，在使用时，光敏电阻两端的电压不能超过最高工作电压，图中虚线为允许功耗曲线，由此可确定光敏电阻正常工作电压。

由此可以得出以下几点结论。

① 在给定的偏压情况下，光照度越大，光电流也就越大。

② 在一定光照度下，加的电压越大，光电流越大，没有饱和现象。

③ 光敏电阻的最高工作电压是由耗散功率决定的，耗散功率又和面积及散热条件等因素有关。

④ 光敏电阻在一定的电压范围内，其 $I\text{-}U$ 曲线为直线，说明其阻值与入射光量有关，而与电压、电流无关。

2）光照特性（光电特性）。

光敏电阻的光电流与光照度（光强度）之间的关系称为光电特性。

光敏电阻的光电特性如图 8-9 所示，光敏电阻的光电特性呈非线性。因此不适宜用作连续量的检测元件，这是光敏电阻的缺点之一，在自动控制中它常用作开关式光电信号传感元件。

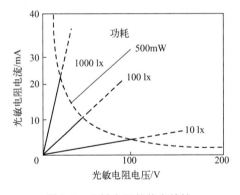

图 8-8 光敏电阻的伏安特性

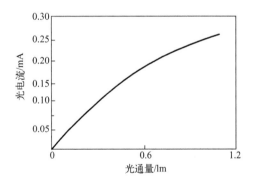

图 8-9 光敏电阻的光电特性图

3）光谱特性。

光敏电阻的相对灵敏度与入射波长的关系称为光谱特性，也称为光谱响应。对于不同波长的入射光，光敏电阻的相对灵敏度是不相同的。

光敏电阻的光谱特性如图 8-10 所示。从图中看出，硫化镉光敏电阻的光谱响应的峰值在可见光区域，常被用作光度量测量（照度计）的探头。而硫化铅光敏电阻响应于近红外和中红外区，常用作火焰探测器的探头。因此，在选用光敏电阻时应当把元件和光源的种类结合起来考虑，才能获得满意的结果。

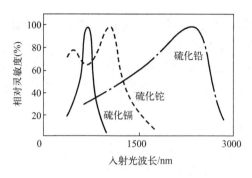

图 8-10　光敏电阻的光谱特性

4）响应时间和频率特性。

当光敏电阻受到脉冲光照时，光电流要经过一段时间才能达到稳态值，光照突然消失时，光电流也不立刻为零。这说明光电流的变化对于光的变化在时间上有一个滞后，光敏电阻有时延特性，称为光电导的弛豫现象。通常用响应时间 t 表示，光敏电阻的响应时间特性如图 8-11所示。

不同材料的光敏电阻的时延特性不同，所以它们的频率特性也不相同。图 8-12 所示为光敏电阻的频率特性，给出相对灵敏度与光强变化频率之间的关系曲线，可以看出硫化铅的使用频率比硫化铊高得多。但多数光敏电阻的时延都较大，因此不能用在要求快速响应的场合，这是光敏电阻的一个缺陷。

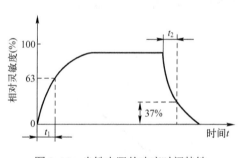

图 8-11　光敏电阻的响应时间特性

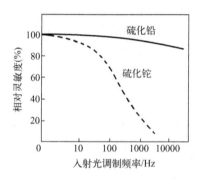

图 8-12　光敏电阻的频率特性

5）温度特性。

光敏电阻和其他半导体器件一样，都会受温度影响，当温度升高时，它的暗电阻会下降。温度的变化对光谱特性也有很大影响。

① 温度-电流特性：图 8-13 是硫化铅光敏电阻的温度-电流特性曲线。从图中可以看出，它的峰值随着温度上升向波长短的方向移动。因此，有时为了提高灵敏度，或为了能接受远红外光而采取降温措施。

② 温度系数：是指在一定光照下，温度每变化 1℃，光敏电阻阻值的平均变化率。通常用下式表示：

$$\alpha = \frac{R_2 - R_1}{(T_2 - T_1)R_2} \times 100\% \tag{8-6}$$

③ 温度对光谱特性影响。

随着温度升高，光谱响应峰值向短波方向移动。因此，采取降温措施，可以提高光敏电阻对长波光的响应。

温度特性就是温度变化影响光敏电阻的光谱响应的特性。光敏电阻的灵敏度和暗电阻都随着温度的变化而改变，尤其是响应于红外区的硫化铅光敏电阻受温度影响更大。

图 8-14 为硫化铅光敏电阻的温度-光谱特性曲线，它的峰值随着温度上升向波长短的方向移动。因此，硫化铅光敏电阻要在低温、恒温的条件下使用。对于可见光的光敏电阻，其温度影响要小一些。

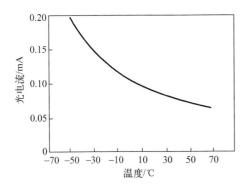

图 8-13　硫化铅光敏电阻的温度-电流特性曲线

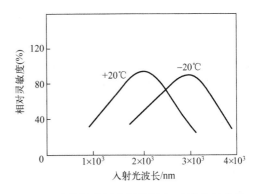

图 8-14　硫化铅光敏电阻的温度-光谱特性曲线

3. 光电二极管和光电晶体管

（1）光电二极管

光电二极管的结构与一般二极管相似，光电二极管是一种利用 PN 结单向导电性的结型光电器件。它装在透明玻璃外壳中，其 PN 结装在管的顶部，可以直接受到光照射，如图 8-15a 所示。

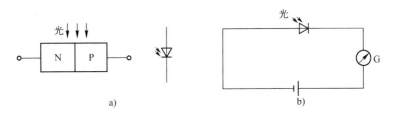

图 8-15　光电二极管
a) 结构示意图及图形符号　b) 基本电路

光电二极管在电路中一般是处于反向工作状态，如图 8-15b 所示，在没有光照射时，反向电阻很大，反向电流很小，这个反向电流称为暗电流。

当光照射在 PN 结上时，光子打在 PN 结附近，使 PN 结附近产生光生电子和光生空穴对。它们在 PN 结处的内电场作用下做定向运动，形成光电流。光的照度越大，光电流越大。因此光电二极管在不受光照射时，处于截止状态，受光照射时，处于导通状态。

（2）光电晶体管

光电晶体管与一般晶体管很相似，具有两个 PN 结，其发射极一边做得很大，以扩大光的照射面积。图 8-16 为 NPN 型光电晶体管的结构简图和基本电路。

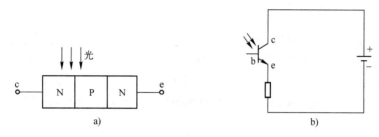

图 8-16　NPN 型光电晶体管的结构简图与基本电路

a) 结构简图　b) 基本电路

大多数光电晶体管的基极无引出线，当集电极加上相对于发射极为正的电压而不接基极时，集电结就是反向偏压；当光照射在集电结上时，就会在结附近产生电子-空穴对，从而形成光电流，相当于晶体管的基极电流。由于基极电流的增加，集电极电流是光生电流的 β 倍，因此光电晶体管有放大作用。

光电晶体管与一只普通晶体管制作在同一个管壳内，连接成复合管，称为达林顿型光电晶体管。它的灵敏度更大（$\beta=\beta_1\beta_2$）。但是达林顿型光电晶体管的漏电（暗电流）较大，频响较差，温漂也较大。

光电二极管和光电晶体管的材料几乎都是硅（Si）。在形态上，有单体型和集合型，集合型是在一块基片上有两个以上光电二极管，比如在后面讲到的 CCD 图像传感器中的光电耦合器件，就是由光电晶体管和其他发光元器件组合而成的。

（3）光电二极管和光电晶体管的基本特性

1）光谱特性。

硅和锗光电二极管和光电晶体管的光谱特性曲线如图 8-17 所示。从曲线可以看出，硅的峰值波长约为 0.9μm，锗的峰值波长约为 1.5μm，此时灵敏度最大，而当入射光的波长增加或缩短时，相对灵敏度也下降。一般来讲，锗管的暗电流较大，性能较差，故在探测可见光或炽热状态物体时，一般都用硅管。但对红外光进行探测时，锗管较为适宜。

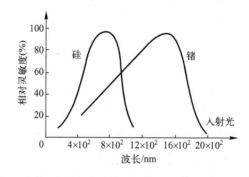

图 8-17　硅和锗光电二极管和光电晶体管的光谱特性曲线

2）伏安特性。

图 8-18 所示为硅光电二极管和光电晶体管在不同照度下的伏安特性曲线。从图中可见，光电晶体管的光电流比相同管型的光电二极管大上百倍。

3）光照特性。

图 8-19 所示为锗和硅光电管的光照特性曲线。从图中可见，光电二极管的光照特性曲线的

线性较好。

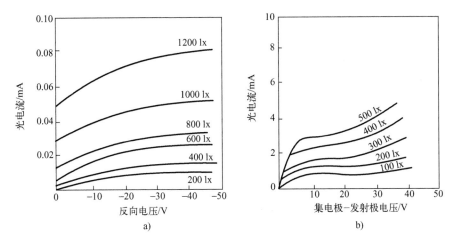

图 8-18 硅光电二极管和光电晶体管的伏安特性曲线

a) 光电二极管   b) 光电晶体管

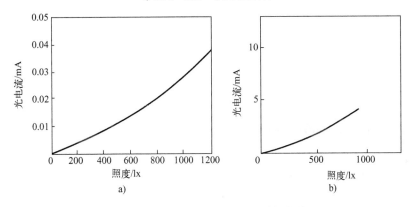

图 8-19 锗和硅光电管的光照特性曲线

a) 光电晶体管   b) 光电二极管

4）温度特性。

光电晶体管的温度特性是指其暗电流、光电流与温度的关系，光电晶体管的温度特性曲线如图 8-20 所示。

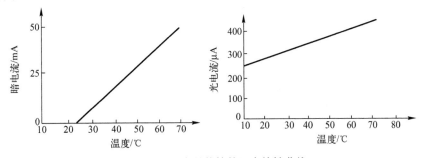

图 8-20 光电晶体管的温度特性曲线

从特性曲线可以看出，温度变化对光电流影响很小，而对暗电流影响很大，所以，在电子线路中应该对暗电流进行温度补偿，否则将会导致输出误差。

5）频率响应。

频率响应是指具有一定频率的调制光照射时，光电二极管和光电晶体管输出的光电流（或负载上的电压）随频率的变化关系，硅光电晶体管的频率响应特性曲线如图 8-21 所示。

4．光电池

（1）工作原理

光电池是一种直接将光能转换为电能的光电器件。光电池的工作原理是基于"光生伏特效应"。在有光线作用下的光电池实质就是电源，电路中有了这种器件就不需要外加电源了。

光电池实质上是一个大面积的 PN 结，当光照射到 PN 结的一个面，例如 P 型面时，若光子能量大于半导体材料的禁带宽度，那么 P 型区每吸收一个光子就产生一对自由电子和空穴，电子空穴对从表面向内迅速扩散，在结电场的作用下，最后建立一个与光照强度有关的电动势。

图 8-22 所示为光电池工作原理图。

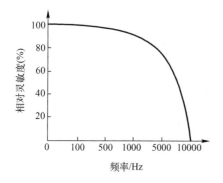

图 8-21　硅光电晶体管的频率响应特性曲线

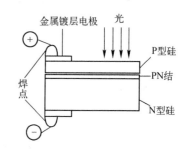

图 8-22　光电池工作原理图

用导线将 PN 结两端用导线连接起来，就有电流流过，电流的方向由 P 区流经外电路至 N 区。若将电路断开，就可以测出光生电动势。

光电池的种类很多，有硅、砷化镓、硒、氧化铜、锗及硫化镉光电池等。

应用最广的是硅光电池，其优点是性能稳定、光谱范围宽、频率特性好、传递效率高、能耐高温辐射以及价格便宜等。

（2）基本特性

1）光谱特性。

光电池对不同波长的光的灵敏度是不同的。图 8-23 为硅光电池和硒光电池的光谱特性曲线。

从图 8-23 中可知，不同材料的光电池，光谱响应峰值所对应的入射光波长是不同的，硅光电池在 800nm 附近，硒光电池在 500nm 附近。硅光电池的光谱响应波长范围为 400~1200nm，而硒光电池的范围仅为 380~750nm。可见，硅光电池可以在很宽的波长范围内得到应用。

2）光照特性。

光电池在不同光照度下，光电流和光生电动势是不同的，它们之间的关系就是光照特性。图 8-24 为硅光电池的开路电压和短路电流与光照的关系曲线。

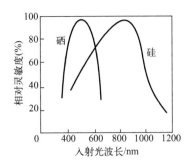
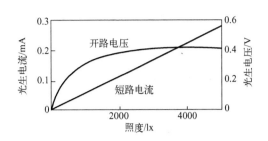

图 8-23　硅光电池和硒光电池的光谱特性曲线　　图 8-24　硅光电池的开路电压和短路电流与光照的关系曲线

从图 8-24 中看出，短路电流在很大范围内与光照强度呈线性关系，开路电压（负载电阻 R_L 无限大时）与光照度的关系是非线性的，并且当照度在 2000lx 时就趋于饱和了。因此，把光电池作为测量元件时，应把它当作电流源来使用，不能用作电压源。

光电池的短路电流是外接负载电阻相对于它的内阻来说很小情况下的电流值。负载越小，光电流与照度之间的线性关系越好，而且线性范围越宽。光电池短路电流与负载的关系曲线如图 8-25 所示。

3）频率特性。

频率特性是指输出电流随调制光频率变化的关系。光电池的频率特性曲线如图 8-26 所示。硅光电池具有较高的频率响应，用于高速计数的光电转换。

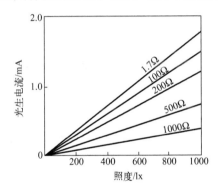
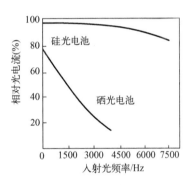

图 8-25　光电池短路电流与负载的关系曲线　　　图 8-26　光电池的频率特性曲线

4）温度特性。

光电池的温度特性用来描述光电池的开路电压和短路电流随温度变化的情况。由于它关系到应用光电池的仪器或设备的温度漂移，影响到测量精度或控制精度等重要指标，因此温度特性是光电池的重要特性之一。光电池的温度特性如图 8-27 所示。

从图 8-27 中看出，开路电压随温度升高而下降的速度较快，而短路电流随温度升高而缓慢增加。由于温度对光电池的工作有很大影响，因此把它作为测量元件应用时，最好能保证温度恒定或采取温度补偿措施。

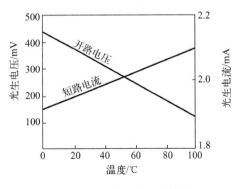

图 8-27　光电池的温度特性

5）稳定性。

当光电池密封良好、电极引线可靠、应用合理时，光电池的性能是相当稳定的。硅光电池的性能比硒光电池更稳定。影响性能和寿命因素包括光电池的材料、制造工艺和使用环境条件等。

8.1.3　光电传感器

1. 光电传感器的组成

光电式传感器实际上是由光源、光学通路和光电元件组成一定的光路系统，结合相应的测量转换电路而构成。光电传感器的组成如图 8-28 所示。

8-3　光电传感器

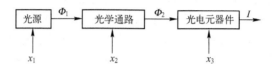

图 8-28　光电传感器的组成

图 8-28 中，Φ_1 是光源发出的光信号，Φ_2 是光电元件接收的光信号，被测量是 x_1、x_2 或者 x_3，它们能够分别造成光源本身、光学通路或者光电元件的变化，从而影响传感器输出的电信号 I。

光电传感器的敏感范围远远超过了电感、电容、磁力及超声波传感器的敏感范围。此外，光电传感器的体积很小，而敏感范围很宽，加上机壳有很多样式，几乎可以到处使用。

光电传感器设计灵活，形式多样，在越来越多的领域内得到广泛的应用。而且，随着技术的不断进步和发展，光电传感器在价格方面也可以同用其他技术制造的传感器竞争。

2. 光电传感器的应用形式

常用光源有各种白炽灯、钨丝灯泡、发光二极管和激光，常用光学元件有多种反射镜、透镜和半透半反镜等。关于光源、光学元件的参数及光学原理，可参阅有关书籍。但有一点要特别指出的是，光源与光电元件在光谱特性上应基本一致，即光源发出的光应该在光电元件接收灵敏度最高的频率范围内。

光电传感器的测量属于非接触式测量，目前越来越广泛地应用于生产的各个领域。

因光源对光电元件作用方式不同，所选用的光学装置是多种多样的，按其输出量性质可分为模拟输出型光电传感器和数字输出型光电传感器两大类。

模拟输出型光电传感器中，光电元件接收的光通量随被测量连续变化，因此输出的光电流也是连续变化的，并与被测量成确定的函数关系。

数字输出型光电传感器中，光电元件接收的光信号是断续变化的，因此光电元件处于开关工作状态，它输出的光电流通常是只有两种稳定状态的脉冲形式的信号，多用于光电计数和光电式转速测量等场合。

无论是哪一种，依被测物与光电元件和光源之间的关系，光电式传感器的测量应用可分为图 8-29 所示的四种基本形式。

（1）被测物是光源

光源本身是被测物，它发出的光投射到光电元件上，光电元件的输出反映了光源的某些物理参数，如图 8-29a 所示。这种形式的光电传感器可用于光电比色高温计和照度计。

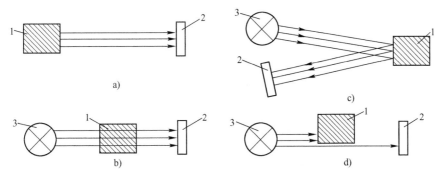

图 8-29　光电传感器的测量形式

a) 被测物是光源　b) 被测物吸收光通量　c) 被测物具有反射能力　d) 被测物遮挡光通量
1—被测量　2—光电元器件　3—恒定光源

（2）被测物吸收光通量

恒定光源发射的光通量穿过被测物，其中一部分被吸收，剩余的部分投射到光电元器件上，吸收量取决于被测物的某些参数，如图 8-29b 所示，它可用于测量透明度、混浊度。

（3）被测物具有反射能力

恒定光源发射的光通量投射到被测物上，由被测物表面反射后再投射到光电元器件上，如图 8-29c 所示。反射光的强弱取决于被测物表面的性质和状态，因此可用于测量工件表面粗糙度、纸张的白度等。

（4）被测物遮挡光通量

从恒定光源发射出的光通量在到达光电元器件的途中受到被测物的遮挡，使投射到光电元器件上的光通量减弱，光电元器件的输出反映了被测物的尺寸或位置，如图 8-29d 所示，这种光电传感器可用于工件尺寸测量、振动测量等场合。

3. 光电转换电路

由光源、光学通路和光电元器件组成的光电传感器在用于光电检测时，还必须配备适当的测量电路。测量电路能够把光电效应造成的光电元器件电性能的变化转换成所需要的电压或电流。不同的光电元器件所要求的测量电路也不相同。下面介绍几种半导体光电元器件常用的测量电路。

（1）光敏电阻测量电路

半导体光敏电阻可以通过较大的电流，所以在一般情况下，无须配备放大器。在要求较大的输出功率时，可用图 8-30 所示的光敏电阻测量电路。

（2）光电二极（晶体）管测量电路

图 8-31a 为带有温度补偿的光电二极管桥式测量电路。当入射光强度缓慢变化时，光电二极管的反向电阻也是缓慢变化的，温度的变化将造成电桥输出电压的漂移，必须进行补偿。图中一个光电二极管作为检测器件，另一个装在暗盒里，置于相邻桥臂中，温度的变化对两只光电二极管的影响相同，因此可消除桥路输出随温度的漂移。

图 8-30　光敏电阻测量电路

光电晶体管在低照度入射光下工作时，或者希望得到较大的输出功率时，也可以配以放大电路，如图8-31b所示。

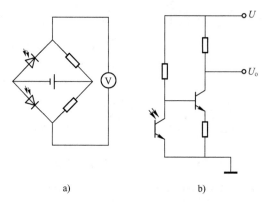

a)　　　　　　b)

图8-31　光电二极（晶体）管桥式测量电路

a) 光电二极管测量电路　b) 光电晶体管测量电路

（3）光电池测量电路

光电池即使在强光照射下，最大输出电压也仅为0.6V，还不能使下一级晶体管有较大的电流输出，故必须加正向偏压，如图8-32a所示。

为了减小晶体管基极电路阻抗变化，尽量降低光电池在无光照时承受的反向偏压，可在光电池两端并联一个电阻。或者如图8-32b所示，利用硅二极管产生的正向电压降和光电池受到光照时产生的电压叠加，使硅管e、b极间电压大于0.7V，从而导通工作。也可以使用硅光电池组代替硅二极管和光电池，如图8-32c所示。

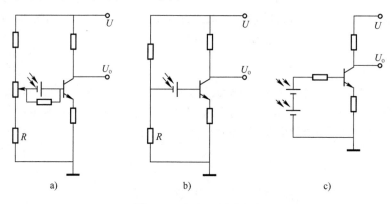

a)　　　　　　b)　　　　　　c)

图8-32　光电池测量电路

（4）光电元器件集成运算放大电路

半导体光电元器件的光电转换电路也可以使用集成运算放大器。硅光电二极管通过集成运算放大器可得到较大输出幅度，如图8-33a所示。当光照产生的光电流为I_ϕ时，输出电压$U_0=I_\phi R_F$为了保证光电二极管处于反向偏置，在它的正极要加一个负电压。

图8-33b所示为硅光电池的光电转换电路，由于光电池的短路电流和光照呈线性关系，因此将它接在运算放大器的正、反相输入端之间，利用这两端电位差接近于零的特点，可以得到较好的效果。在图中所示条件下，输出电压$U_0=2I_\phi R_F$。

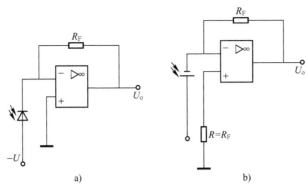

图 8-33 使用运算放大器的光敏元器件放大电路

a) 硅光电二极管放大电路 b) 硅光电池放大电路

8.1.4 光电传感器的应用

光电检测方法具有精度高、反应快、非接触等优点，而且可测参数多，传感器的结构简单，形式灵活多样，体积小。近年来，随着光电技术的发展，光电传感器已成为系列产品，其品种及产量日益增加，用户可根据需要选用各种规格产品，在各种轻工自动机上获得广泛应用。

8-4 光电传感器的应用

1. 光电式带材跑偏检测器

带材跑偏检测器用来检测带形材料在加工中偏离正确位置的大小及方向，从而为纠偏控制电路提供纠偏信号。它主要用于印染、送纸、胶片、磁带生产过程中。

光电式带材跑偏检测器工作原理如图 8-34 所示。光源发出的光线经过透镜 1 会聚为平行光束，投向透镜 2，随后被会聚到光敏电阻上。在平行光束到达透镜 2 的途中，有部分光线受到被测带材的遮挡，使传到光敏电阻的光通量减少。

图 8-35 所示为测量电路简图。R_1、R_2 是同型号的光敏电阻。R_1 作为测量元件装在带材下方，R_2 用遮光罩罩住，起温度补偿作用。

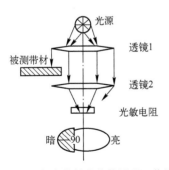

图 8-34 光电式带材跑偏检测器工作原理

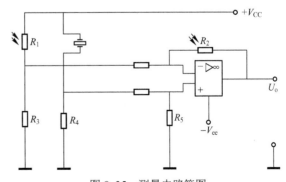

图 8-35 测量电路简图

当带材处于正确位置（中间位）时，由 R_1、R_2、R_3、R_4 组成的电桥平衡，放大器输出电压 U_o 为 0。

当带材左偏时，遮光面积减少，光敏电阻 R_1 阻值减少，电桥失去平衡。差动放大器将这一不平衡电压加以放大,输出电压 U_o 为负值,它反映了带材跑偏的方向及大小。

当带材右偏时,U_o 为正值。输出信号 U_o 一方面由显示器显示出来,另一方面被送到执行机构,为纠偏控制系统提供纠偏信号。

2. 烟尘源监测系统

防止工业烟尘污染是环保的重要任务之一。为了消除工业烟尘污染,首先要知道烟尘排放量,因此必须对烟尘源进行监测、自动显示和超标报警。

烟道里的烟尘浊度是通过光在烟道传输过程中的变化大小来检测的。如果烟道浊度增加,光源发出的光被烟尘颗粒的吸收和折射增加,到达光检测器的光减少。因此,光检测器输出信号的强弱便可反映烟道浊度的变化。图 8-36 所示是吸收式烟尘浊度监测系统的组成框图。

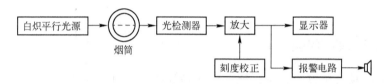

图 8-36 吸收式烟尘浊度监测系统的组成框图

为了检测出烟尘中对人体危害性最大的亚微米颗粒的浊度和避免水蒸气与 CO_2 对光源衰减的影响,选取可见光作为光源(400～700nm 波长的白炽光)。

光检测器为光谱响应范围为 400～600nm 的光电管,获取随浊度变化的相应电信号。

为了提高检测灵敏度,采用具有高增益、高输入阻抗、低零漂、高共模抑制比的运算放大器,对信号进行放大。

刻度校正用来进行调零与调满刻度,以保证测试准确性。显示器可显示浊度瞬时值。

报警电路由多谐振荡器组成,当运算放大器输出浊度信号超过规定时,多谐振荡器工作,输出信号经放大后推动扬声器发出报警信号。

3. 包装充填物高度检测

用容积法计量包装的成品,除了对重量有一定误差范围要求外,一般还对充填高度有一定的要求,不符合充填高度的成品将不许出厂,以保证商品的外观质量。

图 8-37 所示为利用光电检测技术控制充填高度的原理。当充填高度 h 偏差太大时,光电接头没有电信号,即由执行机构将包装物品推出进行处理。

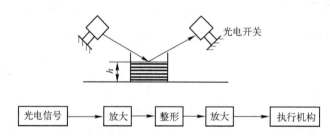

图 8-37 利用光电检测技术控制充填高度的原理

利用光电开关还可以进行产品流水线上的产量统计、对装配件是否到位及装配质量进行检测，例如灌装时瓶盖是否压上、商标是否漏贴，以及送料机构是否断料等。

8.1.5 光电耦合器件

光电耦合器件是由发光器件（如发光二极管）和光电元器件合并使用，以光作为媒介传递信号的光电器件。

光电耦合器中的发光器件通常是半导体的发光二极管，光敏元器件有光敏电阻、光电二极管、光电晶体管或光控晶闸管等。根据其结构和用途不同，又可分为用于实现电隔离的光电耦合器和用于检测有无物体的光电开关。

1. 光电耦合器

光电耦合器的发光和接收器件都封装在一个外壳内，一般有金属封装和塑料封装两种。

（1）光电耦合器的组合形式

光电耦合器常见的组合形式如图 8-38 所示。对图中所示各种形式，为保证其有较佳的灵敏度，都考虑了发光与接收波长的匹配。

图 8-38a 所示的组合形式结构简单、成本较低，且输出电流较大，可达 100mA，响应时间为 3～4μs。

图 8-38b 所示的组合形式结构简单，成本较低、响应时间快，约为 1μs，但输出电流小，在 50～300μA 之间。

图 8-38c 所示的组合形式传输效率高，但只适用于较低频率的装置中。

图 8-38d 所示是一种高速、高传输效率的新颖器件。

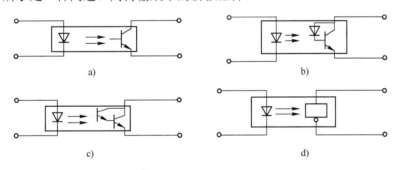

图 8-38　光电耦合器常见的组合形式

（2）光电耦合器的结构形式

光电耦合器实际上是一个电量隔离转换器，它具有抗干扰性能和单向信号传输功能，广泛应用在电路隔离、电平转换、噪声抑制、无触点开关及固态继电器等场合。

将发光器件与光电元器件集成在一起便可构成光电耦合器件，如图 8-39 为光电耦合器件结构示意图。

图 8-39a 所示为窄缝透射式，可用于片状遮挡物体的位置检测或码盘、转速测量中。

图 8-39b 所示为反射式，可用于反光体的位置检测，对被测物不限制其厚度。

图 8-39c 所示为全封闭式，用于电路的隔离。

发光元件多半是发光二极管，光电元器件多为光电二极管和光电晶体管，少数采用光电达林顿管或光控晶闸管。

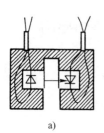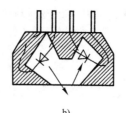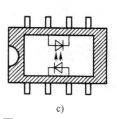

a)   b)   c)

图 8-39   光电耦合器件结构示意图

a) 窄缝透射式   b) 反射式   c) 全封闭式

（3）光电耦合器的特性参数

对于光电耦合器的特性，应注意以下各项参数。

1）电流传输比。

2）输入输出间的绝缘电阻。

3）输入输出间的耐压。

4）输入输出间的寄生电容。

5）最高工作频率。

6）脉冲上升时间和下降时间。

2. 光电开关

光电开关是一种利用感光器件对变化的入射光加以接收，并进行光电转换，同时加以某种形式的放大和控制，从而获得最终的控制输出"开""关"信号的器件。

（1）典型的光电开关结构

图 8-40 所示为典型的光电开关结构图。

图 8-40a 所示是一种透射式的光电开关，它的发光器件和接收器件的光轴是重合的。当不透明的物体位于或经过它们之间时会阻断光路，使接收器件接收不到来自发光器件的光，这样起到检测作用。

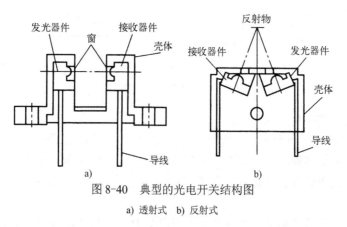

a)   b)

图 8-40   典型的光电开关结构图

a) 透射式   b) 反射式

图 8-40b 所示是一种反射式的光电开关，它的发光器件和接收器件的光轴在同一平面且以某一角度相交，交点一般即为待测物所在位置。当有物体经过时，接收器件将接收到从物体表面反射的光，没有物体时则接收不到。光电开关的特点是小型、高速、非接触，而且与 TTL、MOS 等电路容易结合。用光电开关检测物体时，大部分只要求其输出信号有"高-低"（1-0）

之分即可。

（2）光电开关的应用

图 8-41 所示是光电开关的基本电路示例。图 8-41a、b 表示负载为 CMOS 比较器等高输入阻抗电路时的情况，图 8-41c 表示用晶体管放大光电流的情况。

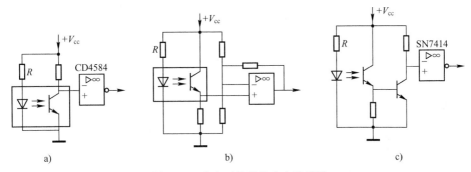

图 8-41　光电开关的基本电路示例

光电开关广泛应用于工业控制、自动化包装线及安全装置中，用作光控制和光探测装置。在自控系统中，光电开关可用作物体检测、产品计数、料位检测、尺寸控制、安全报警及计算机输入接口等。

8.2　光纤传感器

光导纤维传感器（简称为光纤传感器）是 20 世纪 70 年代中期发展起来的一种新型传感器，它是伴随着光纤及光通信技术的发展而逐步形成的。

光纤传感器与传统的各类传感器相比有一系列优点，例如不受电磁干扰，体积小，重量轻，可挠曲，灵敏度高，耐腐蚀，传输频带宽，绝缘性能好，耐水抗腐蚀性好，防爆性好，易与微型计算机连接，便于遥测等。它能用于温度、压力、应变、位移、速度、加速度、流量、振动、电压、电流、磁场、核辐射、声和 pH 值等各种物理量的测量，具有极为广泛的应用前景。

光纤传感器（Fiber Optical Sensor，FOS）用光作为敏感信息的载体，用光纤作为传递敏感信息的媒质。因此，它同时具有光纤及光学测量的特点。

8.2.1　光纤的结构和传输原理

1. 光纤的结构

光导纤维简称为光纤，目前基本上还是采用石英玻璃制成，光导纤维结构如图 8-42 所示。它由导光的芯体玻璃（称为纤芯）和包层玻璃所组成。

8-5　光纤的结构和传输原理

光纤具有多层介质结构。

纤芯：石英玻璃，直径为 5～75μm，材料以 SiO_2 为主，掺杂微量元素。

包层：直径为 100～200μm，折射率略低于纤芯。

涂敷层：硅酮或丙烯酸盐，隔离杂光。

护套：尼龙或其他有机材料，提高机械强度，保护光纤。

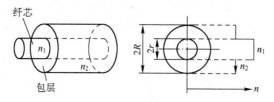

图 8-42　光导纤维结构

2. 光纤的传输原理

光纤的导光能力取决于纤芯和包层的性质，而光纤的机械强度由护套维持。

光线在两种不同介质的分界面上会产生折射现象，并遵循折射定律。当光由光密物质出射至光疏物质时，在一定条件下会发生全反射，这时折射定律不再成立，只有全反射。介于折射和全反射之间的状态为临界状态。

设纤芯的折射率为 n_1，包层的折射率为 n_2，且 $n_1>n_2$。（其典型值是 $n_1=1.46\sim1.51$，$n_2=1.44\sim1.50$），当光线从空气 A（折射率为 n_0）中射入光纤的一个端面 B，并与其轴线的夹角为 θ_i，则在光纤内折射成角 θ_j 的光线，然后光线以 θ_k（$\theta_k=90°-\theta_j$）角入射到纤芯与包层的交界面 C 上。光纤传输原理示意图如图 8-43 所示。

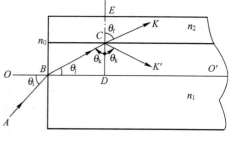

由于纤芯与包层的折射率不等（即 $n_1>n_2$），光线的一部分光被反射（反射角为 θ_k），成为反射光回到纤芯 K'；另一部分光被折射（折射角为 θ_r）成为折射光 K。这时入射光线与折射光线应满足：

$$n_0 \sin\theta_i = n_1 \sin\theta_j \qquad (8-7)$$

$$n_1 \sin\theta_k = n_2 \sin\theta_r \qquad (8-8)$$

$$\sin\theta_i = (n_1/n_0)\sin\theta_j \qquad (8-9)$$

图 8-43　光纤传输原理示意图

由于

$$\theta_j = 90° - \theta_k \qquad (8-10)$$

所以

$$\sin\theta_i = (n_1/n_0)\sin(90°-\theta_k) = \frac{n_1}{n_0}\cos\theta_k = \frac{n_1}{n_0}\sqrt{1-\sin^2\theta_k}$$

$$\begin{aligned}\sin\theta_i &= \frac{n_1}{n_0}\sqrt{1-\left(\frac{n_2}{n_1}\sin\theta_r\right)^2} \\ &= \frac{1}{n_0}\sqrt{n_1^2 - n_2^2\sin^2\theta_r}\end{aligned} \qquad (8-11)$$

由于 n_0 为入射光线 AB 所在空间的折射率，一般皆为空气，故 $n_0\approx1$，此时

$$\sin\theta_i = \sqrt{n_1^2 - n_2^2\sin^2\theta_r} \qquad (8-12)$$

当 $\theta_r=90°$ 的临界状态时

$$\sin\theta_{i_0} = \sqrt{n_1^2 - n_2^2} \tag{8-13}$$

设

$$NA = \sin\theta_{i_0} = \sqrt{n_1^2 - n_2^2} \tag{8-14}$$

可见 arcsinNA 是一个临界角。

θ_i>arcsinNA 时，光线进入光纤后不能传播而在包层消失。

θ_i<arcsinNA 时，光线才可以进入光纤被全反射传播。θ_i 比 θ_k 大，故而将无损地通过光纤纤芯传播，直到端面。

3. 光纤的主要参数

（1）数值孔径

无论光源发射功率有多大，只有 θ_i 张角之内的光功率能被光纤接收。角 θ_i 与光纤内芯和包层材料的折射率有关，我们将 θ_i 的正弦定义为光纤的数值孔径（NA）。

NA 是光纤的基本参数，它决定了能被传播的光束的半孔径角的最大值，反映了光纤的集光能力。可以证明：

当 $NA \leqslant 1$ 时，集光能力与纤芯折射率的平方成正比。

当 $NA \geqslant 1$ 时，集光能力可达最大。

从式（8-14）可看出，纤芯与包层的折射率差值越大，数值孔径就越大，光纤的集光能力越强。一般希望有大的数值孔径，以利于耦合效率的提高，但数值孔径越大，光信号畸变就越严重，所以要适当选择。

（2）光纤模式

光纤模式简单地说就是光波沿光纤传输的途径和方式。多模光纤中，同一光信号采用很多模式传输，会使这一光信号分裂为不同时间到达接收端的多个小信号，导致合成信号畸变。因此，希望模式数量越少越好，尽可能在单模方式下工作，即单模光纤。阶跃型的圆筒光纤内传播的模式数量可简单表示为

$$v = \frac{\pi d\sqrt{n_1^2 - n_2^2}}{\lambda_0} \tag{8-15}$$

式中，v 为模式数量；d 为纤芯直径；λ_0 为真空中 λ 射光的波长。

（3）传播损耗

以上我们讨论光纤的传光原理时，忽略了光在传播过程中的各项损耗。实际上，入射于光纤中的光存在损耗（如菲涅耳反射损耗、光吸收损耗、全反射损耗及弯曲损耗等），其中一部分光在传播途中就损失了，因此光纤不可能百分之百地将入射光的能量传播出去。

假设从纤芯左端输入一个光脉冲，其峰值强度（光功率）为 I_0，传播损耗后，光纤中任一点处的光强度为

$$I(L) = I_0 e^{-aL} \tag{8-16}$$

式中，L 为光纤长度；a 为单位长度的衰减；I_0 为光纤输入端光强；I 为光纤输出端光强。

4. 光纤的主要类型

光纤按折射率变化分为阶跃型光纤和渐变型光纤。按传输模式多少分为单模光纤与多模光

纤。光纤传感器所用光纤有单模光纤和多模光纤。

单模光纤的纤芯直径通常为 2～12μm，很细的纤芯半径接近于光源波长的长度，仅能维持一种模式传播，一般相位调制型和偏振调制型的光纤传感器采用单模光纤；光强度调制型或传光型光纤传感器多采用多模光纤。

为了满足特殊要求，出现了保偏光纤、低双折射光纤及高双折射光纤等。采用新材料研制特殊结构的专用光纤是光纤传感技术发展的方向。

8.2.2 光纤传感器的组成与分类

1. 光纤传感器的组成

8-6 光纤传感器的组成与应用

以电为基础的传统传感器是一种把测量的状态转变为可测的电信号的装置。它的电源、电路、敏感元器件、信号接收和处理系统以及信息传输均用金属导线连接，如图 8-44a 所示。

光纤传感器则是一种把被测量的状态转变为可测的光信号的装置。它由光发送器（光源）、光通路（光纤）、敏感元器件（光纤或非光纤的）、光接收器（光电元器件）、信号处理系统等构成，如图 8-44b 所示。由光发送器发出的光经光纤引导至敏感元器件。这时，光的某一性质受到被测量的调制，已调光经接收光纤耦合到光接收器，使光信号变为电信号，经信号处理得到所期待的被测量。

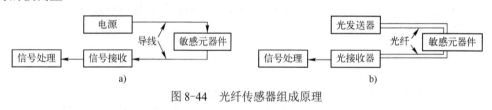

图 8-44 光纤传感器组成原理

a) 传统传感器　b) 光纤传感器

可见，光纤传感器与以电为基础的传统传感器相比较，在测量原理上有本质的差别。传统传感器是以机电测量为基础，而光纤传感器则以光学测量为基础。

根据光纤传感器的用途和光纤的类型，对光源一般要提出功率和调制的要求。

常用的光源有激光二极管和发光二极管。激光二极管具有亮度高，易调制，尺寸小等优点。而发光二极管具有结构简单和温度对发射功率影响小等优点。此外，还有采用白炽灯等作为光源。

光是一种电磁波，其波长从极远红外线的 1mm 到极远紫外线的 10nm。它的物理作用和生物化学作用主要因其中的电场而引起。因此，讨论光的敏感测量必须考虑光的电矢量振动，即

$$E = B\sin(\omega t + \varphi) \tag{8-17}$$

式中，E 为电场矢量；B 为振幅；ω 为光波的振动频率；φ 为光相位；t 为光的传播时间。

可见，只要使光的强度 B、偏振态（矢量 B 的方向）、频率和相位等参量之一随被测量状态的变化而变化，或受被测量调制，那么就可通过对光的强度调制、偏振调制、频率调制或相位调制等进行解调，获得所需要的被测量的信息。

光纤传感器的工作离不开光的调制和解调两个环节。光调制就是把某一被测信息加载到传

输光波上。承载了被测信息的已调制光，传输到光探测系统后再经解调，便可获得所需的该被测信息。

2. 光纤传感器中的分类

按照光纤在传感器中的作用，光纤传感器可以分为三类：功能型、非功能型和拾光型。

（1）功能型传感器

功能型传感器是利用光纤本身的特性把光纤作为敏感元器件，被测量对光纤内传输的光进行调制，使传输的光的强度、相位、频率或偏振态等特性发生变化，再通过对被调制过的信号进行解调，从而得出被测信号，如图8-45a所示，因此又称为传感型或物性型传感器。

在功能型光纤传感器中，光纤不仅起传光作用，同时又是敏感元器件，即是利用被测物理量直接或间接对光纤中传送光的光强（振幅）、相位、偏振态、波长等进行调制而构成的一类传感器。其中包括光强调制型、光相位调制型、光偏振调制型等。

功能型光纤传感器的光纤本身就是敏感元器件，结构紧凑、灵敏度高。因此，加长光纤的长度可以得到很高的灵敏度，尤其是利用干涉技术对光的相位变化进行测量的光纤传感器，具有极高的灵敏度。但是，制造这类传感器的技术难度大，须用特殊光纤，成本高，结构复杂，调整较困难。

其典型例子为光纤陀螺、光纤水听器等。

（2）非功能型传感器

非功能型传感器是利用其他敏感元器件感受被测量的变化，光纤仅作为信息的传输介质，如图8-45b所示，因此又称为传光型或结构型传感器。

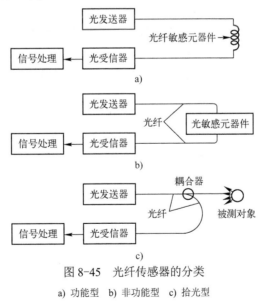

图 8-45 光纤传感器的分类

a) 功能型 b) 非功能型 c) 拾光型

由于非功能型光纤传感器中光纤不是敏感元器件，只是作为传光元器件。一般是在光纤的端面或在两根光纤中间放置光学材料及敏感元器件来感受被测物理量的变化，从而使透射光或反射光强度随之发生变化来进行检测的。

这里光纤只作为光的传输回路，目的是使光纤得到足够大的受光量和传输的光功率。这种传感器常用数值孔径和芯径较大的光纤。

非功能型光纤传感器结构简单、可靠，无需特殊光纤及其他特殊技术，比较容易实现，成本低。但灵敏度、测量精度一般低于物性型光纤传感器。目前实用化的大都是非功能型的光纤传感器。

（3）拾光型光纤传感器

拾光型光纤传感器用光纤作为探头，接收由被测对象辐射的光或被其反射、散射的光，如图 8-45c 所示，典型例子如光纤激光多普勒速度计、辐射式光纤温度传感器等。

3. 光纤传感器中光的调制形式

光纤传感器按照光受被测对象的调制方法可以分成四类：强度调制、编振调制、频率调制及相位调制。

（1）强度调制型光纤传感器

强度调制型光纤传感器是利用被测对象的变化引起敏感元器件参数的变化，从而导致光强度变化来实现敏感测量的传感器。主要应用方向是压力、振动、位移及气体方面的测量。其优点是结构简单、容易实现、成本低。其缺点是易受光源波动和连接器损耗变化等的影响。

（2）偏振调制光纤传感器

偏振调制光纤传感器是利用光的偏振态的变化来传递被测对象信息。主要应用方向包括：利用法拉第效应制成光纤传感器，用于电流、磁场的测量；利用波尔效应制成光纤传感器，用于电场、电压的测量；利用光弹效应制成光纤传感器，用于压力、振动或声音的测量；利用双折射性制成光纤传感器，用于温度、压力、振动的测量。其优点是可避免光源强度变化的影响，灵敏度高。

（3）频率调制光纤传感器

频率调制光纤传感器是利用被测对象引起的光频率的变化来进行监测的。主要应用方向包括：利用运动物体反射光和散射光的多普勒效应制成光纤传感器，用于速度、流速、振动、压力及加速度测量；利用物质受强光照射时的拉曼散射制成光纤传感器，用于气体浓度测量或监测大气污染的气体测量；利用光致发光制成光纤传感器，用于温度测量等。

（4）相位调制传感器

相位调制传感器主要是利用被测对象导致光的相位变化，然后用干涉仪来检测这种相位变化而得到被测对象的信息。主要应用方向包括：利用光弹效应制成光纤传感器，用于声、压力或振动测量；利用磁致伸缩效应制成光纤传感器，用于电流、磁场测量；利用电致伸缩制成光纤传感器，用于电场、电压测量；利用 Sagnac 效应制成光纤传感器，用于旋转角速度传感器（光纤陀螺）。其优点是灵敏度很高；缺点是属于特殊光纤及高精度检测系统，成本高。

8.2.3 光纤传感器的应用

1. 光纤压力传感器

就如同上述分析的那样，光纤压力传感器可以依据不同的调制方式分成不同的类型。

强度调制型是基于弹性元件受压变形，将压力信号转换成位移信号来检测，故常用于位移的光纤检测技术；偏振调制型主要是利用晶体的光弹性效应；相位调制型是利用光纤本身作为敏感元件。

（1）膜片反射式的光纤压力传感器

图 8-46 所示为膜片反射式光纤压力传感器示意图。弹性膜片材料是恒弹性金属，如殷钢、

铍青铜等。但金属材料的弹性模量有一定的温度系数，因此要考虑温度补偿。若选用石英膜片，则可减小温度的影响。

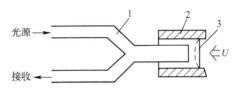

图 8-46　膜片反射式光纤压力传感器示意图

1—Y 形光纤　2—壳体　3—膜片

膜片的安装采用周边固定，焊接到外壳上。对于不同的测量范围，可选择不同的膜片尺寸。一般膜片的厚度在 0.05～0.2mm 之间为宜。对于周边固定的膜片，在小挠度（$y < 0.5t$，t 为膜片厚度）的条件下，在压力 P 的作用下，膜片会挠曲。膜片的中心挠度 y 可以用下式表示：

$$y = \frac{3(1 - \mu^2)R^4}{16Et^3} p \qquad (8\text{-}18)$$

式中，R 为膜片有效半径；t 为膜片厚度；p 为外加压力；E 为膜片材料的弹性模量；μ 为膜片的泊松比。

可见，在一定范围内，膜片中心挠度与所加的压力呈线性关系。

若利用 Y 形光纤束位移特性的线性区，则传感器的输出光功率亦与待测压力呈线性关系。传感器的固有频率可表示为

$$f_r = \frac{2.56t}{\pi R^2} \frac{gE}{3\rho(1 - \mu^2)} p \qquad (8\text{-}19)$$

式中，ρ 为膜片材料的密度；g 为重力加速度。

这种光纤压力传感器的结构简单、体积小、使用方便；但是光源不够稳定或长期使用后膜片的反射率有所下降，其精度就要受到影响。

（2）弹性变形式光纤压力传感器

按光强度调制原理制成的光纤压力传感器如图 8-47 所示，其工作原理如下。

1）被测力作用于膜片，使光纤与膜片间的气隙减小，使棱镜与光吸收层之间的气隙发生改变。

2）气隙发生改变引起棱镜界面上全（内）反射的局部破坏，造成一部分光离开棱镜的上界面，进入吸收层并被吸收，致使反射回接收光纤的光强度减小。

3）接收光纤内反射光强度的改变可由桥式光接收器检测出来。

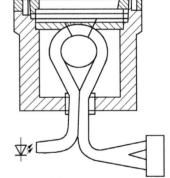

图 8-47　按光强度调制原理制成的光纤压力传感器

4）桥式光接收器输出信号的大小只与光纤和膜片间的距离和膜片的形状有关。

这种光纤压力传感器不受电磁干扰，响应速度快、尺寸小、重量轻、耐热性好。由于没有导电元件，特别适合有防爆要求的场合使用。

2. 光纤加速度传感器

光纤加速度传感器的组成结构如图 8-48 所示。它是一种简谐振子的结构形式。

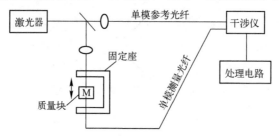

图 8-48 光纤加速度传感器的组成结构

激光束通过分光板后分为两束光，透射光作为参考光束，反射光作为测量光束。当传感器感受加速度时，由于质量块 M 对光纤的作用，从而使光纤被拉伸，引起光程差的改变。

相位改变的激光束由单模光纤射出后与参考光束会合产生干涉效应。激光干涉仪的干涉条纹的移动可由光电接收装置转换为电信号，经过处理电路处理后便可正确地测出加速度值。

3. 光纤温度传感器

光纤温度传感器是目前仅次于加速度、压力传感器而广泛使用的光纤传感器。根据工作原理可分为光强调制型、偏振光型和相位调制型等。

图 8-49 所示是一种光强调制型的半导体光吸收型光纤温度传感器的结构原理图，它的敏感元器件是一个半导体光吸收器，光纤用来传输信号。该传感器是由半导体光吸收器、光纤、发射光源和包括光控制器在内的信号处理系统等组成。

它体积小、灵敏度高、工作可靠，广泛应用于高压电力装置中的温度测量等特殊场合。

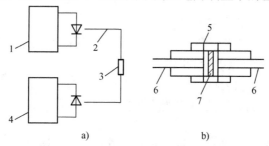

图 8-49 光纤温度传感器的结构原理图

1—光源 2—光纤 3—探头 4—光探测器 5—不锈钢套 6—光纤 7—半导体光吸收器

8.3 红外传感器

近年来，红外辐射技术已成为一门发展迅速的新兴学科。它已经广泛应用于生产、科研、军事及医学等各个领域。

8-7 红外传感器

8.3.1　红外线的基本知识

1. 电磁波波谱与红外线

红外线传感器是利用物体产生红外辐射的特性，实现自动检测的传感器。

在物理学中，我们已经知道可见光、不可见光、红外光及无线电等都是电磁波，它们之间的差别只是波长（或频率）的不同而已。将各种不同的电磁波按照波长（或频率）排成图 8-50 所示的波谱图，称为电磁波谱。

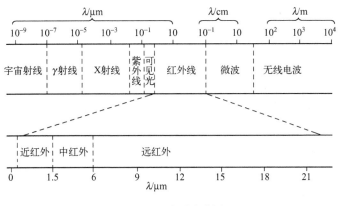

图 8-50　电磁波谱图

从图中可以看出，红外线属于不可见光波的范畴，它的波长一般在 0.76～600μm 之间（称为红外区）。红外区通常又可分为近红外、中红外和远红外。

2. 红外辐射的产生及其性质

（1）红外辐射的产生

红外辐射是由于物体（固体、液体和气体）内部分子的转动及振动而产生的。这类振动过程是由物体受热而引起的，只有在绝对零度（-273.15℃）时，一切物体的分子才会停止运动。

所以在绝对零度时，没有一种物体会发射红外线。换言之，在常温下，所有的物体都是红外辐射的发射源。例如火焰、轴承、汽车、飞机、动植物、人体等都是红外辐射源。

红外线和所有的电磁波一样，具有反射、折射、散射、干涉、吸收等性质，它的特点是热效应为最大，红外线在真空中传播的速度 $c = 3 \times 10^8$m/s，而在介质中传播时，由于介质的吸收和散射作用使它产生衰减。红外线的衰减遵循如下规律：

$$I = I_0 e^{-Kx} \tag{8-20}$$

式中，I 为通过介质后的通量；I_0 为射到介质时的通量；K 为与介质性质有关的常数；x 为介质的厚度。

（2）红外辐射的性质

金属对红外辐射衰减非常大，一般金属材料基本上不能透过红外线。大多数的半导体材料及一些塑料能透过红外线。液体对红外线的吸收较大，例如薄至 1mm 的水对红外线的透明度很小，厚至 1cm 的水对红外线几乎完全不透明。气体对红外辐射也有不同程度的吸收。

例如大气（含水蒸气、二氧化碳、臭氧及甲烷等）对红外辐射就存在不同程度的吸收，它对波长为 1~5μm 和 8~14μm 之间的红外线是比较透明的，对其他波长的透明度较差。而介质的不均匀，晶体材料的不纯洁，有杂质或悬浮小颗粒等，都会引起对红外辐射的散射。

实践证明，温度越低的物体辐射的红外线波长越长。由此在工业上和军事上根据需要有选择地接收某一定范围的波长，就可以达到测量的目的。

8.3.2 红外探测器

红外探测器即为红外传感器，它是一种能探测红外线的器件。从近代测量技术角度来看，能把红外辐射转换成电量变化的装置，称为红外探测器。

1. 红外探测器的分类

按其工作原理可分为两类，热敏探测器和光子探测器。

（1）热敏探测器

热敏探测器是利用红外辐射的热效应制成的，它采用热敏元器件。而热敏元器件的响应时间长，一般在毫秒数量级以上。另一方面由于在加热过程中，不管什么波长的红外线，只要功率相同，对热敏探测器的加热效果也相同。

假如热敏元器件对各种波长的红外线都能全部吸收，那么热敏探测器对入射辐射的各种波长基本上都具有相同的响应，所以称这类探测器为"无选择性红外探测器"。

与光子探测器相比，热探测器的探测率比光子探测器的峰值探测率低，响应时间长。热探测器的主要优点是响应波段宽，响应范围可扩展到整个红外区域，可以在室温下工作，使用方便，应用仍相当广泛。

热探测器主要类型有热释电型、热敏电阻型、热电偶型和气体型探测器。其中热释电探测器在热探测器中探测率最高，频率响应最宽，所以这种探测器倍受重视，发展很快。

（2）光子探测器

光子探测器是利用红外辐射的光电效应制成的，它是采用光电元器件，因此它的响应时间一般比热敏探测器的响应时间短得多，最短的可达到毫微秒数量级。

此外，要使物体内部的电子改变运动状态，入射辐射的光子能量必须足够大，它的频率必须大于某一值，换句话说，就是能引起光电效应的辐射存在一个最长的波长限度。

由于这类探测器是以光子为单元起作用的，只要光子的能量足够，相同数目的光子基本上具有相同的效果，因此这类探测器常常被称为"光子探测器"。

光子探测器主要是采用光电传感器，分为光电管、光敏电阻、光电晶体管及光生伏特元器件等几类。

光子探测器的主要特点是灵敏度高，响应速度快，具有较高的响应频率，但探测波段较窄，一般需在低温下工作。

2. 红外探测器的组成

红外探测器是由光学系统、敏感元器件、前置放大器和调制器等组成。按光学系统的结构，红外探测器可分为透射式和反射式两类。

（1）透射式红外探测器

透射式红外探测器的光学系统结构图如图 8-51 所示。透射式光学系统的部件是用红外光学材料制成的，根据所用红外波长选择光学材料。

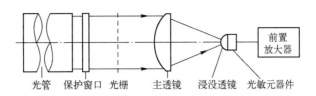

图 8-51　透射式红外探测器的光学系统结构图

一般测 700℃以上高温用波段在 0.76～3μm 的近红外区时,可用一般的光学玻璃和石英等材料;测量 100～700℃的中温度时,用波段在 3～5μm 的中红外区,多数采用氟化镁、氧化镁等热压光学材料;测 100℃以下低温度时,用波段在 5～14μm 的中、远红外区,多数采用锗、硅、热压硫化锌等材料。

此外,还常常需要在镜片表面蒸镀红外增透层,一方面滤去不需要的波段,另一方面增大有用波段的透过率。由于红外辐射的透射损失,一般透射系统中包含的透镜在两片以上者,是极少见的。

(2) 反射式红外探测器

反射式红外探测器的光学系统结构图如图 8-52 所示。

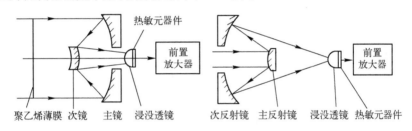

图 8-52　反射式红外探测器的光学系统结构图

采用反射式光学系统主要是因为获得透射红外波段的光学玻璃材料比较困难,此外反射系统还可以做成大口径的镜子。但是在加工方面,反射式比透射式要困难得多。

反射式光学系统是多凹面玻璃反射镜,其表面镀金、铝或镍铬等对红外波段反射率很高的材料。为了减小光学像差或为了使用上的方便,通常再加一片次反射镜,使目标辐射经二次反射聚焦到接收元器件上。

8.3.3　红外传感器的应用

红外传感器按其应用可分为以下几方面:①红外辐射计,用于辐射和光谱辐射测量。②搜索和跟踪系统,用于搜索和跟踪红外目标,确定其空间位置并对其运动进行跟踪。③热成像系统,可产生整个目标红外辐射的分布图像,如红外图像仪、多光谱扫描仪等。④红外测距和通信系统。⑤混合系统,是指以上各类系统中的两个或多个的组合。

1. 红外测温仪

红外测温仪是利用热辐射体在红外波段的辐射通量来测量温度。当物体的温度低于 1000℃时,它向外辐射的不再是可见光而是红外光,可用红外探测器检测其温度。采用分离出所需波段的滤光片,可使红外测温仪工作在任意红外波段。

图 8-53 所示是目前常见的红外测温仪结构框图。它是光、机、电一体化的红外测温

系统，图中的光学系统是一个固定焦距的透射系统，滤光片一般采用只允许 8～14μm 的红外辐射能通过的材料。步进电动机带动调制盘转动，将被测的红外辐射调制成交变的红外辐射线。

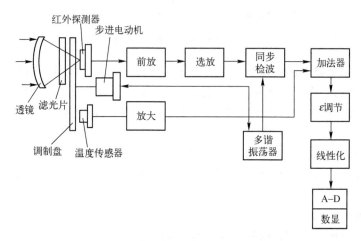

图 8-53　常见的红外测温仪结构框图

红外探测器一般为（钽酸锂）热释电探测器，透镜的焦点落在其光敏面上。被测目标的红外辐射通过透镜聚焦在红外探测器上，红外探测器将红外辐射变换为电信号输出。

红外测温仪电路比较复杂，包括前置放大，选频放大，温度补偿，线性化，发射率（ε）调节等。目前已有一种带单片机的智能红外测温仪，利用单片机与软件的功能，大大简化了硬件电路，提高了仪表的稳定性、可靠性和准确性。

红外测温仪的光学系统可以是透射式，也可以是反射式。反射式光学系统多采用凹面玻璃反射镜，并在镜的表面镀金、铝、镍或铬等对红外辐射反射率很高的金属材料。

2. 红外线气体分析仪

红外线气体分析仪是根据气体对红外线具有选择性吸收的特性来对气体成分进行分析。不同气体的吸收波段（吸收带）不同，图 8-54 给出了几种气体对红外线的透射光谱。

从图中可以看出，CO 气体对波长为 4.65μm 附近的红外线具有很强的吸收能力，CO_2 气体则在 2.78μm 和 4.26μm 附近以及波长大于 13μm 的范围，对红外线有较强的吸收能力。如分析 CO 气体，则可以利用 4.26μm 附近的吸收波段进行分析。

图 8-55 是工业用红外线气体分析仪的结构原理图。它由红外线辐射光源、气室、红外探测器及电路等部分组成。

光源由镍铬丝通电加热发出 3～10μm 的红外线，切光片将连续的红外线调制成脉冲状的红外线，以便于红外探测器检测。测量气室中通入被分析气体，参比气室中封入不吸收红外线的气体（如 N_2 等）。

红外探测器是薄膜电容型，它有两个吸收气室，充以被测气体，当它吸收了红外辐射能量后，气体温度升高，导致室内压力增大。

测量时（如分析 CO 气体的含量），两束红外线经反射、切光后射入测量气室和参比气室。由于测量气室中含有一定量的 CO 气体，该气体对 4.65μm 的红外线有较强的吸收能力，而参比气室中气体不吸收红外线，这样射入红外探测器两个吸收气室的红外线光造成能量差异，使两吸收室压力不同，测量边的压力减小，于是薄膜偏向定片方向，改变了薄膜电容两电极间的距离，也就改变了电容 C。

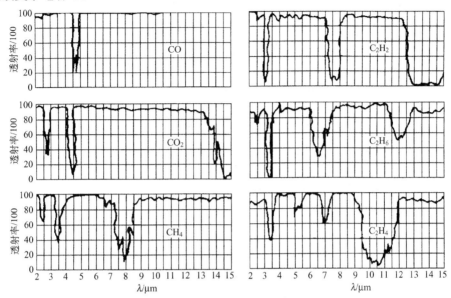

图 8-54　几种气体对红外线的透射光谱

被测气体的浓度越大，两束光强的差值也越大，则电容的变化也越大，因此电容变化量反映了被分析气体中被测气体的浓度。

图 8-55 所示结构中还设置了滤波气室。它是为了消除干扰气体对测量结果的影响。所谓干扰气体，是指与被测气体吸收红外线波段有部分重叠的气体，如 CO 气体和 CO_2 气体在 4～5μm 波段内红外吸收光谱有部分重叠，则 CO_2 的存在对分析 CO 气体带来影响，这种影响称为干扰。为此，在测量边和参比边各设置了一个封有干扰气体的滤波气室，它能将 CO_2 气体对应的红外线吸收波段的能量全部吸收，因此左右两边吸收气室的红外线能量之差只与被测气体（如 CO）的浓度有关。

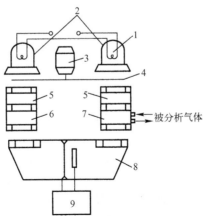

图 8-55　工业用红外线气体分析仪的结构原理图

1—光源　2—抛物体反射镜　3—同步电动机　4—切光片　5—滤波气室
6—参比气室　7—测量气室　8—红外探测器　9—放大器

3. 红外无损探伤

利用红外探测器检查加工部件内部的缺陷，也是红外测温的一种应用，而且是一种很巧妙的应用。例如 A、B 两块金属板焊接在一起，其交界面是否焊接良好，有没有漏焊的部位，必须检查出来而且又不能使部件受任何损伤。红外测温技术就能完成这样的任务，这就是"红外无损探伤技术"。

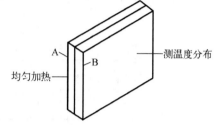

图 8-56　红外无损探伤

红外无损探伤如图 8-56 所示，只要均匀地加热平板的一个平面，并测量另一个表面上的温度分布，即可得到焊面是否良好的信息。道理很简单，当 A 面的外表面均匀受热而升高温度时，热量就向 B 面传去，B 面外表面的温度随之升高。如果两板的交界面是均匀接触，则 B 面外表面的热量分布也是均匀一致的。如果交界面的某一部分没有焊接好，热流在这里受到阻碍，B 板外表面相应部位就出现温度异常现象。因此，利用红外测温技术就能够测得部件内部的缺陷。

红外无损探伤的特点是加热和探伤设备都比较简单，能针对各种特殊的需要设计出合适的检测方案，因此它的应用范围比较广泛，例如金属、陶瓷、塑料及橡胶等材料中的裂缝、孔洞、异物、气泡、截面变形等各种缺陷的探伤，结构的检查，焊接质量的鉴定以及电子元器件和线路的可靠性的检测等，都可以用红外无损探伤来解决。

8.4 激光传感器

激光技术是近代科学技术发展的重要成果之一，目前已被成功应用于精密计量、军事、宇航、医学、生物及气象等各领域。

激光传感器虽然具有各种不同的类型，但它们都是将外来的能量（电能、热能及光能等）转化为一定波长的光，并以光的形式发射出来。激光传感器是由激光发生器、激光接收器及其相应的电路所组成的。

8.4.1 激光的形成原理

激光是媒质的粒子（原子或分子）受激辐射产生的，但它必须具备下述的条件才能得到。

8-8 激光的形成原理

1. 原子的激发与自发辐射

原子在正常分布状态下多处于稳定的低能级状态，如果没有外界的作用，原子可以长期保持这个状态。

原子在得到外界能量后，由低能级向高能级跃迁的过程，叫作原子的激发。

原子处于激发的时间是非常短的，处于激发状态的原子能够很快地跃迁到低能级上去，同时辐射出光子。这种处于激发状态的原子自发地从高能级跃迁到低能级上去而发光，叫作原子的自发辐射，如图 8-57 所示。

进行自发辐射时，各个原子的发光过程互不相关。它们辐射光子的传播方向，以及发光时原子由高能级向哪一个能级跃迁（即发光的频率）等都具有偶然性。因此原子自发辐射的光是一系列不同频率光子的混合。对于光源的大量原子，这些光子的频率只服从于一定的统计规律。

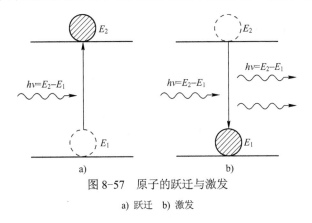

图 8-57 原子的跃迁与激发

a) 跃迁 b) 激发

2．原子的受激辐射

如果处于高能级的原子在外界作用影响下，发射光子而跃迁到低能级上去，这种发光叫作原子的受激辐射。

设原子有能量为 E_1 和 E_2 的两个能级，而且 $E_2 > E_1$，当原子处于 E_2 能级上时，在能量为 $h\nu = E_2 - E_1$ 的入射光子影响下（h 为普朗克常量，$h = 6.626 \times 10^{-34} \mathrm{J \cdot s}$，$\nu$ 为光子的频率），这个原子可发生受激辐射而跃迁到 E_1 能级上去，并发射出一个能量为 $h\nu = E_2 - E_1$ 的光子，如图 8-57b 所示。

在受激辐射过程中，发射光子不仅在能量上（或频率上）和入射光子相同，它们在相位、振动方向和发射方向上也完全一样。

如果这些光子再引起其他原子发生受激辐射，这些原子所发射的光子在相位、发射方向、振动方向和频率上也都和最初引起受激辐射的入射光子相同，如图 8-58a 所示。

这样，在一个入射光子影响下，会引起大量原子的受激辐射，它们所发射的光子在相位、发射方向、振动方向和频率上都完全一样，这一过程也称为光放大，所以在受激发射时原子的发光过程不再是互不相关的，而是相互联系的。

另一方面，能量为 $h\nu = E_2 - E_1$ 的光子在媒质中传播时，也可以被处于 E_1 能级上的粒子所吸收，而使这粒子跃迁到 E_2 能级上去。在此情况下，入射光子被吸收而减少，如图 8-58b 所示。这个过程叫作光的吸收。

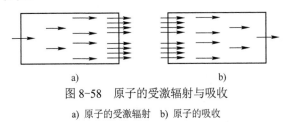

图 8-58 原子的受激辐射与吸收

a) 原子的受激辐射 b) 原子的吸收

光的放大和吸收过程往往是同时进行的，总的结果可以是加强或减弱，这取决于这一对矛盾中哪一方处于支配地位。

3．粒子数反转

当媒质处于热平衡状态时，它的粒子在各能级上的分布遵从一定的统计规律。在恒定的温度下，粒子数按能量的分布用下式表示：

$$N_2 = N_1 \mathrm{e}^{-\frac{E_2 - E_1}{kT}} \qquad (8\text{-}21)$$

式中，N_1，N_2 为 E_1 和 E_2 能级上的粒子数；T 为绝对温度；k 为玻尔兹曼常数。

上述内容说明，对应于 $T>0$ 的任意值，只要 $E_2>E_1$，就有 $N_1>N_2$，即说明处于低能级上的粒子数大于处于高能级上的粒子数。在这种情况下，光吸收是主要的趋势。

要实现光的放大，必须使 $N_2>N_1$。这种不平衡状态分布叫作粒子数反转。

可以通过气体放电或光照射等从外界供给能量的方法来获得粒子数反转分布。图 8-59a 表示媒质中粒子能级的正常分布，媒质中大部分粒子处在低能级（以黑点表示），只有少数粒子处于高能级（以圆圈表示）。而图 8-59b 表示在外界激发的条件下形成了粒子数反转。

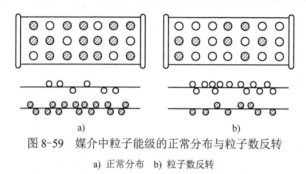

图 8-59　媒介中粒子能级的正常分布与粒子数反转

a) 正常分布　b) 粒子数反转

4. 激光器的光振荡放大

要想产生激光，单靠外界激发而得到的初级受激辐射是不行的。实际的激光器都是由一个粒子数反转的粒子系统（叫作工作物质）和一个光学共振腔组成。

光学共振腔由两端为各种形状的曲面反射镜构成。最简单的光学共振腔是两面相互平行的平面反射镜，镜面对光有很高的反射率，而工作物质封装在有两个反射镜的封闭体中。

当工作物质产生受激辐射时，受激辐射光在两反射镜之间做一定次数往返反射，而每次返回时都经过建立了粒子数反转分布的工作物质，这样使受激辐射一次又一次地加强，光振荡器的工作过程如图 8-60 所示。这样几十次、几百次的往返，直至能获得单方向的强度非常集中的激光输出为止。我们把激光在共振腔内往返放大过程叫作振荡放大。

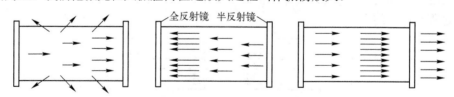

图 8-60　光振荡器的工作过程

被激发的工作物质中的某些原子受激辐射而放出光子，如果发射方向正好和腔轴线平行，则可能在腔内起放大作用。一部分偏离轴线方向的光子则跑出腔外而成为一种损耗。

若光在来回反射过程中，放大作用克服了各种衰减作用（如共振腔的透射、工作物质对光的散射和吸收等），就形成稳定的光振荡而产生激光，以很好的方向沿轴向输出。

在实际应用中，激光器发出的光按受激方法不同，有连续激光器和脉冲激光器之分。前者的激光输出是连续光，如氦氖气体激光器；后者的激光输出是脉冲式的，如固体红宝石激光器,它的持续时间约为 1~2ms,由脉冲氙灯激励。

5. 激光输出

激光光束在激光器的共振腔内往返振荡放大,共振腔内反射镜起着反射光束并使其往返振荡的作用,从光放大角度看,反射率越高,光损失越小,放大效果越好。

在实际设计中,将一侧反射镜设计得尽量使它对激光波长的反射率接近 100%,而另一侧反射镜则稍低一些,比如 98% 以上。这样这一端的透镜将有激光穿透,这一端即为激光的输出端。对于输出端透镜的反射率要适当选择,如果反射率太低,虽然透光能力强了,但对腔内光束损失太大,就会影响振荡器放大倍数,这样输出必然减弱。目前最佳反射率一般在给定激光条件下由实验来确定。

6. 激光的特点

(1)高方向性

高方向性就是高平行度,即光束的发散角小。激光束的发散角已达到几分甚至可小到 1。所以通常称激光是平行光。

(2)高亮度

激光在单位面积上集中的能量很高。一台较高水平的红宝石脉冲激光器亮度达 10^{15}W/($cm^2 \cdot sr$),比太阳的发光亮度高出很多倍。这种高亮度的激光束会聚后能产生几百万摄氏度的高温。在这种高温下,就是最难熔的金属,在一瞬间也会熔化。

(3)单色性好

单色光是指谱线宽度很窄的一段光波。用 λ 表示波长,$\Delta\lambda$ 表示谱线宽度,则 $\Delta\lambda$ 越小,单色性越好。

在普通光源中最好的单色光源是氪(Kr86)灯,它的 λ 为 605.7nm,$\Delta\lambda$ 为 0.00047nm。

而普通的氦氖激光器所产生的激光,$\Delta\lambda$ 为 632.8nm,$\Delta\lambda<10^{-8}$nm。

从上面数字可以看出,激光光谱单纯,波长变化范围小于 10^{-8}nm,与普通光源相比缩小了几万倍。

(4)高相干性

相干性是指相干波在叠加区得到稳定的干涉条纹所表现的性质。相干性有时间相干性和空间相干性。普通光源是非相干光源,而激光是极好的相干光源。时间相干性是指光源在不同时刻发出的光束间的相干性,它与单色性密切相关,单色性好,相干性就好。空间相干性是指光源处于不同空间位置发出的光波间的相干性,一个激光器设计得好,则有无限的空间相干性。

由于激光具有上述特点,因此利用激光可以进行导向,可以做成激光干涉仪测量物体表面的平整度,测量长度、速度、转角;可以切割硬质材料等。

8.4.2 激光器的种类与结构

激光器的种类很多。按其工作物质可以分为气体、液体、固体及半导体激光器。

 8-9 激光器的种类、结构与应用

1. 气体激光器

气体激光器的工作物质是气体,包括各种惰性气体原子、金属蒸气、各种双原子和多原子气体、气体离子等。

气体激光器通常是利用激光管中的气体放电过程来进行激励。光学共振腔一般由一个平面镜和一个球面镜构成，球面的半径要比腔长大一些，平凹腔如图 8-61 所示。

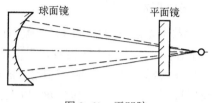

图 8-61　平凹腔

（1）氦氖激光器

氦氖激光器是应用最广泛的气体激光器。它的示意图如图 8-62 所示。它有内腔式（见图 8-62a）、外腔式（见图 8-62b）两种。在放电管内充有一定气压和一定氦氖混合比的气体。

氦氖激光器的转换效率较低，输出功率一般为毫瓦级。

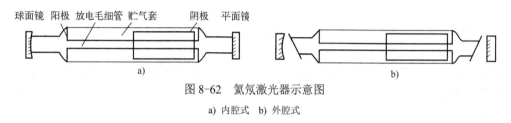

图 8-62　氦氖激光器示意图

a) 内腔式　b) 外腔式

（2）二氧化碳（CO_2）激光器

CO_2 激光器是典型的分子气体激光器，CO_2 激光器示意图如图 8-63 所示。它的工作物质是 CO_2 气体，常加入氮（N_2）、氨（NH_3）及其他辅助气体。最常用的激光波长为 10.6μm 的红外光。CO_2 激光器的能量转换效率很高，可达 10%～30%。它的输出功率大，可有几十到上万瓦。因此，它可用于打孔、焊接及通信等方面。

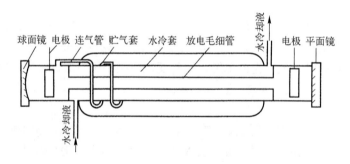

图 8-63　CO_2 激光器示意图

2. 固体激光器

固体激光器的工作物质主要是掺杂晶体和掺杂玻璃，最常用的是红宝石（掺铬）、钕玻璃（掺钕）、钇铝石榴石（掺钕）。

固体激光器的常用激励方式是光激励（简称为光泵），也就是用强光去照射工作物质（一般为棒状，在光学共振腔中，它的轴线与两个反光镜相垂直），使之激发，从而发出激光。

通常用脉冲氙灯、氪弧灯、汞弧灯及碘钨灯等作为光泵源，简称为泵灯。为了有效地利用泵灯的光能，常用的各种聚光腔，如图 8-64 所示。

如果工作物质和泵灯一起放在共振腔内，则腔内壁应镀上高反射率的金属薄层，使泵灯发出的光能集中照射在工作物质上。

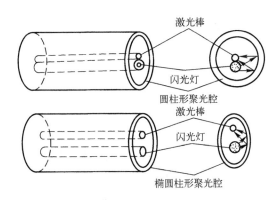

图 8-64　常用的各种聚光腔

红宝石激光器（见图 8-65）是世界上第一台成功运转的激光器。这种激光器在常温下，只能做脉冲运转，而且效率较低。

钕玻璃激光器的效率比红宝石激光器要高，它发出 $1.06\mu m$ 的红外激光。钕玻璃激光器是目前脉冲输出功率最高的器件，通常也只能做脉冲运转。

钇铝石榴石激光器是目前性能最好的固体激光器之一，能连续运转，其连续输出功率可超过 1000W。它发出的激光是波长为 $1.06\mu m$ 的红外光。

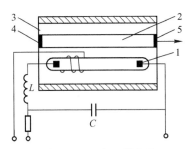

图 8-65　红宝石激光器

1—脉冲氙灯　2—红宝石棒　3—椭圆柱形聚光器　4—全反射镜　5—部分反射镜

3. 半导体激光器

半导体激光器最明显的特点是体积小、重量轻、结构紧凑。一般气体和固体激光器的长度至少几厘米，长的达几米以上。

但半导体激光器本身却只有针孔那么大，长度还不到 1mm，将它装在一个外形类似晶体管的外壳内或在它的两面安装上电极，其质量不超过 2g，因此使用起来十分方便。它可以做成小型激光通信机，或做成装在飞机上的激光测距仪，或装在人造卫星和宇宙飞船上作为精密跟踪和导航用激光雷达。

半导体激光器的工作物质是某些性能合适的半导体材料，如砷化镓（GaAs）、砷磷化镓（GaAs-P）、磷化铟（InP）等。其中砷化镓应用最广，将它做成二极管形式，砷化镓激光器如图 8-66 所示。其主要部分是一个 PN 结，在 PN 结中存在导带和价带，如果把能量加在"价带"中的电子上，此电子就被激发到能量较高的导带上。若注入的能量很大（通常以电流激励来获得），就可以在导带与价带之间形成粒子数的反转分布，于是在注入的大

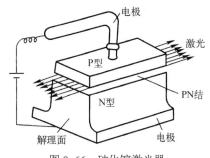

图 8-66　砷化镓激光器

电流作用下，电子与空穴重新复合，这时能量就以光子的形式释放出，最后通过谐振腔的作用，输出一定频率的激光。

半导体激光器的效率较高，可达 60%～70%，甚至更高一些。但它也有一些缺点，如激光的方向性比较差，输出功率比较小，受温度影响比较大等。

8.4.3　激光传感器的应用

激光多应用于测量和加工等方面，可以实现无触点远距离的测量，而且速度高，精度高，测量范围广，抗光、电干扰能力强，因此激光得到了广泛的应用。下面举几个激光的应用例子。

1. 长度检测

一般应用的干涉测长仪是迈克耳孙干涉仪，其结构图如图 8-67 所示。图中 L_1 为准直透镜；M_B 为半透半反分光镜；M_1、M_2 为反射镜；L_2 是聚光透镜，PM 是光电倍增管。

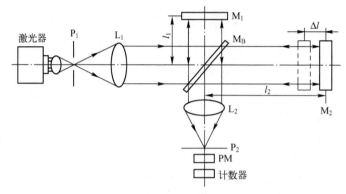

图 8-67　迈克耳孙干涉仪的结构图

从氦氖（He-Ne）激光器发出的光，通过 L_1 变成平行光束，被 M_B 分成两半：一半反射到 M_1，另一半透射到 M_2。被 M_1 和 M_2 反射的两路光又经 M_B 重叠，被 L_2 聚集，穿过 P_2 到达光电倍增管 PM。

设 M_B 到 M_1 和 M_2 的距离分别为 l_1 和 l_2，则被分后再合的两束光的光程差 δ 为

$$\delta=2\,(l_2-l_1)=2\Delta l$$

如果 M_2 沿光轴方向从 $l_2=l_1$ 的点平行移动 Δl 的距离，那么光程差 $\delta=2\Delta l$。

当 $\Delta l=N\cdot\lambda/4$ 时，出现明暗干涉条纹。因此，在移动 M_2 过程中，PM 端计数得到干涉条纹数 N，将 N 乘以 $\lambda/4$，就得到了 M_2 移动的距离 Δl，从而实现了长度检测。

2. 测量车速

车速测量仪采用小型半导体砷化镓（GaAs）激光器，其发散角在 15°～20° 之间，发光波长为 0.9μm。测车速光路系统如图 8-68 所示。

为了适应较远距离的激光发射和接收，发射透镜采用 ϕ37mm，焦距为 115mm，接收透镜采用 ϕ37mm，焦距为 65mm。砷化镓激光器及光敏器件 3DU33 分别置于透镜的焦点上，砷化镓激光经发射透镜 2 成平行光射出，再经接收透镜 3 会聚于 3DU33。

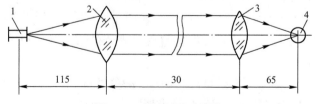

图 8-68　测车速光路系统

1—激光源　2—发射透镜　3—接收透镜　4—光敏器件

为了保证测量精度，在发射镜前放一个宽为 2mm 的狭缝光阑，激光测车速电路框图如图 8-69 所示。

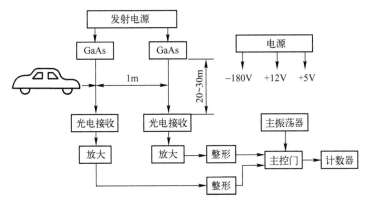

图 8-69　激光测车速电路框图

其测速的基本原理为：当汽车行走的速度为 v，行走的时间为 t 时，则其行走的距离为 $s=v \cdot t$，现选取 $s=1m$。使车行走时先后切割相距 1m 的两束激光，测得时间间隔为 t，即可算出速度。采用计数显示，在主振荡器振荡频率 f 为 100kHz 的情况下，计数器的计数值为 N 时，车速的表达式可写成（v 以 km / h 为单位）：

$$v = \frac{f}{N} \times \frac{3600}{1 \times 10^3} \tag{8-22}$$

式（8-22）就是测速仪的换算式。

8.5　图像传感器

8.5.1　CCD 图像传感器

电荷耦合器件（Charge Couple Device，CCD）是一种金属-氧化物-半导体（MOS）集成电路器件。它以电荷作为信号，基本功能是进行电荷的存储和电荷的转移。

8-10　CCD 图像传感器

CCD 自问世以来，由于其独特的性能而发展迅速，广泛应用于自动控制和自动测量，尤其适用于图像识别技术。CCD 图像传感器由 CCD 制成，是固态图像传感器的一种，是贝尔实验室的 W. S. Boyle 和 G. E. Smith 于 1970 年发明的新型半导体传感器。它是在 MOS 集成电路基础上发展起来的，能进行图像信息光电转换、存储、延时和按顺序传送。它的集成度高、功耗小、结构简单、耐冲击、寿命长、性能稳定，因而被广泛应用。

1. CCD

CCD 是按一定规律排列的 MOS（电容器组成的阵列，CCD 的构造如图 8-70 所示。

在 P 型或 N 型硅衬底上生长一层很薄的 SiO₂，再在 SiO₂ 薄层上依次沉积金属或掺杂多晶硅形成电极，称为栅极。该栅极和 P 型或 N 型硅衬底就形成了规则的 MOS 电容器阵列。再加上两端的输入及输出二极管就构成了 CCD 芯片。

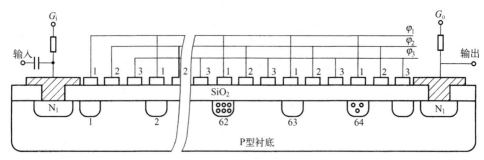

图 8-70　CCD 的构造

每个 MOS 电容器实际上就是一个光敏元件。当光照射到 MOS 电容器的 P 型硅衬底上时，会产生电子空穴对（光生电荷），电子被栅极吸引存储在陷阱中。入射光强，则光生电荷多，入射光弱，则光生电荷少。无光照的 MOS 电容器则无光生电荷。

若停止光照，由于陷阱的作用，电荷在一定时间内也不会消失，可实现对光照的记忆。MOS 电容器可以被设计成线阵或面阵。一维的线阵接收一条光线的照射。二维的面阵接收一个平面的光线的照射。CCD 摄像机、照相机使用的是二维的面阵，面阵 MOS 电容器的光电转换如图 8-71 所示。

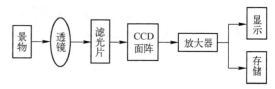

图 8-71　面阵 MOS 电容器的光电转换

CCD 的集成度很高，在一块硅片上制造了紧密排列的许多 MOS 电容器光敏元件。线阵的光敏元器件数目从 256 个到 4096 个或更多。面阵的光敏元器件数目可以是 500×500 个（25 万个），甚至可达 2048×2048 个（约 400 万个）以上，现在已出现 800 万以上的了。

在 CCD 芯片上同时集成有扫描电路，它能在外加时钟脉冲的控制下，产生三相时序脉冲信号，由左到右，由上到下，将存储在整个面阵的光敏元器件下面的电荷逐位、逐行快速地以串行模拟脉冲信号输出。

2. CCD 图像传感器

MOS 电容器实质上是一种光敏元件与移位寄存器合而为一的结构，称为光积蓄式结构，这种结构最简单。但是，因光生电荷的积蓄时间比转移时间长得多，所以再生图像往往产生"拖尾"，图像容易模糊不清。另外，直接采用 MOS 电容器感光虽然有不少优点，但它对蓝光的透过率差，灵敏度低。

现在更多地在 CCD 图像传感器上使用的是光敏元器件与移位寄存器分离式的结构，如图 8-72 所示。

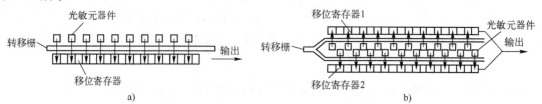

图 8-72　光敏元器件与移位寄存器分离式结构

a）单读示　b）双读示

这种结构采用光电二极管阵列作为感光元件，光电二极管在受到光照时，产生相应于入射光量的电荷。再经过电注入法将这些电荷引入 CCD 电容器阵列的陷阱中，便成为用光电二极管感光的 CCD 图像传感器。它的灵敏度极高，在低照度下也能获得清晰的图像，在强光下也不会烧伤感光面。CCD 电容器阵列在这里只起移位寄存器的作用。图 8-73 所示是分离式的 2048 位 MOS 电容器线阵 CCD 内部框图。

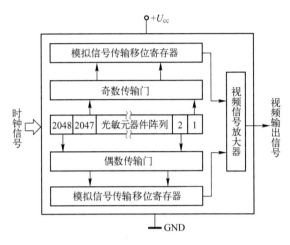

图 8-73　线阵 CCD 内部框图

图 8-73 中移位寄存器被分别配置在光敏元器件线阵的两侧，奇偶数号位的光敏元器件分别与两侧的移位寄存器的相应小单元对应。

这种结构为双读式结构，它与长度相同的分离式相比较，可以获得高出两倍的分辨率。

因为 CCD 移位寄存器的级数仅为光敏单元器件数的一半，可以使 CCD 特有的电荷转移损失大为减少，较好地解决了因转移损失造成的分辨率降低的问题。

面阵固态图像传感器由双读式结构线阵构成，它有多种类型。常见的有行转移（LT）、帧转移（FT）和行间转移（ILT）方式。

3．CCD 图像传感器的应用

CCD 单位面积的光敏元器件位数很多、一个光敏元器件形成一个像素，因而具有成像分辨率高、信噪比大、动态范围大等优点，可以在微光下工作。

彩色图像传感器采用 3 个光电二极管组成一个像素的方法。

被测景物的图像的每一个光点由彩色矩阵滤光片分解为红、绿、蓝 3 个光点，分别照射到每一个像素的 3 个光电二极管上，各自产生的光生电荷分别代表该像素红、绿、蓝 3 个光点的亮度。

经输出和传输后，可在显示器上重新组合，显示出每一个像素的原始彩色。

（1）固态图像传感器特点

固态图像传感器输出信号具有如下特点。

1）与光像位置对应的时间先后性，即能输出时间系列信号。

2）串行的各个脉冲可以表示不同信号，即能输出模拟信号。

3）能够精确反映焦点面信息，即能输出焦点面信号。

（2）固态图像传感器的用途

将不同的光源或光学透镜、光导纤维、滤光片及反射镜等光学元件灵活地与上述 3 个特点组合，可以获得固态图像传感器的各个用途。

1）组成测试仪器，可测量物位、尺寸、工件损伤等。

2）作为光学信息处理装置的输入环节。例如用于传真技术、光学文字识别技术以及图像识别技术、传真、摄像等方面。

3）作为自动流水线装置中的敏感器件。例如可用于机床、自动售货机、自动搬运车以及自动监视装置等方面。

4）作为机器人的视觉器件，监控机器人的运行。

8.5.2 CMOS 图像传感器

CMOS 图像传感器是按一定规律排列的互补型金属-氧化物-半导体场效应晶体管（MOSFET）组成的阵列。

8-11 CMOS
图像传感器

1. CMOS 光电转换器件

以 E 型 NMOS 场效应晶体管 VE_1 作为共源放大管，以 E 型 PMOS 场效应晶体管 VE_2、VE_3 构成的镜像电流源作为有源负载，就构成了 CMOS 型放大器，如图 8-74 所示。

可见，CMOS 型放大器是由 NMOS 场效应晶体管和 PMOS 场效应晶体管组合而成的互补放大电路，CMOS 就叫作互补型金属氧化物半导体。

CMOS 型光电变换器件原理如图 8-75 所示。与 CMOS 型放大器源极相连的 P 型半导体衬底充当光电变换器的感光部分。

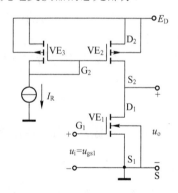

图 8-74 CMOS 型放大器

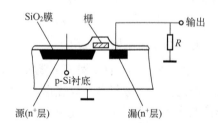

图 8-75 CMOS 型光电变换器件原理

当 CMOS 型放大器的栅源电压 $u_{GS}=0$ 时，CMOS 型放大器处于关闭状态，即 $i_D=0$。

CMOS 型放大器的 P 型衬底受光信号照射产生并积蓄光生电荷，可见，CMOS 型光电变换器件同样有存储电荷的功能。当积蓄过程结束，栅源之间加上开启电压时，源极通过漏极负载电阻对外接电容充电形成电流，即为光信号转换为电信号的输出。

2. CMOS 图像传感器

利用 CMOS 型光电变换器件可以做成 CMOS 图像传感器。但由 CMOS 衬底直接受光信号照射产生并积蓄光生电荷的方式不大采用。现在更多地在 CMOS 图像传感器上使用的是光敏元器件与 CMOS 型放大器分离式的结构。CMOS 线型图像传感器结构如图 8-76 所示。

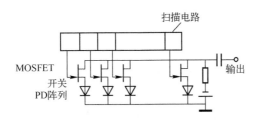

图 8-76 CMOS 线型图像传感器构成

CMOS 线型图像传感器由光电二极管和 CMOS 型放大器阵列以及扫描电路集成在一块芯片上制成。一个光电二极管和一个 CMOS 型放大器组成一个像素。光电二极管阵列在受到光照时，便产生相应于入射光量的电荷。扫描电路以时钟脉冲的时间间隔轮流给 CMOS 型放大器阵列的各个栅极加上电压，CMOS 型放大器轮流进入放大状态，将光电二极管阵列产生的光生电荷放大输出。

CMOS 面型图像传感器则是由光电二极管和 CMOS 型放大器组成的二维像素矩阵，并分别设有 X-Y 水平与垂直选址扫描电路。水平与垂直选址扫描电路发出的扫描脉冲电压，由左到右，由上到下，分别使各个像素的 CMOS 型放大器处于放大状态。二维像素矩阵面上各个像素的光电二极管光生和积蓄的电荷依次放大输出。

3. CMOS 图像传感器的应用

CMOS 图像传感器与 CCD 图像传感器一样，可用于自动控制、自动测量、摄影摄像及图像识别等各个领域。

CMOS 针对 CCD 最主要的优势就是非常省电。CMOS 的耗电量只有普通 CCD 的 1/3 左右。CMOS 图像传感器用于数码相机有助于改善人们心目中数码相机是"电老虎"的不良印象。

CMOS 的主要问题是在处理快速变化的影像时，由于电流变化过于频繁而过热。若暗电流抑制得好就问题不大，若抑制得不好就十分容易出现杂点。

目前 CMOS 传感器基本都是应用在简易型数码相机上，如 Vivitar 公司的 VIVICAM2655 使用的是一块 1/3 英寸 CMOS 芯片，有效分辨率为 640×480 像素。

Mustek 设计制造的 GSmart350 是一款使用 CMOS 为感光元件的数码相机，最大分辨率为 640×480 像素，适用于入门者或单纯的网页设计应用。它非常省电，使用 3 个 1.5V 的 AA 电池，可以持续拍摄 1000 张左右的相片。

随着技术的发展，高像素的 CMOS 传感器已开始商业应用。

8.5.3 图像传感器应用实例

图像传感器在许多领域内获得广泛的应用。图像传感器具有将光像转换为电荷分布，以及电荷的存储和转移等功能，它是构成固态图像传感器的主要光敏器件，取代了摄像装置中的光学扫描系统或电子束扫描系统。

8-12 图像传感器应用实例

图像传感器具有高分辨力和高灵敏度，具有较宽的动态范围，这些特点决定了它可以广泛用于自动控制和自动测量，尤其适用于图像识别技术。图像传感器在检测物体的位置、工件尺寸的精确测量及工件缺陷的检测方面有独到之处。

1. 数码相机

数码相机拍摄的是静止图像。数码相机的基本结构如图8-77所示。

数码相机通常被划分为高端（1000万像素以上）、中端（500万像素以上）与低端（500万像素以下）三种产品。

中端数码相机使用1/2in、500万像素（有效像素为2848×2048像素）的CCD彩色图像传感器，芯片面积为35mm胶片的1/5.35。

现在已有中端数码相机使用的CMOS彩色图像传感器推出。

高端数码相机有使用2/3in、1000万像素（有效像素为4096×2048像素）的CCD芯片，可输出300dpi（每英寸点数）的10.88in×8.16in幅面的相片。

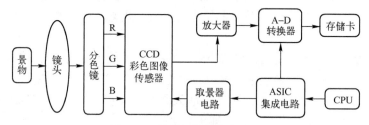

图8-77 数码相机的基本结构

2. 数字摄像机

现在市场上数字摄像机的品种已经很多了，它大多是用CCD彩色图像传感器做成的，可以是线型图像传感器，也可以是面型图像传感器。数字摄像机基本结构如图8-78所示。

对变化的外界景物连续拍摄图片，只要拍摄速度超过24幅/s，则按同样的速度播放这些图片，就可以重现变化的外界景物，这是利用了人的眼睛的视觉暂留原理。

CCD彩色图像传感器在扫描电路的控制下，可将变化的外界景物以25幅/s图像的速度转换为串行模拟脉冲信号输出。

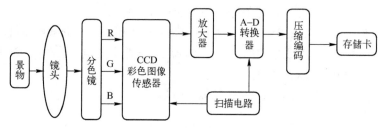

图8-78 数字摄像机基本结构

3. 智能手机的拍照功能

智能手机的拍照功能，目前大都采用CMOS彩色图像传感器。智能手机的照相机功能由相机模组（摄像头）实现。智能手机相机模组组成框图如图8-79所示。

相机模组属于有拍照功能的手机的基本配置，有内置式和外置式两种。外置式通过13芯插头与手机上的插座连接，现在使用的已基本都是内置式。开启面板上的照相功能键后，就可进行照相。

被摄景物通过镜头照射到CMOS彩色图像传感器上。CMOS彩色图像传感器将图像转换为串行模拟脉冲信号，经A-D转换，送DSP数字信号处理器处理。处理后的数字图像信号，以

Y/U/V-4：2：2 的亮度和色度信号比例，送存储卡存储和液晶屏显示。

CMOS 传感器被认为是智能手机的照相机功能的理想解决方案，它的优点是制造成本较 CCD 更低，功耗也低得多（手机可接受的功耗为 80～100mW），速度快。但是 CMOS 摄像头对景物光源的要求要高一些，也无法达到 CCD 那样高的分辨率。

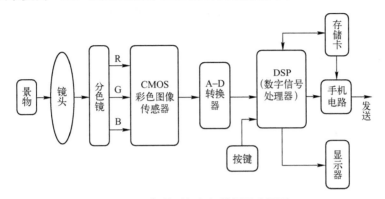

图 8-79　智能手机相机模组组成框图

4. 工件尺寸检测传感器

图 8-80 所示为应用线型 CCD 图像传感器测量工件尺寸系统。被测物体成像聚焦在图像传感器的光敏面上，视频处理器对输出的视频信号进行存储和数据处理，整个过程由微型计算机控制完成。根据几何光学原理，可以推导被测物体尺寸计算公式，即

$$D = \frac{np}{M} \tag{8-23}$$

式中，n 为覆盖的光敏像素数；p 为像素间距；M 为倍率。

微型计算机可对多次测量求平均值，精确得到被测物体的尺寸。任何能够用光学成像的物体都可以用这种方法，实现不接触的在线自动检测的目的。

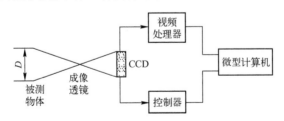

图 8-80　应用线型 CCD 图像传感器测量工件尺寸系统

习题与思考题

1. 光电效应有哪几种？与之对应的光电元器件有哪些？

2. 常用的半导体光电器件有哪些？它们的电路符号怎么表示？

3. 对每种半导体光电器件，画出一种测量电路。

4. 什么是光电器件的光谱特性？

5．光电传感器由哪些部分组成？被测量可以影响光电传感器的哪些部分？

6．模拟式光电传感器有哪几种常见形式？

7．光纤传感器的性能有何特殊之处？

8．光纤传感器主要有哪些应用？

9．红外线温度传感器有哪些主要类型？它与别的温度传感器有什么显著区别？

10．红外线光电开关有哪些优越的开关特性？

11．红外线的特性是什么？它与一般光线有什么不同？

12．红外探测器有几种？它们有什么不同？

13．请用红外传感器设计一台红外防盗装置（画出它的示意图），并说明其工作原理。

14．激光是怎样形成的？它具有哪些特点？

15．激光器有几种？各自的特点是什么？

16．激光器主要用于哪些非电量的检测？有何特点？主要的激光测速仪有哪些？

17．请用激光传感器设计一台激光测量汽车速度的装置（画出示意图），并论述其测速的基本工作原理。

18．分析图8-81所示尺寸测量的工作原理图。

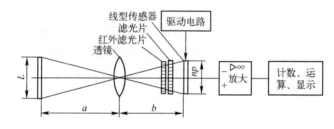

图8-81 尺寸测量的工作原理图

第9章 半导体式传感器技术

9.1 气敏传感器

用半导体气敏元件组成的气敏传感器主要用于工业上天然气、煤气、石油化工等部门的易燃、易爆、有毒、有害气体的监测、预报和自动控制，气敏元件是以化学物质的成分为检测参数的化学敏感元件。

9-1 气敏传感器的原理、结构和种类

9.1.1 气敏电阻的工作原理

1. 气敏电阻的材料

气敏电阻的材料是金属氧化物，在合成材料时，通过化学计量比的偏离和杂质缺陷制成，金属氧化物半导体分为：N 型半导体，如氧化锡（SnO_2）、氧化铁（Fe_2O_3）、氧化锌（ZnO）及氧化钨（WO_3）等；P 型半导体，如氧化钴（CoO）、氧化铅（PbO）、氧化铜（CuO）及氧化镍（NiO）等。为了提高某种气敏元件对某些气体成分的选择性和灵敏度，合成材料时，有时还渗入了催化剂，如钯（Pd）、铂（Pt）及银（Ag）等。

金属氧化物在常温下是绝缘的，制成半导体后却显示气敏特性。

2. 气敏电阻的工作过程

通常气敏电阻工作在空气中，空气中如氧这样的电子兼容性大的气体，接受来自半导体材料的电子而吸附负电荷，结果使 N 型半导体材料的表面空间电荷层区域的传导电子减少，使表面电导减小，从而使元件处于高阻状态。一旦元件与被测还原性气体接触，就会与吸附的氧起反应，将被氧束缚的电子释放出来，敏感膜表面电导增加，使元件电阻减小。

该类气敏元件通常工作在高温状态（200~450℃），目的是为了加速上述的氧化还原反应。

例如用氧化锡制成的气敏元件，在常温下吸附某种气体后，其电导率变化不大，若保持这种气体浓度不变，该元件的电导率随元件本身温度的升高而增加，尤其在 100~300℃范围内电导率变化很大。

显然，半导体电导率的增加是由于多数载流子浓度增加的结果。

SnO_2、ZnO 材料气敏元件输出电压与温度的关系如图 9-1 所示。

3. 气敏电阻的基本测量电阻

由上述分析可以看出，气敏元件工作时需要本身的温度比环境温度高很多。因此，气敏元件结构上有电阻丝加热，结构如图 9-2 所示，1 和 2 是加热电极，3 和 4 是气敏电阻的一对电极。

气敏元件的基本测量电路如图 9-2 所示，图中 E_H 为加热电源，E_C 为测量电源，气敏电阻值的变化引起电路中电流的变化，输出电压（信号电压）由电阻 R_0 上取出。

该气敏元件在低浓度下灵敏度高，而高浓度下趋于稳定值。因此，常用来检查可燃性气体泄漏并报警等。

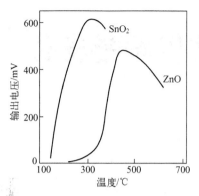

图 9-1　SnO₂、ZnO 材料气敏元件输出电压与温度的关系

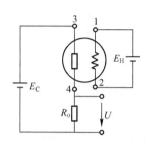

图 9-2　气敏元件的基本测量电路

1、2—加热电极　3、4—气敏电阻的一对电极

9.1.2　气敏元件的结构

气敏电阻元件种类很多，按制造工艺上分烧结型、薄膜型及厚膜型。

1．烧结型气敏元件

将元件的电极和加热器均埋在金属氧化物气敏材料中，经加热成型后低温烧结而成。

目前最常用的是氧化锡（SnO_2）烧结型气敏元件，它的加热温度较低，一般在 200～300℃，SnO_2 气敏半导体对许多可燃性气体，如氢气（H_2）、一氧化碳（CO）、甲烷（CH_4）、丙烷（C_3H_8）及乙醇（C_2H_5OH）等都有较高的灵敏度。

2．薄膜型气敏元件

采用真空镀膜或溅射方法，在石英或陶瓷基片上制成金属氧化物薄膜（厚度为 0.1μm 以下），构成薄膜型气敏元件。

氧化锌（ZnO）薄膜型气敏元件以石英玻璃或陶瓷作为绝缘基片，通过真空镀膜在基片上蒸镀锌金属，用铂或钯膜作为引出电极，最后将基片上的锌氧化。

氧化锌敏感材料是 N 型半导体，当添加铂（Pt）作为催化剂时，对丁烷、丙烷及乙烷等烷烃气体有较高的灵敏度，而对 H_2、CO_2 等气体灵敏度很低。若用钯（Pd）作催化剂时，对 H_2、CO 有较高的灵敏度，而对烷烃类气体灵敏度低。

因此，这种元件有良好的选择性，工作温度在 400～500℃。

3．厚膜型气敏元件

将气敏材料（如 SnO_2、ZnO）与一定比例的硅凝胶混制成能印刷的厚膜胶。把厚膜胶用丝网印刷到事先安装有铂电极的氧化铝（Al_2O_3）基片上，在 400～800℃的温度下烧结 1～2h 便制成厚膜型气敏元件。

用厚膜工艺制成的元件一致性较好，机械强度高，适于批量生产。

以上三种气敏元件都附有加热器，在实际应用时，加热器能使附着在测控部分上的油雾、尘埃等烧掉，同时加速气体氧化还原反应，从而提高元件的灵敏度和响应速度。

9.1.3　气敏传感器的分类

1．气敏传感器的应用场合

气敏传感器是一种把气体中的特定成分检测出来，并将它转换为电信号的器件，可提供有关待测气体的存在及浓度大小的信息。气体传感器应用见表 9-1。

表 9-1 气敏传感器应用

分 类	检测对象气体	应 用 场 合
易燃易爆气体	液化石油气、焦炉煤气、发生炉煤气 天然气 甲烷 氢气	家庭用 煤矿 冶金、试验室
有毒气体	一氧化碳（不完全燃烧的煤气） 硫化氢、含硫的有机化合物 卤素，卤化物，氨气等	煤气灶等 石油工业、制药厂 冶炼厂、化肥厂
环境气体	氧气（缺氧） 水蒸气（调节湿度，防止结露） 大气污染（SO_X，NO_X，CL_2 等）	地下工程、家庭电子设备、 汽车、温室工业区
工业气体	燃烧过程气体控制，调节燃/空比 一氧化碳（防止不完全燃烧） 水蒸气（食品加工）	内燃机，锅炉内燃机、 冶炼厂电子灶
其他灾害	烟雾，司机呼出酒精	火灾预报，事故预报

气敏传感器的性能必须满足下列条件。

1) 能够检测并能及时给出报警、显示与控制信号。

2) 对被测气体以外的共存气体或物质不敏感。

3) 性能稳定性、重复性好。

4) 动态特性好、响应迅速。

5) 使用、维护方便，价格便宜。

2. 气敏传感器及其应用

半导体气敏传感器是利用半导体气敏元器件同气体接触，造成半导体性质变化，来检测气体的成分或浓度的气敏传感器。

半导体气敏传感器大体可分为电阻式和非电阻式两大类。半导体气敏传感器分类见表 9-2。

表 9-2 半导体气敏传感器分类

	主要的物理特性	传感器举例	工 作 温 度	代表性被测气体
电阻式	表面控制型	氧化锡、氧化锌	室温～450℃	可燃性气体
	体控制型	LaI-xSrxCoO₃，FeO 氧化钛、氧化钴、氧化镁、氧化锡	300～450℃ 700℃以上	酒精、可燃性气体、氧气
非电阻式	表面电位	氧化银	室温	乙醇
	二极管整流特性	铂/硫化镉、铂/氧化钛	室温～200℃	氢气、一氧化碳、酒精
	晶体管特性	铂栅 MOS 场效应晶体管	150℃	氢气、硫化氢

电阻式是用 SnO_2、ZnO 等金属氧化物材料制作。非电阻式是一种半导体器件。

（1）表面控制型气敏传感器

平常这类传感器器件工作在空气中，空气中的 O_2 和 NO_2，接受来自 N 型半导体材料敏感膜的电子吸附，表现为 N 型半导体材料敏感膜的表面传导电子数减少，表面电导率减小，器件处于高阻状态。

一旦器件与被测气体接触，就会与吸附的氧起反应，将被氧束缚的电子释放出来，使敏感膜表面电导率增大，器件电阻减少。

目前常用的材料为 SnO_2 和 ZnO 等较难还原的氧化物，也有研究采用有机半导体材料的。

在这类传感器中一般均掺有少量贵金属（如 Pt 等）作为激活剂。这类器件目前已商品化的有 SnO_2、ZnO 等气敏传感器。

（2）体电阻控制型气敏传感器

体阻式气敏传感器是利用体电阻的变化来检测气体的半导体器件。检测对象主要有：液化石油气，主要是丙烷；煤气，主要是 CO、H_2；天然气，主要是甲烷。

例如利用 SnO_2 气敏元件可设计酒精探测器，当酒精气体被检测到时，气敏元件电阻值降低，测量回路有信号输出，提供给电表显示或指示灯发亮。

这类气敏元件工作时要提供加热电源。

（3）非电阻型气敏传感器

二极管气敏传感器是利用一些气体被金属与半导体的界面吸收，对半导体禁带宽度或金属的功函数的影响，而使二极管整流特性发生性质变化而制成。

场效应晶体管 FET 型气敏传感器是根据栅压域值的变化来检测未知气体。

电容型气敏传感器是根据 $CaO-BaTiO_3$ 等复合氧化物随 CO_2 浓度变化、其静电容量有很大变化而制成。

9.1.4 气敏传感器的应用

1. 实用酒精测试仪

图 9-3 所示为实用酒精测试仪的电路。该测试仪只要被试者向传感器吹一口气，便可显示出醉酒的程度，确定被试者是否还适宜驾驶车辆。

9-2 气敏传感器的应用

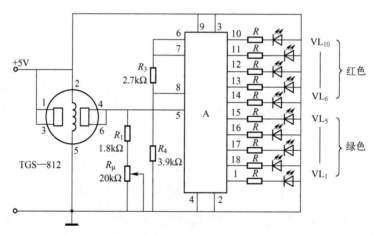

图 9-3　实用酒精测试仪的电路

该气敏传感器选用 SnO_2 气敏器件。当气敏传感器探测不到酒精时，加在 A5 引脚的电平为低电平；当气敏传感器探测到酒精时，其内阻变低，从而使 A5 引脚电平变高。A 为显示推动器，它共有 10 个输出端，每个输出端可以驱动一个发光二极管，显示推动器 A 根据第 5 引脚电压高低来确定依次点亮发光二极管的级数，酒精含量越高则点亮二极管的级数越大。上 5 个发光二极管为红色，表示超过安全水平。下 5 个发光二极管为绿色，代表安全水平，酒精含量不超过 0.05%。

2．气体报警器

图 9-4 所示是一种最简单的家用气体报警器电路。它采用直热式气敏器件 TGS109 作为气敏传感器。当室内可燃气体增加时，由于气敏器件接触到可燃气体而阻值降低，使流经测试回路的电流增加，可直接驱动蜂鸣器（BZ）报警。

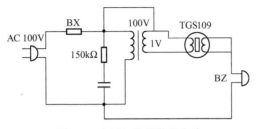

图 9-4　家用气体报警器电路

在设计报警器时，重要的是如何确定开始报警的气体浓度。一般情况下，对于丙烷、丁烷、甲烷等气体，都选定在爆炸下限的 1/10。

3．自动空气净化换气扇

利用 SnO_2 气敏器件可以设计用于空气净化的自动换气扇。图 9-5 所示为自动换气扇电路原理图。

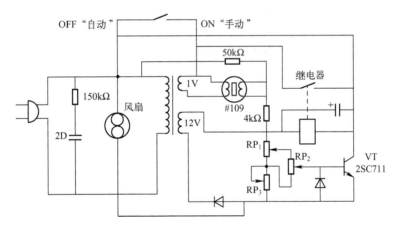

图 9-5　自动换气扇电路原理图

当室内空气污浊，烟雾或其他污染气体使气敏元器件阻值下降，晶体管 VT 导通，继电器动作接通电风扇电源，排放污浊气体，换进新鲜空气。

当室内污浊气体浓度下降到希望的数值时，气敏元器件阻值上升，VT 截止，继电器断开，电风扇电源切断，电风扇停止工作。

9.2　湿敏传感器

湿敏传感器常用于精密仪器、半导体集成电路与元器件制造场所，在气象预报、医疗卫生、食品加工等行业都有广泛的应用。

湿敏传感器是利用空气中的水分子对材料的影响制成的测量空气中水分的传感器,其中比较常用的是半导体陶瓷型的湿敏电阻,此外还有电解质型、有机高分子型等。

9.2.1 湿敏电阻的工作原理

1. 湿敏半导体陶瓷的导电机理

9-3 湿敏传感器的原理、特性和结构

湿敏半导体陶瓷通常是用两种以上的金属氧化物半导体材料混合烧结而成的多孔陶瓷。这些材料有 $ZnO\text{-}LiO_2\text{-}V_2O_5$ 系、$Si\text{-}Na_2O\text{-}V_2O_5$ 系、$TiO_2\text{-}MgO\text{-}Cr_2O_3$ 系、Fe_3O_4 等。前三种材料的电阻率随湿度增加而下降,故称为负特性湿敏半导体陶瓷,最后一种的电阻率随湿度增大而增大,故称为正特性湿敏半导体陶瓷(为叙述方便,有时将半导体陶瓷简称为半导瓷)。

(1)负特性湿敏半导瓷

由于水分子中的氢原子具有很强的正电场,当水在半导瓷表面吸附时,就有可能从半导瓷表面俘获电子,使半导瓷表面带负电。

如果该半导瓷是P型半导体,则由于水分子吸附使表面电势下降。若该半导瓷为N型,则由于水分子的附着也会使表面电势下降。如果表面电势下降较多,不仅使表面层的电子耗尽,同时吸引更多的空穴到达表面层,有可能使到达表面层的空穴浓度大于电子浓度,出现所谓表面反型层,这些空穴称为反型载流子。

它们同样可以在表面迁移而对电导做出贡献,由此可见,不论是N型还是P型半导瓷,其电阻率都随湿度的增加而下降。图9-6表示了几种负特性湿敏半导瓷阻值与湿度的关系。

(2)正特性湿敏半导瓷的导电机理

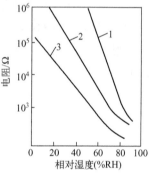

图9-6 几种负特性湿敏半导瓷阻值与湿度的关系

正特性湿敏半导瓷的导电机理认为这类材料的结构、电子能量状态与负特性材料有所不同。当水分子附着半导瓷的表面使电势变负时,导致其表面层电子浓度下降,但还不足以使表面层的空穴浓度增加到出现反型程度,此时仍以电子导电为主。于是,表面电阻将由于电子浓度下降而加大,因此,这类半导瓷材料的表面电阻将随湿度的增加而加大。如果对某一种半导瓷,它的晶粒间的电阻并不比晶粒内电阻大很多,那么表面层电阻的加大对总电阻并不起多大作用。不过,通常湿敏半导瓷材料都是多孔的,表面电导占的比例很大,故表面层电阻的升高,必将引起总电阻值的明显升高;但是,由于晶体内部低阻支路仍然存在,正特性半导瓷的总电阻值的升高没有负特性材料的阻值下降得那么明显。

图9-7给出了 Fe_3O_4 正特性湿敏半导瓷阻值与湿度的关系曲线。

2. 电解质湿敏电阻的工作机理

有些物质置于空气中,其含湿量与周围空气的相对湿度有关,而含湿量大小又引起本身电阻的变化。因此,通过这种原理

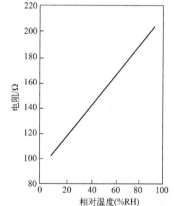

图9-7 Fe_3O_4 正特性湿敏半导瓷阻值与湿度的关系曲线

制作成的传感器可将空气的相对湿度的测量转换为元件电阻值的测量。

　　氯化锂就属于这种在大气中不分解、不挥发，也不变质而具有稳定性质的物质，同时氯化锂在空气中具有很强的吸湿性，且极易溶解于水中。其吸湿量与空气的相对湿度成一定关系，随着空气相对湿度的增减，氯化锂吸湿量也随之变化，只有当水蒸气压力等于周围空气的水蒸气分压力时才处于平衡状态。

　　空气中相对湿度越大，则氯化锂吸收的水分也就越多，其电阻率越小；当氯化锂表面的水蒸气压力高于空气中水蒸气分压力时，氯化锂放出水分，导致电阻增大。氯化锂电阻式感湿元件即湿敏电阻就是利用氯化锂这一特性制成的。

9.2.2　湿敏电阻的主要特性

1．电阻-湿度特性

电阻-湿度特性是指湿敏电阻的阻值随湿度的变化而变化的特性。随着相对湿度的增加，半导体陶瓷的电阻值急剧下降，基本按指数规律下降。在单对数的坐标中，电阻-湿度特性近似呈线性关系。$MgCr_2O_4$-TiO_2 系湿敏传感器的时间响应特性如图 9-10 所示，当相对湿度由 0 变为 80%RH 时，阻值从 $10^7\Omega$ 下降到 $10^4\Omega$，即变化了 3 个数量级。

2．电阻-温度特性

电阻-温度特性是指湿敏电阻的阻值随温度的变化而变化的特性，对于湿度传感器来说这是一个干扰因素。可以通过在不同的温度环境下，分别测量半导体陶瓷湿敏电阻的电阻-湿度特性而取得。从图 9-8 可见，从 20～80℃各条曲线的变化规律基本一致，具有负温度系数，其感湿负温度系数为-0.4%RH/℃。如果要求精确的湿度测量，需要对湿敏传感器进行温度补偿。

3．响应时间

响应时间是在一定温度下，当相对湿度发生跃变时，湿敏传感器的电参量达到稳态变化量的 90%时所需要的时间。$MgCr_2O_4$-TiO_2 系湿度传感器的响应时间特性如图 9-8 所示。根据响应时间的规定，从图 9-8 中可知，响应时间小于 10s。

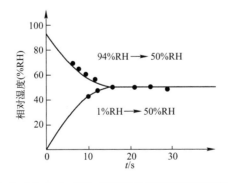

图 9-8　$MgCr_2O_4$-TiO_2 系湿敏传感器的时间响应特性

4．稳定性

制成的 $MgCr_2O_4$-TiO_2 系陶瓷类湿敏传感器，需要进行下列试验。

高温负荷试验（大气中，温度为 150℃，交流电压为 5V，时间为 104h）；高温高湿负荷试验（湿度大于 95%RH，温度为 60℃，交流电压为 5V，时间为 104h）；常温常湿试验（湿度为 10%～90%RH，温度为–10～＋40℃）；油气循环试验（油蒸气↔加热清洗循环为 25 万次，交流电压为 5V）。

经过以上各种试验，大多数陶瓷湿敏传感器仍能可靠地工作，说明稳定性比较好。

9.2.3 湿敏传感器的结构

1. 氧化镁系湿敏元件

氧化镁复合氧化物-二氧化钛（$MgCr_2O_4$-TiO_2）湿敏材料通常制成多孔陶瓷型"湿-电"转换器件，它是负特性半导瓷。$MgCr_2O_4$ 为 P 型半导体，它的电阻率低，阻值温度特性好，氧化镁系湿敏元件结构如图 9-9 所示，在 $MgCr_2O_4$-TiO_2 陶瓷片的两面涂覆有多孔金电极。

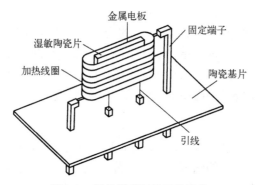

图9-9　氧化镁系湿敏元件结构

金电极与引出线烧结在一起，为了减少测量误差，在陶瓷片外设置由镍铬丝制成的加热线圈，以便对器件加热清洗，排除恶劣环境气氛对器件的污染。整个器件安装在陶瓷基片上，电极引线一般采用铂-铱合金。

$MgCr_2O_4$-TiO_2 陶瓷湿敏元件电阻-湿度关系曲线如图 9-10 所示。可见，传感器的电阻值既随所处环境的相对湿度的增加而减少，又随周围环境温度的变化而有所变化。

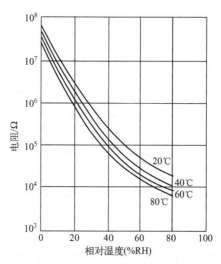

图 9-10　$MgCr_2O_4$-TiO_2 陶瓷湿敏元件电阻-湿度关系曲线

2．氧化锌系湿敏元件

ZnO-Cr$_2$O$_3$ 湿敏元件是将多孔材料的电极烧结在多孔陶瓷圆片的两表面上，并焊上铂引线，然后将湿敏元件装入有网眼过滤的方形塑料盒中用树脂固定而做成的，ZnO 系湿敏元件结构如图 9-11 所示。

ZnO-Cr$_2$O$_3$ 传感器能连续稳定地测量湿度，而无须加热除污装置，因此功耗低于 0.5 W，体积小，成本低，是一种常用测湿传感器。

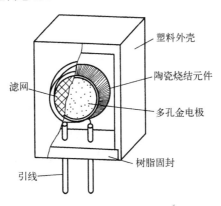

图 9-11　ZnO 系湿敏元件结构

3．氯化锂湿敏元件

氯化锂湿敏电阻是利用吸湿性盐类潮解，离子导电率发生变化而制成的测湿元件。氯化锂湿敏电阻结构如图 9-12 所示，由引线、基片、感湿层与金属电极组成。

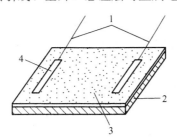

图 9-12　氯化锂湿敏电阻结构

1—引线　2—基片　3—感湿层　4—金属电极

氯化锂通常与聚乙烯醇组成混合体，在氯化锂（LiCl）溶液中，Li 和 Cl 均以正负离子的形式存在，而 Li+ 对水分子的吸引力强，离子水合程度高，其溶液中的离子导电能力与浓度成正比。当溶液置于一定温湿场中，若环境相对湿度高，溶液将吸收水分，使浓度降低，因此，其溶液电阻率增高。反之，环境相对湿度降低时，则溶液浓度升高，其电阻率下降，从而实现对湿度的测量。氯化锂湿敏电阻的电阻-湿度特性曲线如图 9-13 所示。

由图 9-13 可知，在 50%～80% 相对湿度范围内，电阻与湿度的变化基本呈负线性关系。

为了扩大湿度测量的线性范围，可以将多个氯化锂含量不同的器件组合使用，如将测量范围分别为（10%～20%）RH，（20%～40%）RH，（40%～70%）RH，（70%～90%）RH 和（80%～99%）RH 五种器件配合使用，就可自动地转换完成整个湿度范围的湿度测量。

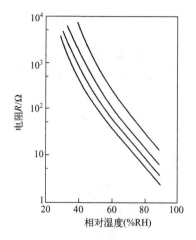

图 9-13　氯化锂湿敏电阻的电阻-湿度特性曲线

氯化锂湿敏电阻的优点是滞后小，不受测试环境风速影响，检测精度高达±5%，但其耐热性差，不能用于露点以下测量，器件性能的重复性不理想，使用寿命短。

9.2.4　湿敏传感器的应用

1. 自动去湿装置

9-4　湿敏传感器的应用

图 9-14 所示为自动去湿装置电路图，H 为湿敏传感器，R_s 为加热电阻丝。在常温常湿情况下调好各电阻值，使 VT_1 导通，VT_2 截止。

当阴雨等天气使室内环境湿度增大而导致 H 的阻值（R_H）下降到某值时，R_H 与 R_2 并联之阻值小到不足以维持 VT_1 导通。由于 VT_1 截止而使 VT_2 导通，其负载继电器通电，常开触点闭合，加热电阻丝 R_s 通电加热，驱散湿气。当湿度减小到一定程度时，电路又翻转到初始状态，VT_1 导通，VT_2 截止，常开触点断开，R_s 断电停止加热。

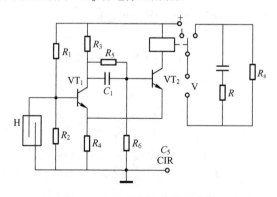

图 9-14　自动去湿装置电路图

2. 直读式湿度计

图 9-15 是直读式湿度计电路图，其中 RH 为湿敏电阻。

由 VT_1、VT_2、T_1 等组成测湿电桥的电源，其振荡频率为 250～1000Hz。电桥输出级变压

器 T_2，C_3 耦合到 VT$_3$，经 VT$_3$ 放大后的信号，由 VD$_1$～VD$_4$ 桥式整流后，输入给微安表，指示出由于相对湿度的变化引起电流的改变，经标定并把湿度刻画在微安表盘上，就成为一个简单而实用的直读式湿度计了。

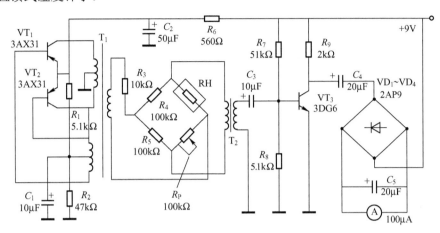

图 9-15　直读式湿度计电路图

9.3　色敏传感器

半导体色敏传感器是半导体光敏感器件中的一种。它是基于内光电效应将光信号转换为电信号的光辐射探测器件。但不管是光电导器件还是光生伏特效应器件，它们检测的都是在一定波长范围内光的强度，或者说光子的数目。而半导体色敏器件则可用来直接测量从可见光到近红外波段内单色辐射的波长。这是近年来出现的一种新型光敏器件。

9-5　色敏传感器

9.3.1　色敏传感器的原理

半导体色敏传感器相当于两只结构不同的光电二极管的组合，故又称光电双结二极管。色敏传感器结构原理及等效电路如图 9-16 所示。为了说明色敏传感器的工作原理，有必要了解光电二极管的工作机理。

对于用半导体硅制造的光电二极管，在受光照射时，若入射光子的能量 $h\nu$ 大于硅的禁带宽度 E_g，则光子就激发价带中的电子跃迁到导带而产生一对电子-空穴。这些由光子激发而产生的电子-空穴统称为光生载流子。

光电二极管的基本部分是一个 P-N 结，产生的光

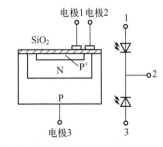

图 9-16　色敏传感器结构原理及等效电路

生载流子只要能扩散到势垒区的边界，其中少数载流子（专指 P 区中的电子和 N 区的空穴）就受势垒区强电场的吸引而被拉向对面区域，这部分少数载流子对电流做出贡献。多数载流子（P 区中的空穴或 N 区中的电子）则受势垒区电场的排斥而留在势垒区的边缘，

光照下的 P-N 结如图 9-17 所示。

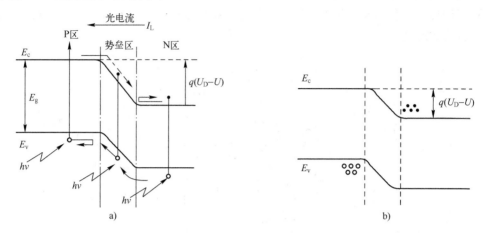

图 9-17　光照下的 P-N 结

a) 能带分布图　b) 势垒分布图

在势垒区内产生的光生电子和光生空穴，则分别被电场扫向 N 区和 P 区，它们对电流也有贡献。用能带图来表示上述过程，如图 9-17a 所示。

图 9-17 中：E_c 表示导带底能量；E_v 表示价带顶能量。"○"表示带正电荷的空穴，"●"表示电子，I_L 表示光电流，它由势垒区两边能运动到势垒边缘的少数载流子和势垒区中产生的电子-空穴对构成，其方向是由 N 区流向 P 区，即与无光照射 P-N 结的反向饱和电流方向相同。

当 P-N 结外电路短路时，这个光电流将全部流过短接回路，即从 P 区和势垒区流入 N 区的光生电子将通过外短接回路全部流到 P 区电极处，与 P 区流出的光生空穴复合。因此，短接时外回路中的电流是 I_L，方向由 P 端经外接回路流向 N 端。

这时，P-N 结中的载流子浓度保持平衡值，势垒高度（图 9-17a 中的 $q(U_D-U)$）也无变化。

当 P-N 结开路或接有负载时，势垒区电场收集的光生载流子便要在势垒区两边积累，从而使 P 区电位升高，N 区电位降低，造成一个光生电动势，如图 9-17b 所示。该电动势使原 P-N 结的势垒高度下降为 $q(U_D-U)$。此即光生电动势，它相当于在 P-N 结上加了正向偏压。只不过这是光照形成的，而不是电源馈送的，这称为光生电压，这种现象就是光生伏特效应。

光在半导体中传播时的衰减是由于价带电子吸收光子而从价带跃迁到导带的结果，这种吸收光子的过程称为本征吸收。硅的本征吸收系数随入射光波长变化的曲线如图 9-18 所示。由图 9-18 可见，在红外部分吸收系数小，紫外部分吸收系数大。这就表明，波长短的光子衰减快，穿透深度较浅，而波长长的光子则能进入硅的较深区域。

对于光电器件而言，还常用量子效率来表征光生电子流与入射光子流的比值大小。其物理意义是指单位时间内每入射一个光子所引起的流动电子数。根据理论计算可以得到，P 区在不同结深时量子效率随波长变化的曲线如图 9-19 所示。图中 x_j 即表示结深。浅的 P-N 结有较好的蓝紫光灵敏度，深的 P-N 结则有利于红外灵敏度的提高，半导体色敏器件正是利用了这一特性。

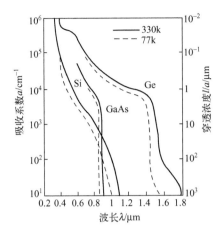
图 9-18　硅的本征吸收系数随入射光波长变化的曲线

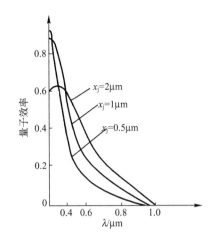
图 9-19　量子效率随波长变化的曲线

这就是说，在半导体中不同的区域对不同的波长分别具有不同的灵敏度。这一特性给我们提供了将这种器件用于颜色识别的可能性，也就是可以用来测量入射光的波长。将两只结深不同的光电二极管组合，就构成了可以测定波长的半导体色敏传感器。如图 9-20 所示。

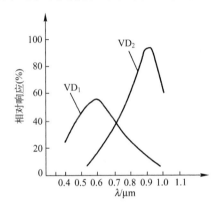
图 9-20　硅色敏管中 VD1 和 VD2 的光谱响应曲线

在具体应用时，应先对该色敏器件进行标定。也就是说，测定不同波长的光照射下，该器件中两只光电二极管短路电流的比值 I_{SD2}/I_{SD1}，I_{SD1} 是浅结二极管的短路电流，它在短波区较大。I_{SD2} 是深结二极管的短路电流，它在长波区较大，因而二者的比值与入射单色光波长的关系就可以确定。

根据标定的曲线，实测出某一单色光时的短路电流比值，即可确定该单色光的波长。

图 9-21 表示了不同结深二极管的光谱响应曲线。图中 VD_1 代表浅结二极管，VD_2 代表深结二极管。

9.3.2　色敏传感器的特性

1. 光谱特性

半导体色敏器件的光谱特性是表示它所能检测的波长范围，不同型号之间略有差别。图 9-21a 所示即为国产 CS-1 型半导体色敏器件的光谱特性，其波长范围为 400~1000nm。

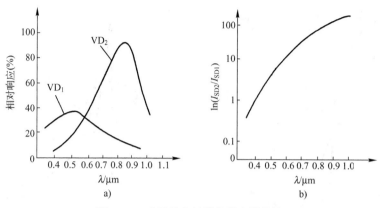

图 9-21　半导体色敏器件的光谱特性

a) 光谱特性图　b) 短路电流比-波长特性

2. 短路电流比-波长特性

短路电流比-波长特性是表征半导体色敏器件对波长的识别能力，是赖以确定被测波长的基本特性。图 9-21b 表示 CS-1 型半导体色敏器件的短路电流比-波长特性曲线。

3. 温度特性

由于半导体色敏器件测定的是两只光电二极管短路电流之比，而这两只光电二极管是做在同一块材料上的，具有相同的温度系数，这种内部补偿作用使半导体色敏器件的短路电流比对温度不十分敏感，所以通常可不考虑温度的影响。

9.3.3　色敏传感器的应用

图 9-22 所示为自动颜色信号处理电路。它由半导体色敏传感器、两路对数电路及运算放大器 OP_3 构成。

要识别色彩，必须获得两个光电二极管的短路电流比。故采用对数放大器电路，在电流比较小的时候，二极管两端加上的电压和流过电流之间存在近似对数关系，即 OP_1、OP_2 输出分别跟 $\ln I_{SD1}$、$\ln I_{SD2}$ 成比例，OP_3 取出它们的差。输出为

$$U_o = C(\ln I_{SD2} - \ln I_{SD1}) = C\ln(I_{SD2}/I_{SD1})$$

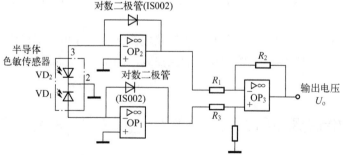

图 9-22　自动颜色信号处理电路

其正比于短路电流比 I_{SD2}/I_{SD1} 的对数。其中 C 为比例常数。将电路输出电压经 A-D 变换，

处理后即可判断出与电平相对应的波长（即颜色）。

习题与思考题

1. 简要说明气敏传感器有哪些种类，并说明它们各自的工作原理和特点。
2. 说明含水量检测与一般的湿度检测的区别。
3. 说明烟雾检测与一般的气体检测的区别。
4. 根据所学知识试画出自动吸排油烟机的电路原理框图，并分析其工作过程。
5. 目前湿度检测研究的主要方向是什么？
6. 举例说明你看到的半导体传感器，画出其功能框图，并分析其工作原理。
7. 湿敏传感器有哪些种类？并说明它们各自的工作原理和特点。
8. 色敏传感器有哪些用途？并说明它们各自的工作原理。

第10章　波式传感器技术

波动是物质运动的重要形式，广泛存在于自然界。被传递的物理量扰动或振动有多种形式，机械振动的传递构成机械波（包括声波、超声波），电磁场振动的传递构成电磁波（包括光波、微波），温度变化的传递构成温度波，晶体点阵振动的传递构成点阵波，自旋磁矩的扰动在铁磁体内传播时形成自旋波，任何一个宏观的或微观的物理量所受扰动在空间传递时都可形成波。

由被测参数的变化引起超声波的某一参量变化制成的传感器称为超声波传感器，由被测参数的变化引起微波的某一参量变化制成的传感器称为微波传感器。

10.1　超声波传感器

超声波传感器是利用超声波的特性，实现自动检测的测量器件。声的发生是由于发声体的机械振动，引起周围弹性介质中质点的振动由近及远的传播，这就是声波，声波是一种机械波。

10.1.1　超声波的基本知识

1. 超声波的物理性质

振动在弹性介质内的传播称为波动，简称为波。人类能听到的声音是由物体振动产生的，频率在 20Hz～20kHz 范围内。超过 20kHz 的称为超声波，低于 20Hz 的称为次声波。声波频率范围分布图如图 10-1 所示。

10-1　超声波的基本知识

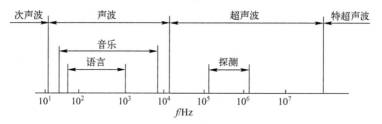

图 10-1　声波频率范围分布图

检测常用的超声波频率范围为几十千赫兹～几十兆赫兹。

超声波是一种在弹性介质中的机械震荡。当超声波由一种介质入射到另一种介质时，由于在两种介质中传播速度不同，在介质面上会产生反射、折射和波形转换等现象。

（1）超声波的传播

由于声源在介质中施力方向与波在介质中传播方向的不同，声波的波形也不同。通常有纵波、横波和表面波三种。

1）纵波：质点振动方向与波的传播方向一致的波。

2）横波：质点振动方向垂直于传播方向的波。

3）表面波：质点的振动介于横波与纵波之间，沿着表面传播的波。横波只能在固体中传播，纵波能在固体、液体和气体中传播，表面波随深度增加衰减很快。

为了测量各种状态下的物理量，应多采用纵波。

纵波、横波及其表面波的传播速度取决于介质的弹性常数及介质密度，气体中声速为344m/s，液体中声速为900～1900m/s。

当纵波以某一角度入射到第二介质（固体）的界面上时，除有纵波的反射、折射外，还会发生横波的反射和折射，在某种情况下，还能产生表面波。

超声波的传播速度与介质的密度和弹性特性有关，也与环境条件有关。对于液体，其传播速度 c 为

$$c = \sqrt{\frac{1}{\rho \cdot B_g}} \qquad (10\text{-}1)$$

式中，ρ 为介质的密度；B_g 为绝对压缩系数。

在气体中，传播速度与气体种类、压力及温度有关，在空气中传播速度 c 为

$$c = 331.5 + 0.607t \qquad (10\text{-}2)$$

对于固体，其传播速度 c 为

$$c = \sqrt{\frac{E}{\rho} \frac{1-\mu}{(1+\mu)(1-2\mu)}} \qquad (10\text{-}3)$$

式中，E 为固体的弹性模量；μ 为泊松系数比。

（2）超声波的反射和折射

当超声波从一种介质入射到另一种介质时，在两种介质的分界面上一部分超声波被反射，另一部分透射过界面，在另一种介质内继续传播。这两种情况称之为超声波的反射和折射，如图 10-2 所示。

由物理学可知，当波在界面上产生反射时，入射角 α 的正弦与反射角 α' 的正弦之比等于波速之比。当波在界面处产生折射时，入射角 α 的正弦与折射角 β 的正弦之比等于入射波在第一介质中的波速 c_1 与折射波在第二介质中的波速 c_2 之比，即

$$\frac{\sin a}{\sin \beta} = \frac{c_1}{c_2} \qquad (10\text{-}4)$$

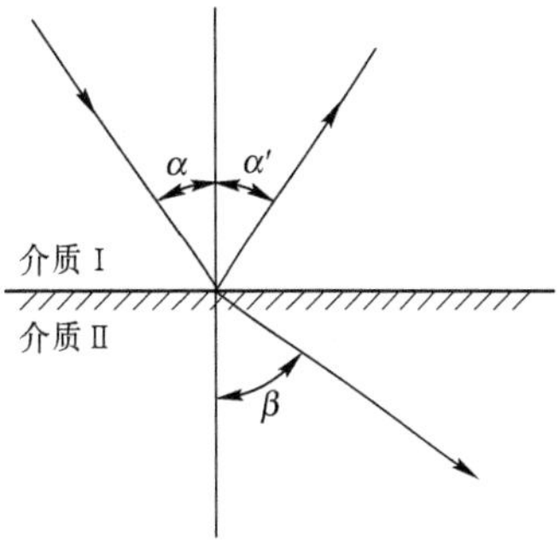

图 10-2　超声波的反射和折射

（3）超声波的衰减

超声波在介质中传播时，随着传播距离的增加，能量逐渐衰减，其衰减的程度与声波的扩散、散射及吸收等因素有关。其声压和声强的衰减规律为

$$P_x = P_0 e^{-\alpha x} \qquad (10\text{-}5)$$

$$I_x = I_0 e^{-2\alpha x} \qquad (10\text{-}6)$$

式中，P_x、I_x 为距声源 x 处的声压和声强；x 为声波与声源间的距离；α 为衰减系数，单位为 Np/m（奈培/米）。

超声波在介质中传播时，能量的衰减决定于声波的扩散、散射和吸收，在理想介质中，超

声波的衰减仅来自于超声波的扩散，即随超声波传播距离增加而引起声能的减弱。散射衰减是固体介质中的颗粒界面或流体介质中的悬浮粒子使超声波散射。吸收衰减是由介质的导热性、黏滞性及弹性滞后造成的，介质吸收声能并转换为热能。

介质中的能量吸收程度与超声波的频率及介质的密度有很大关系。介质的密度 ρ 越小，衰减越快，尤其在频率高时衰减更快。在空气中通常采用频率较低（几十千赫兹）的超声波。在固体、液体中则采用频率较高的超声波。

利用超声波的特性，可做成各种超声波传感器（包括超声波的发射和接收），配上不同的电路，可制成各种超声波仪器及装置，应用于工业生产、医疗、家用电器等行业中。

2. 超声波的发生

（1）压电式超声波发生器

压电式超声波发生器是利用压电晶体的电致伸缩现象制成的。常用的压电材料为石英晶体、压电陶瓷锆钛酸铅等。在压电材料切片上施加交变电压，使它产生电致伸缩振动，而产生超声波。

压电材料的固有频率与晶体片厚度 d 有关，即

$$f = n\frac{c}{2d} \tag{10-7}$$

式中，n=1，2，3，…为谐波的级数；c 为波在压电材料里的传播速度（纵波）：

$$c = \sqrt{\frac{E}{\rho}} \tag{10-8}$$

式中，E 为杨氏模量；ρ 为压电材料的密度。

对于石英晶体：E=7.70；对于锆钛酸铅：E=8.300，因此，压电材料的固有频率为

$$f = \frac{n}{2d}\sqrt{\frac{E}{\rho}} \tag{10-9}$$

根据共振原理，当外加交变电压频率等于晶片的固有频率时，产生共振，这时产生的超声波最强。压电式超声波发生器可以产生 10kHz～100MHz 的高频超声波，产生的声强可达 $10W/cm^2$。

（2）磁致伸缩超声波发生器

磁致伸缩效应的大小，即伸长缩短的程度，不同的铁磁物质其情况不同。镍的磁致伸缩效应最大，它在一切磁场中都是缩短的。如果先加一定的直流磁场，再加以交流电时，它可工作在特性最好的区域。

磁致伸缩超声波发生器把铁磁材料置于交变磁场中，使它产生机械尺寸的交替变化，即机械振动，从而产生超声波。磁致伸缩超声波发生器是用厚度为 0.1～0.4mm 的镍片叠加而成的，片间绝缘以减少涡流电流损失。其结构形状有矩形、窗形等。

磁致伸缩超声波发生器的机械振动固有频率的表达式与压电式超声波发生器的相同，即

$$f = \frac{n}{2d}\sqrt{\frac{E}{\rho}} \tag{10-10}$$

如果振动器是自由的，则 n=1，2，3，…，如果振动器的中间部分是固定的，则 n=1，3，5，…。

磁致伸缩超声波发生器的材料除镍外，还有铁钴钒合金（铁 49%，钴 49%，钒 2%）和含锌、镍的铁氧体。

磁致伸缩超声波发生器只能用在 10kHz 的频率范围以内，但功率可达 10^5W，声强可达 10^3W/cm^2，能耐较高的温度。

3．超声波的接收

在超声波技术中，除了需要能产生一定频率和强度的超声波发生器以外，还需要能接收超声波的接收器。一般的超声波接收器是利用超声波发生器的逆效应进行工作的。

当超声波作用到压电晶片上时，使晶片伸缩，则在晶片的两个界面上产生交变电荷。这种电荷先被转换成电压，经过放大后送到测量电路，最后记录或显示出结果。它的结构和超声波发生器基本相同，有时就用同一个超声波发生器兼作超声波接收器。

磁致伸缩超声波接收器是利用磁致伸缩的逆效应而制成的。当超声波作用到磁致伸缩材料上时，使磁致材料伸缩，引起它的内部磁场（即导磁特性）的变化。根据电磁感应，磁致伸缩材料上所绕的线圈获得感应电动势，并将此电动势送到测量电路及记录显示设备。它的结构也与发生器差不多。

10.1.2　超声波传感器的组成

超声波传感器是利用超声波在超声场中的物理特性和各种效应，用电信号将超声感知的器件。其主要器件是利用各种效应研制的换能装置，有时称作超声波换能器。因而有时传感器和换能器混称或称作是探测器。

10-2　超声波传感器的组成和应用

1．超声波探头

超声波换能器有时也称为超声波探头。超声波探头是完成超声波探测的中心器件，按其工作原理可分为压电式、磁致伸缩式及电磁式等，以压电式最为常用。

压电式超声波探头常用的材料是压电晶体和压电陶瓷，这种传感器统称为压电式超声波探头。它是利用压电材料的压电效应来工作的。利用逆压电效应将高频电振动转换成高频机械振动，从而产生超声波，可作为发射探头；利用正压电效应将超声振动波转换成电信号，可用为接收探头。

超声波探头结构如图 10-3a、图 10-4a 所示，主要由压电晶片、阻尼吸收块、保护膜组成。压电晶片多为圆板形，厚度为 δ。超声波频率 f 与其厚度 δ 成反比。压电晶片的两面镀有银层，作导电的极板。阻尼吸收块的作用是降低晶片的机械品质，吸收声能量。如果没有阻尼吸收块，当激励的电脉冲信号停止时，晶片将会继续振荡，加长超声波的脉冲宽度，使分辨率变差。

2．超声波换能器耦合技术

根据结构不同，超声波探头分为直探头、斜探头、双探头、表面波探头、聚焦探头、水浸探头、空气传导探头以及其他专用探头等。

（1）以固体为传导介质的探头

用于固体介质的单晶直探头（俗称为直探头）的结构如图 10-3a 所示。双晶直探头的结构如图 10-3b 所示。在双探头中，一只压电晶片担任发射超声脉冲的任务，而另一只担任接收超声脉冲的任务。有时为了使超声波能倾斜入射到被测介质中,可选用斜探头,如图10-3c所示。

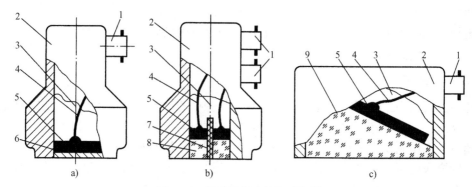

图10-3 超声波探头结构示意图

a) 单晶直探头 b) 双晶直探头 c) 斜探头

1—插头 2—外壳 3—阻尼吸收块 4—引线 5—压电晶体
6—保护膜 7—隔离层 8—延迟块 9—有机玻璃斜楔块

为了减少超声波的换能损失,必须将接触面之间的空气排挤掉,使超声波能顺利地入射到被测介质中。在工业中,经常使用一种称为耦合剂的液体物质,使之充满在接触层中,起到传递超声波的作用。常用的耦合剂有水、机油、甘油、水玻璃、胶水及化学浆糊等。耦合剂的厚度应尽量薄些,以减小耦合损耗。

(2)以空气为传导介质的探头

此类发射器和接收器一般是分开设置的,两者的结构也略有不同。图10-4所示为空气传导型超声波发射器和接收器结构图。发射器的压电片上粘贴了一只锥形共振盘,以提高发射效率和方向性。接收器的共振盘上还增加了一只阻抗匹配器,以提高接收效率。

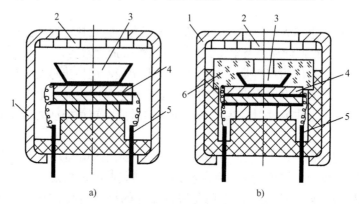

图10-4 空气传导型超声波发射器和接收器结构图

a) 超声波发射器 b) 超声波接收器

1—外壳 2—金属丝网罩 3—锥形共振盘 4—压电晶片 5—引线端子 6—阻抗匹配器

3．超声波传感器的应用类型

超声波传感器的应用有两种基本类型。

1)当超声波发射器与接收器分别置于被测物两侧时称为透射型。透射型可用于遥控器、防盗报警器、接近开关等。

2)当超声波发射器与接收器置于同侧时为反射型,反射型可用于接近开关、测距、测液位或料位、金属探伤以及测厚等。

10.1.3　超声波传感器的应用

1. 超声波物位传感器

超声波物位传感器是利用超声波在两种介质的分界面上的反射特性制成的。

如果从发射超声脉冲开始，到接收换能器接收到反射波为止的这个时间间隔为已知，就可以求出分界面的位置。利用这种方法可以对物位进行测量。根据发射和接收换能器的功能，传感器又可分为单换能器和双换能器。单换能器的超声波发射和接收均使用一个换能器，而双换能器的传感器发射和接收各由一个换能器担任。

图 10-5 给出了几种超声物位传感器的结构示意图。超声波发射和接收换能器可设置在水中，让超声波在液体中传播。由于超声波在液体中衰减比较小，所以即使发生的超声脉冲幅度较小也可以传播。

超声波发射和接收换能器也可以安装在液面的上方，让超声波在空气中传播，这种方式便于安装和维修，但超声波在空气中的衰减比较厉害。

对于单换能器来说，超声波从发射到液面，又从液面反射到换能器的时间为

$$t = \frac{2h}{v} \tag{10-11}$$

$$h = \frac{vt}{2} \tag{10-12}$$

式中，h 为换能器距液面的距离；v 为超声波在介质中传播的速度。

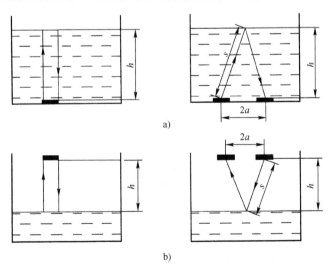

图 10-5　几种超声波物位传感器的结构示意图

a) 换能器在液体中　b) 换能器在空气中

对于双换能器来说，超声波从发射到被接收经过的路程为 $2s$，而

$$s = \frac{vt}{2} \tag{10-13}$$

因此液位高度为

$$h = \sqrt{s^2 - a^2} \tag{10-14}$$

式中，s 为超声波反射点到换能器的距离；a 为两换能器间距的一半。

从以上公式中可以看出，只要测得超声波脉冲从发射到接收的间隔时间，便可以求得待测的物位。超声物位传感器具有精度高和使用寿命长的特点，但若液体中有气泡或液面发生波动，便会有较大的误差。在一般使用条件下，它的测量误差为±0.1%，检测物位的范围为 $10^2 \sim 10^4\mathrm{m}$。

2. 超声波流量传感器

时间差法超声波流量计原理图如图 10-6 所示。在被测管道上下游的一定距离上，分别安装两对超声波发射和接收探头（F_1，T_1）、（F_2，T_2）。其中（F_1，T_1）的超声波是顺流传播的，而（F_2，T_2）的超声波是逆流传播的。

根据这两束超声波在流体中传播速度的不同，采用测量两接收探头上超声波传播的时间差、相位差或频率差等方法，可测量出流体的平均速度及流量。

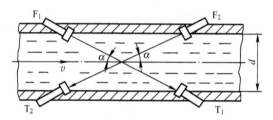

图 10-6　时间差法超声波流量计原理图

（1）时间差法

设顺流方向的传输时间为 t_1，逆流方向的传输时间为 t_2，流体静止时的超声波传输速度为 c，流体流动速度为 v，则

$$t_1 = \frac{L}{c + v \cdot \cos\alpha} \tag{10-15}$$

$$t_2 = \frac{L}{c - v \cdot \cos\alpha} \tag{10-16}$$

$$L = \frac{d}{\sin\alpha} \tag{10-17}$$

$$\Delta t = t_2 - t_1 = \frac{d}{(c - v \cdot \cos\alpha)\sin\alpha} - \frac{d}{(c + v \cdot \cos\alpha)\sin\alpha} = \frac{2dv \cdot \cot\alpha}{c^2 - v^2\cos^2\alpha} \tag{10-18}$$

一般来说，流体的流速远小于超声波在流体中的传播速度，那么超声波传播时间差为

$$\Delta t \approx \frac{2dv}{c^2} \cdot \cot\alpha \tag{10-19}$$

$$v = \frac{c^2}{2d} \tan\alpha \Delta t \tag{10-20}$$

则体积流量约为

$$q_v \approx \frac{\pi}{4}d^2v = \frac{\pi}{8}dc^2\tan\alpha\Delta t \qquad (10\text{-}21)$$

可见，只要知道超声波的速度，通过精确测量时间 t，就可以测量流量。

在实际应用中，超声波传感器安装在管道的外部，从管道的外面透过管壁发射和接收超声波不会给管路内流动的流体带来影响。

（2）频率差法

超声波速度 c 在各种不同的液体中是不同的。即使在同一种液体中，由于温度和压力的不同，其值也是不同的。因为液体中有其他成分的存在及温度的不均匀都会使超声波速度发生变化，引起测量的误差，故在精密测量时，要考虑采取补偿措施。

使用频率差法测流量，则可克服温度的影响。频率差法测流量原理图如图 10-7 所示。F_1、F_2 是完全相同的超声波探头，安装在管壁外面，通过电子开关的控制，交替地作为超声波发射器与接收器使用。

顺流发射频率 f_1 与逆流发射频率 f_2 的频率差 Δf 只与被测流速 v 成正比，而与声速 c 无关。

$$\Delta f = f_1 - f_2 \approx \frac{\sin 2\alpha}{D}v \qquad (10\text{-}22)$$

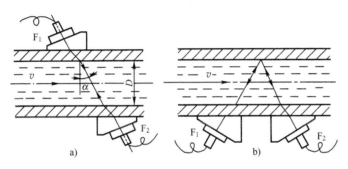

图 10-7　频率差法测流量原理图

a) 透射型安装图　b) 反射型安装图

超声波流量传感器具有不阻碍流体流动的特点，可测流体种类很多，不论是非导电的流体、高黏度的流体、浆状流体，只要是能传输超声波的流体都可以进行测量。

超声波流量计可用来对自来水、工业用水、农业用水等进行测量。还可用于下水道、农业灌溉、河流等流速的测量。

3．超声波探伤

超声波探伤是无损探伤技术中的一种主要检测手段。它主要用于检测板材、管材、锻件和焊缝等材料中的缺陷（如裂缝、气孔、夹渣等），测定材料的厚度，检测材料的晶粒，配合断裂力学对材料使用寿命进行评价等。

对高频超声波，由于它的波长短，不易产生绕射，碰到杂质或分界面就会有明显的反射，而且方向性好，能成为射线而定向传播，在液体、固体中衰减小，穿透本领大。这些特性使得超声波成为无损探伤方面的重要工具。

（1）纵波探伤

高频脉冲发生器产生的脉冲（发射波）加在探头上，激励压电晶体振荡，使之产生超声波。超声波以一定的速度向工件内部传播。一部分超声波遇到缺陷时反射回来；另一部分超声波继续传至工件底面，也反射回来。由缺陷及底面反射回来的超声波被探头接收时，又变为电脉冲。发射波 T、缺陷波 F 及底波 B 经放大后，在显示器荧光屏上显示出来。荧光屏上的水平亮线为扫描线（时间基准），其长度与时间成正比。

由发射波、缺陷波及底波在扫描线的位置，可求出缺陷的位置。由缺陷波的幅度，可判断缺陷大小；由缺陷波的形状，可分析缺陷的性质。当缺陷面积大于声束截面时，声波全部由缺陷处反射回来，荧光屏上只有 T、F 波，没有 B 波。当工件无缺陷时，荧光屏上只有 T、B 波，没有 F 波。超声波纵波探伤如图 10-8 所示。

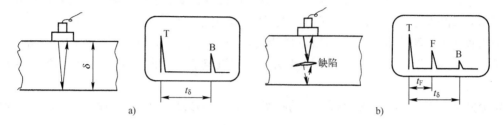

图 10-8 超声波纵波探伤

a) 无缺陷时超声波的反射及显示的波形　b) 有缺陷时超声波的反射及显示的波形

（2）横波探伤

超声波的一个显著特点是超声波波束中心线与缺陷截面积垂直时，探头灵敏度最高。

遇到图 10-9 所示的缺陷时，用直探头探测虽然可探测出缺陷存在，但并不能真实反映缺陷大小。如用斜探头探测，则探伤效果较佳。它是根据超声波进入工件后的能量变化状况，来判别工件内部质量的方法。

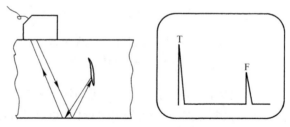

图 10-9 超声波横波探伤

（3）表面波探伤

超声波表面波探伤如图 10-10 所示。当超声波的入射角超过一定值后，折射角可达到 90°，这时固体表面受到超声波能量引起的交替变化的表面张力作用，质点在介质表面的平衡位置附近做椭圆轨迹振动，这种振动称为表面波。

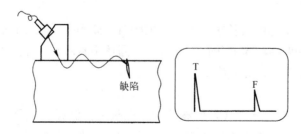

图 10-10 超声波表面波探伤

当工件表面存在缺陷时，表面波被反射回探头，可以在荧光屏上显示出来。

4．超声波测厚度

在超声波测厚技术中，应用较为广泛的是脉冲回波法。

脉冲回波法测量工件厚度原理，主要是测量超声波脉冲通过工件所需的时间间隔，然后根据超声波脉冲在工件中传播的速度求出工件的厚度。

图 10-11 所示为超声波测厚过程，主控制器产生一定频率的脉冲信号，并控制发射电路把它经电流放大后接到超声波发生器上。超声波发生器产生的超声脉冲进入工件后，被底面反射回来，并由同一个超声波发生器接收。接收到的脉冲信号经放大器加至示波器垂直偏转板上。标记发生器输出一定时间间隔的标记脉冲信号，也加到示波器的垂直偏转板上。扫描电压加到示波器的水平偏转板上。

这样，在示波器荧光屏上可以直接观察到发射脉冲和接收脉冲信号。接收间的时间间隔 t，试件的厚度 d 可用下式求出：

$$d = \frac{1}{2}ct \tag{10-23}$$

标记信号一般可以调节，根据测量的要求选择。如果预先用标准试件进行校正，可以根据荧光屏上发射与接收两个脉冲间的标记信号直接读出被测工件的厚度。

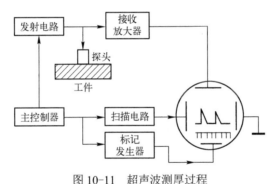

图 10-11　超声波测厚过程

10.2　微波传感器

微波传感器是指利用微波特性来检测一些非电量的器件和装置。由发射天线发射出微波，当遇到被测物体时微波将被吸收或反射，使微波功率发生变化。若利用接收天线，接收到通过被测物或由被测物反射回来的微波，将它转换成电信号，再经过信号调理电路后，即能显示出被测量，这就是微波检测过程。

10-3　微波传感器

10.2.1　微波的基本知识

1．微波的性质与特点

微波是波长为 1mm～1m 的电磁波，它具有以下特点。

1）可定向辐射，空间直线传输。

2）遇到各种障碍物时易于反射。

3）绕射能力差。

4）传输特性好。

5）介质对微波的吸收与介质的介电常数成比例，水对微波的吸收作用最强。

2. 微波振荡器与微波天线

微波振荡器是产生微波的装置。微波波长很短，频率很高（300MHz～300GHz）。

构成微波振荡器的器件有速调管、磁控管或某些固态器件。小型微波振荡器也可以采用场效应晶体管。

为了使发射的微波具有尖锐的方向性，微波天线具有特殊的结构。常见的微波天线如图 10-12 所示，有喇叭形天线，如图 10-12a、b 所示，有抛物面天线，如图 10-12c、d 所示，还有介质线与隙缝天线等。

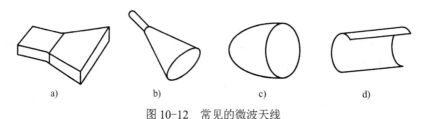

图 10-12　常见的微波天线

a) 扇形喇叭天线　b) 圆锥喇叭天线　c) 旋转抛物面天线　d) 抛物柱面天线

10.2.2　微波传感器的组成

1. 微波传感器的分类

根据工作原理，微波传感器可分为如下两类。

反射式微波传感器是指通过检测被测物反射回来的微波功率的大小或经过的时间间隔来测量被测物的位置、厚度等参数。

遮断式微波传感器是通过检测接收天线接收到的微波功率的大小，来判断发射天线与接收天线之间有无被测物，或被测物的位置与含水量等参数。

2. 微波传感器的构成

微波传感器的敏感元件是微波场。它的其他部分可视为一个转换器和接收器，微波传感器的构成如图 10-13 所示，其中，MS 是微波源；T 是转换器；R 是接收器。

转换器可以是微波场的有限空间，被测物即处于其中。

如果 MS 与 T 合二为一，称之为有源微波传感器。

如果 MS 与 R 合二为一，则称其为自振式微波传感器。

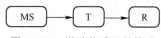

图 10-13　微波传感器的构成

3. 微波传感器的特点

1）实现非接触测量。可以进行活体检测，大部分测量不需要取样。

2）测量速度快、灵敏度高，可以进行动态检测和实时处理，便于自动控制。

3）可以在恶劣环境条件下检测，如高温、高压、有毒、有放射线环境条件。

4）便于实现遥测与遥控。

不过，微波传感器的零点漂移和标定问题尚未很好的解决。而且，使用时外界因素影响较多，如温度、气压、取样位置等。

10.2.3　微波传感器的应用

1. 微波温度传感器

对于任何物体，当它的温度高于环境温度时，都能够向外辐射热量。当该辐射热量到达接收机输入端口时，若仍高于基准温度（或室温），在接收机的输出端将有信号输出，这就是辐射计或噪声温度接收机的基本原理。

微波频段的辐射计就是一个微波温度传感器。图 10-14 给出了微波温度传感器的原理框图。其中 T_{in} 为输入温度（被测温度）；T_c 为基准温度；C 为环行器；BPF 为带通滤波器；LNA 为低噪声放大器；M 为混频器；LO 为本机振荡器。该传感器的关键部件是低噪声放大器，它决定了传感器的灵敏度。

微波温度传感器最有价值的应用是微波遥测，将微波温度传感器装在航天器上，可以遥测大气对流层的状况；可以进行大地测量及探矿；可以遥测水质污染程度；可以确定水域范围；可以判断土质肥沃程度，可以辨别植物品种等。

近年来，微波温度传感器又有新的重要应用——探测人体的癌变组织。癌变组织与周围正常组织之间存在着一个微小的温度差。早期癌变组织比正常组织温度高 0.1℃，如果能精确测量出 0.1℃的温差，就可以发现早期癌变，从而可以早期治疗。

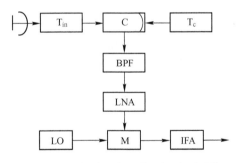

图 10-14　微波温度传感器的原理框图

2. 微波湿度（水分）传感器

水分子是极性分子，常态下成偶极子形式杂乱无章的分布着。在外电场的作用下，偶极子会形成定向的排列。当水分子处于微波场中时，偶极子会在微波场的作用下反复取向，并不断地从电场中得到能量（储能），又不断地释放能量（放能），前者表现为微波信号的相移，后者表现为微波衰减。这个特性可以用水分子自身介电常数 ε 来表征，即

$$\varepsilon=\varepsilon'+\varepsilon'' \tag{10-24}$$

式中，ε'为储能的度量；ε''为衰减的度量。

ε' 与 ε'' 不仅与材料有关，还与测试信号频率有关。所有极性分子均有此特性，一般干燥的物体，如木材、皮革、谷物、纸张及塑料等，其 ε' 值在 1～5 范围内，而水的 ε 值则高达 64，

因此，材料中如果含有少量的水分，其复合的 ε' 值将明显上升，ε'' 也有类似性质。

使用微波传感器，同时测量干燥物体（纯）与含水一定的潮湿物体所引起的微波信号的相移与衰减量，将获得的信号进行比较，就可以换算出潮湿物体的含水量。目前已经研制成土壤、煤、石油、矿砂、酒精、玉米、稻谷、塑料及皮革等含水量测量仪。

图 10-15 给出了一台酒精含水量测量仪框图，其中，MS 产生的微波功率经分功器分成两路，在经过相同的衰减器 A_1、A_2 再分别注入两个完全相同的传输线转换器 T_1、T_2 中。其中 T_1 放置无水酒精，T_2 放置被测样品。相位与衰减测定仪（PT、AT）分别反复接通两路，自动记录与显示它们之间的相位差与衰减差，从而确定出样品酒精的含水量。应该指出，对于颗粒状物料，由于其形状各异、装料不均等影响，测量其含水量时，对微波传感器要求不高。

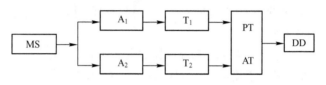

图 10-15　酒精含水量测量仪框图

3. 微波测厚仪

微波测厚仪原理图如图 10-16 所示。这种测厚仪是利用微波在传播过程中遇到被测物金属表面被反射，且反射波的波长与速度都不变的特性进行厚度测量的。

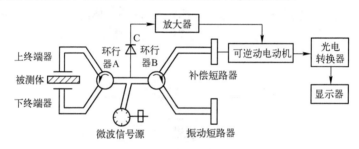

图 10-16　微波测厚仪原理图

如图 10-16 所示，在被测金属物体上下两表面各安装一个终端器。微波信号源发出的微波，经过环行器 A，上传输波导管传输到上终端器，由上终端器发射到被测金属物体的上表面，微波在这个表面被全反射后又回到上终端器，再经上传输导管、环行器 A、下传输波导管传输到下终端器。由下终端器发射到被测金属物体的下表面上，微波在这个表面被全反射后又回到下终端器，再经过传输波导管回到环行器 A。因此，被测物的厚度与微波传输过程中的行程长度有密切关系。当被测物厚度增加时，微波传输的行程长度便减小。

一般情况，微波传输过程的行程长度的变化非常小。为了精确地测量出这一微小行程的变化，通常采用微波自动平衡电桥法。将前面讨论的微波传输行程作为测量臂，完全模拟测量臂微波的传输过程设置一个参考臂（图 10-16 的右部）。若测量臂与参考臂行程完全相同，则反向叠加微波经检波器 C 检波后，输出为零；若两臂行程长度不同，则反射回来的微波的相位角不同，经反射回来后不相互抵消，检波器便有不平衡信号输出。此差值信号经过放大后控制可逆电动机旋转，带动补偿短路器产生位移，可改变补偿短路器的长度，直到两臂行程长度完全相同为止。

习题与思考题

1．什么是纵波、横波和表面波？它们的不同之处是什么？

2．什么是反射定律和折射定律？举例说明如何用这两个定律进行测量？

3．用超声波探头测工件时，往往要在工件与探头接触的表面上加一层耦合剂，这是为什么？

4．请依据已学过的知识设计一个超声波液位计（画出原理框图，并简要说明它的工作原理、优缺点）。

5．超声波发生器种类及其工作原理是什么？它们的各自特点是什么？

6．根据已学过的知识设计一个超声波探伤实用装置（画出原理框图），并简要说明其探伤的工作过程。

7．比较微波传感器与超声波传感器有何异同。

8．超声波有哪些传播特性？

9．根据已学过的知识设计一个微波测行车速度的实用装置（画出原理框图），并简要说明其工作过程。

第11章　数字式传感器技术

前面所涉及的传感器均属于模拟式传感器（例如电阻式传感器、电容式传感器、电感式传感器、压电式传感器、磁电式传感器、热电偶传感器、光电传感器及霍尔传感器等）。这类传感器将诸如压变、压力、位移、温度、光、加速度等被测参数转变为电模拟量（如电流、电压）显示出来。因此，若要用数字显示，就要经过 A-D 转换，这不但增加了投资，且增加了系统的复杂性，降低了系统的可靠性和精确度。

直接采用数字式传感器具有以下优点：精确度和分辨率高；抗干扰能力强，便于远距离传输；信号易于处理和存储；可以减少读数误差；稳定性好，易于与计算机接口等。

因此，本章将学习几种常用数字式位置传感器，如编码器、光栅传感器、磁栅传感器及容栅传感器等，并讨论他们在直线位移和角位移中测量、控制的应用。

11.1　光栅传感器

在一百多年前，人们就开始利用光栅的衍射现象，把光栅应用于光谱分析、测定光波的波长等方面。20 世纪 50 年代，人们利用光栅莫尔条纹现象，把光栅作为测量元件，开始应用于机床和计算仪器上。

由于光栅具有结构原理简单、计量精度高等优点，在国内外受到重视和推广。近年来，我国设计、制造了很多形状的光栅传感器，成功地将其作为数控机床的位置检测元件，并用于高精度机床和仪器的精密定位或长度、速度、加速度及振动等方面的测量。

11.1.1　光栅的基本知识

光栅种类很多，可分为物理光栅和计量光栅。物理光栅主要是利用光的衍射现象，常用于光谱分析和光波波长测定。在检测技术中常用的是计量光栅，主要是利用光的透射和反射现象，进行长度测量和位移测量，有很高的分辨力，可优于 0.1μm。

11-1　光栅的基本知识与莫尔条纹

计量光栅由光源、光栅副、光敏元器件三大部分组成，又称为光栅测量装置，如图 11-1 所示。

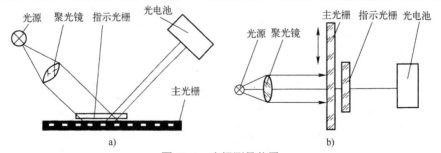

图 11-1　光栅测量装置

a) 反射式光栅　b) 透射式光栅

1．光栅的分类

（1）长光栅和圆光栅

计量光栅按其形状和用途可分为长光栅和圆光栅两类，如图 11-2 和图 11-3 所示。前者用于测量长度，后者可测量角度（有时也可测量长度）。

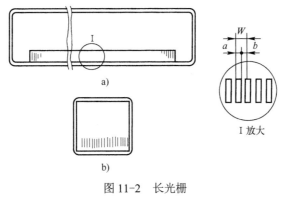

图 11-2　长光栅

a) 主光栅　b) 指示光栅

根据栅线的走向不同，圆光栅分为两种，一种是径向光栅，其栅线的延长线全部通过圆心，如图 11-3a 所示；另一种是切向光栅，其全部栅线与一个同心小圆相切，如图 11-3b 所示，此小圆的直径很小，只有零点几毫米或几个毫米。

（2）透射光栅和反射光栅

根据光线的走向不同，光栅又可分透射光栅和反射光栅。

透射光栅的栅线刻制在透明材料上，主光栅常用工业白玻璃，指示光栅最好用光学玻璃。

反射光栅的栅线刻制在具有强反射能力的金属（如不锈钢）上，或玻璃所镀金属膜（如铝膜）上。

（3）黑白光栅和闪耀光栅

根据栅线的形式不同，光栅又可分为黑白光栅（也称为幅值光栅）和闪耀光栅（也称为相位光栅）。

黑白透射光栅是在玻璃上刻制一系列平行等距的透光缝隙和不透光的栅线，如图 11-2 中的栅线放大图所示。其栅线密度一般为 25～250 线/mm。这种栅线常用照相法复制或直接刻画而成。

黑白反射光栅是在金属镜面上刻制成全反射和漫反射间隔相等的栅线。

反射式光栅线纹形状如图 11-4 所示，栅线形状有不对称型和对称型。

闪耀透射光栅直接在玻璃上刻画而成。

闪耀反射光栅刻画在玻璃的金属膜上或者进行复制。其栅线密度一般为 150～2400 线/mm。

目前，长光栅中有黑白光栅，也有闪耀光栅，而且两者都有透射和反射的。而圆光栅一般只有黑白光栅，主要是透射光栅。

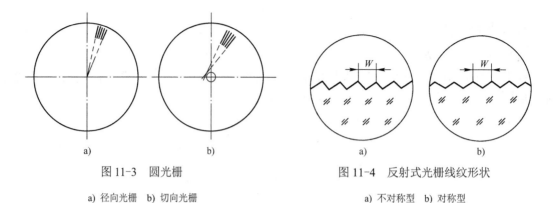

图 11-3 圆光栅

a) 径向光栅 b) 切向光栅

图 11-4 反射式光栅线纹形状

a) 不对称型 b) 对称型

2. 光栅传感器的组成

计量光栅由光源、光栅副、光敏元器件三大部分组成。

（1）光源

光栅传感器的光源通常采用钨丝灯泡和半导体发光器件。

钨丝灯泡输出功率较大，工作范围较宽（-4～+130℃）。但是，与光敏元器件相组合的转换效率低。在机械振动和冲击条件下工作时，使用寿命将降低。

半导体发光器件的转换效率高，响应特征快速。如砷化镓发光二极管，与硅光电晶体管相结合，转换效率最高可达 30%左右。砷化镓发光二极管的脉冲响应速度约为几十纳秒，可以使光源工作在触发状态，从而减小功耗和热耗散。

（2）光栅副

光栅副由标尺光栅（主光栅）和指示光栅组成，标尺光栅和指示光栅的刻线宽度和间距经常完全一样。将指示光栅与标尺光栅叠合在一起，两者之间保持很小的间隙（0.05mm 或0.1mm）。在长光栅中标尺光栅固定不动，而指示光栅安装在运动部件上，所以两者之间可以形成相对运动。

光栅的主要指标是光栅常数。如图 11-2 和图 11-4 中的 W，有

$$a+b=W \tag{11-1}$$

式中，W 为光栅的栅距；a 为栅线宽度；b 为栅线缝隙宽度。通常情况下，$a=b=W/2$。

在图 11-2b 中，a 为栅线宽度，b 为栅线缝隙宽度，相邻两栅线间的距离为 $W=a+b$，W 称为光栅常数（或称为光栅栅距）。有时使用栅线密度 ρ 表示（$\rho=1/W$）。

（3）光敏元器件

光敏元器件一般包括光电池和光电晶体管等。在采用固态光源时，需要选用敏感波长与光源相接近的光敏元器件，以获得高的转换效率。在光敏元器件的输出端，常接有放大器，通过放大器得到足够的信号输出，以防干扰的影响。

11.1.2 莫尔条纹及其测量原理

在光栅的读数理论上，用光栅测量位移时，只要数出测量对象上某一个确定点相对于光栅移过的刻线即可。实际上，由于刻线过密，直接对刻线计数很困难，因而目前利用光栅的莫尔条纹或相位干涉条纹进行计数。

1．长光栅的莫尔条纹

（1）莫尔条纹的产生

莫尔条纹充栅如图 11-5 所示。在透射式直线长光栅中，把光栅常数相等的主光栅与指示光栅的刻线面相对叠和在一起，中间留有很小的间隙，并使两者的栅线保持很小的夹角 θ。在两光栅的刻线重合处，光从缝隙透过，形成亮带；在两光栅刻线的错开处，由于相互挡光作用而形成暗带，于是在近似于垂直栅线方向出现明暗相间的条纹，即在 a-a' 线上形成亮带，在 b-b' 线上形成暗带。这种亮带和暗带形成明暗相间的条纹称为莫尔条纹，条纹方向与刻线方向近似垂直。

对于栅线密度不太大的黑白光栅，其莫尔条纹形成原理可以用几何光学理论加以解释，但对于线纹密度较大的闪耀光栅，由于光栅常数与光波的波长处于同一个数量级甚至更小，其莫尔条纹的形成，必须根据波动光学理论（衍射理论）来解释。由理论研究的结果得知，莫尔条纹是由于重合两块衍射光栅时，衍射光之间发生干涉所形成的。

（2）莫尔条纹的参数

莫尔条纹两个亮条纹之间的宽度为其间距，这是描写莫尔条纹的重要参数。从图 11-5 可以看出，由几何光学理论可以得到长光栅莫尔条纹的斜率可以用下式算出：

$$\tan\alpha = \tan\frac{\theta}{2} \tag{11-2}$$

此时，莫尔条纹间距 B_{H} 为

$$B_{\mathrm{H}} = AB = \frac{BC}{\sin\dfrac{\theta}{2}} = \frac{W}{2\sin\dfrac{\theta}{2}} \approx \frac{W}{\theta} \tag{11-3}$$

式中，W 为光栅常数；θ 为两栅线间相对倾斜角。

可见，莫尔条纹的间距或者叫作宽度 B_{H} 是由光栅常数 W 与光栅夹角 θ 决定的。

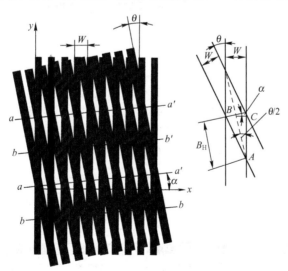

图 11-5　莫尔条纹光栅

（3）莫尔条纹的作用

由于光栅的刻线非常细微，很难分辨到底移动了多少个栅距。而利用莫尔条纹的实际价值

就在于：在光栅的适当位置安装光敏元器件，能让光敏元器件"看清"随光栅刻线移动所带来的光强变化。

当栅尺移动时，栅尺移动一个 W，则莫尔条纹移动一个 B_H；栅尺移动的方向与莫尔条纹移动的方向相对应。

若两光栅常数相等，栅线的相互交角又很小时，说明莫尔条纹的方向与光栅的移动方向只相差 $\theta/2$，即近似于与栅线方向相垂直，故此莫尔条纹又称为横向莫尔条纹。

从式（11-3）看出，莫尔条纹的间距是放大了的光栅栅距。所以，莫尔条纹具有放大效应，若 $W=0.01\text{mm}$、$\theta=0.001\text{rad}$，则 $B_H=10\text{mm}$。

可见，其放大倍数 K 为

$$K = \frac{B_H}{W} = \frac{1}{\theta} = 1000 \tag{11-4}$$

相当于把两尺刻度距离放大 1000 倍。

2. 莫尔条纹的测量原理

当指示光栅沿 x 轴（例如水平方向）自左向右移动时，莫尔条纹的亮带和暗带将顺序自下而上（图 11-5 中的 y 方向）不断地掠过光敏元器件。则光敏元器件"观察"到莫尔条纹的光强变化近似于正弦波变化。光栅移动一个栅距 W，光强变化一个周期。

如果光敏元器件同指示光栅一起移动，当移动时，光敏元器件接收光线受莫尔条纹影响成正弦规律变化，因此光敏元器件产生按正弦规律变化的电流（电压）

（1）幅值光栅测量

当指示光栅相对于光标尺移动时，莫尔条纹沿其垂直方向上、下移动。移过的莫尔条纹数等于移过的光栅的刻线数。沿着莫尔条纹的移动方向放置四枚光电池，其间距为莫尔条纹的 1/4，这样就可产生相位差为 90° 的 4 个信号。通过细分和辨向电路将这些信号进行处理，即可检测位移量及运动方向。因为指示光栅的刻线是相等的，接收的信号仅仅因为光照幅值不同，故称这种光栅为幅值光栅。

（2）相位光栅测量

图 11-6 所示是反射式相位干涉条纹。主光栅与指示光栅的刻线宽度相同，但刻线的距离不相等。若以主光栅的刻线为基准，指示光栅的 4 条刻线依次错开 0°、90°、180°、270°，光电池为水平方向排列，当指示光栅相对于主光栅移动时，光电池各瞬间接受的光通量就不同，产生的电势相位彼此错开 90°。这些信号经过细分和辨向电路的处理，即可测知移动量和移动丈向。由于指示光栅的刻线是按相位排列的，故称这种光栅为相位光栅。

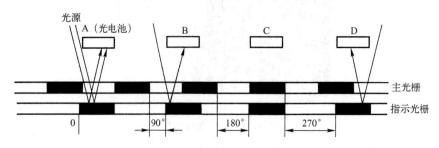

图 11-6　反射式相位干涉条纹

3．莫尔条纹技术的特点

（1）误差平均效应

莫尔条纹是由光栅的大量刻线共同形成的，对光栅的刻画误差有平均作用，从而能在很大程度上消除光栅刻线不均匀引起的误差。刻线的局部误差和周期误差对于精度没有直接的影响。

（2）移动放大作用

莫尔条纹的间距 B_H 是放大了的光栅栅距，它随着指示光栅与主光栅刻线夹角 θ 而改变。θ 越小，B_H 越大，相当于把微小的栅距扩大了 K 倍。由此可见，计量光栅起到光学放大器的作用。调整夹角即可得到很大的莫尔条纹的宽度，既起到了放大作用，又提高了测量精度。因此，可得到比光栅本身的刻线精度高的测量精度。这是用光栅测量和普通标尺测量的主要差别。

（3）方向对应关系

当指示光栅沿与栅线垂直的方向做相对移动时，莫尔条纹则沿光栅刻线方向移动（两者的运动方向相互垂直）；指示光栅反向移动，莫尔条纹亦反向移动。在图 11-5 中，当指示光栅向右移动时，莫尔条纹向上运动。利用这种严格的一一对应关系，根据光敏元器件接收到的条纹数目，就可以知道光栅所移过的位移值。

（4）倍频提高精度

固定位置放置的光敏元器件接收莫尔条纹光强的变化，在理想条件下其输出信号是一个三角波。但由于两光栅之间的空气间隙、光栅的衍射作用、光栅黑白不等以及栅线质量等因素的影响，光敏元器件输出的信号是一个近似的正弦波。莫尔条纹的光强度变化近似正弦变化，便于将电信号做进一步细分，即采用"倍频技术"。这样可以提高测量精度或可以采用较粗的光栅。

（5）直接数字测量

莫尔条纹移过的条纹数与光栅移过的刻线数相等。例如，采用 100 线/mm 光栅时，若光栅移动了 $x$mm（也就是移过了 $100 \times x$ 条光栅刻线），则从光敏元器件面前掠过的莫尔条纹也是 $100 \times x$ 条。因为莫尔条纹比栅距宽得多，所以能够被光敏元器件所识别。将此莫尔条纹产生的电脉冲信号计数，就可知道移动的实际距离。

计量光栅的光学放大作用与安装角度有关，而与两光栅的安装间隙无关。莫尔条纹的宽度必须大于光敏元器件的尺寸，否则光敏元器件无法分辨光强的变化。

例如，对 25 线/mm 的长光栅而言，$W=0.04$mm，若 $\theta=0.016$rad，则 $B_H=2.5$mm.，光敏元器件可以分辨 2.5mm 的间隔，但无法分辨 0.04mm 的间隔。

11.1.3 光栅测量系统

光栅测量系统由机械部分的光栅光学系统和电子电路部分的细分、辨向、显示系统组成。

11-2 光栅测量系统与应用

1．光栅光学系统

光栅光学系统又称为光栅系统，是由照明系统、光栅副及光电接收系统组成。通常将照明系统、指示光栅、光电接收系统（除标尺光栅外）组合在一起组成光栅读数头。从照明系统经光栅副到达光电接收系统的光路，是光栅系统的核心。

（1）垂直透射式光路

垂直透射式光路光栅的工作原理图如图11-7所示，光源1发出的光线经准直透镜2后成为平行光束，垂直投射到光栅上，由主光栅3和指示光栅4形成的莫尔条纹信号直接由光敏元器件5接收。这种光路适用于粗栅距的黑白透射光栅。

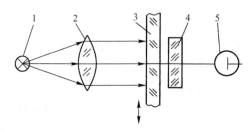

图11-7 垂直透射式光路光栅的工作原理图

1—光源 2—准直透镜 3—主光栅 4—指示光栅 5—光敏元器件

在实际使用中，为了判别主光栅移动的方向、补偿直流电子的漂移以及对光栅的栅距进行细分等，常采用四极硅光电池接收四相信号。这样，当主光栅移过一个栅距，即莫尔条纹移过一个条纹宽度时，四极硅光电池中的各极顺次发出相位分别为 0°、90°、180°、270°的 4 个输出信号。

该光路的特点是结构简单，位置紧凑，调整使用方便，是目前应用比较广泛的一种。

（2）透射分光式光路

透射分光式光路又称为衍射光路，这种光路只适用于细栅距透射光栅，衍射光路光栅的工作原理图如图11-8所示。从光源1发出的光，经准直透镜2变为平行光，并以一定角度射向光栅，经过主光栅3和指示光栅4衍射后，有不同等级的衍射光出射，经透镜5聚焦，由光敏元器件7接收到一定衍射光的莫尔条纹信号。光阑6的作用是选取一定宽度的衍射光带使光敏元器件有较大的输出信号。

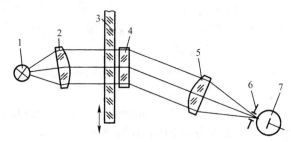

图11-8 衍射光路光栅的工作原理图

1—光源 2—准直透镜 3—主光栅 4—指示光栅 5—透镜 6—光阑 7—光敏元器件

（3）反射式光路

反射式光路光栅的工作原理图如图11-9所示，此光路适合于粗栅距的黑白反射光栅。光源6经聚焦透镜5和场镜3后成为平行光束以一定角度射向指示光栅2，经反射式主光栅1反射后形成莫尔条纹，经反射镜4和物镜7成像在光敏元器件8上。

（4）镜像式光路

镜像式光路光栅的工作原理图如图11-10所示，它不设指示光栅。光源1发出的光线，经半透半反镜 2 和聚光镜 3 后成为平行光束,照射到主光栅 4 上,光栅上的栅线经物镜 5 和反射镜 6 又成像在主光栅上形成莫尔条纹,然后经半透半反镜 2 反射由光敏元器件 7 接收。

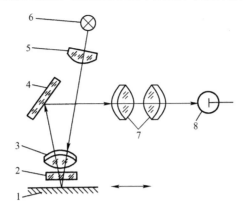

图 11-9　反射式光路光栅的工作原理图

1—反射式主光栅　2—指示光栅　3—场镜　4—反射镜　5—聚光镜　6—光源　7—物镜　8—光敏元器件

　　这种光路不存在光栅间隙问题。同时,光学系统保证了光栅和光栅像按相反方向移动。因此,光栅移过半个栅距,莫尔条纹就变化一个周期,即灵敏度提高了一倍。

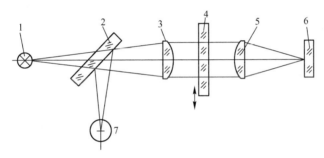

图 11-10　镜像式光路光栅的工作原理图

1—光源　2—半透半反镜　3—聚光镜　4—主光栅　5—物镜　6—反射镜　7—光敏元器件

2．电子电路系统

　　电子电路系统是完成光电接收系统接收来的电信号的处理的部分,由细分电路、辨向电路和显示系统组成。

　　(1)细分原理与电路

　　随着对测量精度要求的提高,要求光栅具有较高的分辨率,减小光栅的栅距可以达到这一目的,但毕竟是有限的。为此,目前广泛地采用内插法把莫尔条纹间距进行细分。所谓细分,就是在莫尔条纹信号变化的一个周期内,给出若干个计数脉冲,减小了脉冲当量。由于细分后,计数脉冲的频率提高了,故又称为倍频。细分提高了光栅的分辨能力,从而提高了测量精度。

　　细分方法可分为两大类:机械细分和电子细分,这里只讨论电子细分的几种方法。

　　1)直接细分法。

　　直接细分法是利用光敏元器件输出的相位差为 90°的两路信号进行四倍频细分,由光栅系统送来的两路相位差为 90°的光电信号，分别经过差动放大，再由射级耦合触发器整形成两路方波。调整射极耦合触发器鉴别电位，使方波的跳变正好在光电信号的 0°、90°、180°、 270°四个相位上发生。电路通过反相器，将上述两种方波各反相一次，这样得到四路方波信号，分别加到微分电路上，就可在 0°、90°、180°、270°处各产生一个脉冲（这里的微分电路是单向的）。未细分与细分的波形比较如图 11-11 所示。

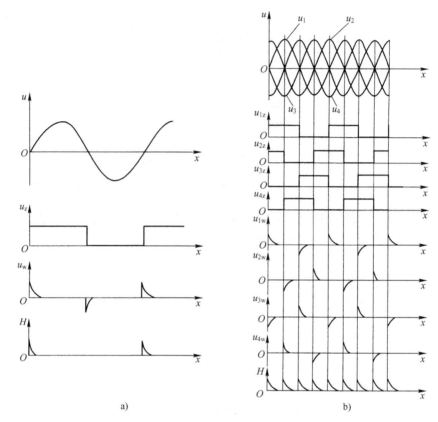

图 11-11　未细分与细分的波形比较

a) 未细分的波形　b) 细分的波形

上述中共用了两个反相器和四个微分电路来得到四个计数脉冲，实际上已把莫尔条纹一个周期的信号进行了四倍频（细分数 $n=4$），把这些细分信号送到一个可逆计数器中进行计数，那么光栅的位移量就被转换成数字量了。

必须指出，因为光栅的移动有正、反两个方向，所以不能简单地把以上四个脉冲直接作为计数脉冲，而应该引入辨向电路。

这种方法的优点是对莫尔条纹信号波形要求不严格，电路简单，可用于静态和动态测量系统。但是其缺点也很明显，光电元件安放困难，细分数不能太高。

2）电阻电桥细分法。

电阻电桥细分法（矢量和法）的基本原理可以用下面的电桥电路来说明。电阻电桥细分法的电路如图 11-12 所示，图中 e_1 和 e_2 分别为从光敏元器件得到的两个莫尔条纹信号电压值，其中，R_1 和 R_2 是桥臂电阻。

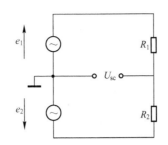

图 11-12　电阻电桥细分法的电路

则有

$$U_{\text{sc}} = \frac{R_2}{R_1 + R_2} e_1 + \frac{R_1}{R_1 + R_2} e_2 \qquad (11\text{-}5)$$

如果电桥平衡，则必有 $U_{\text{sc}} = 0$，即

$$\frac{e_1}{R_1} + \frac{e_2}{R_2} = 0 \qquad (11\text{-}6)$$

莫尔条纹信号是光栅位置状态的正弦函数，令 e_1 与 e_2 的相位差为 π/2，光栅在任意位置时，可以分别写成

$$e_1 = U\sin\theta ;\quad e_2 = U\cos\theta \qquad (11\text{-}7)$$

则式（11-6）可以写成，

$$\frac{\sin\theta}{\cos\theta} = \frac{R_1}{R_2} = \tan\theta \qquad (11\text{-}8)$$

从式（11-8）可见，选取不同的 R_1/R_2 值，就可以得到任意的 θ 值。虽然这样看来，只有在第二和第四象限，才能满足等于零的条件。但是，实际上取正弦、余弦及其反相的 4 个信号，组合起来就可以在 4 个象限内都得到细分。也就是说，通过选择 R_1 和 R_2 的阻值，可以得到任意的细分数。

上述平衡条件是在 e_1 和 e_2 的幅值相等，位置相差 π/2，和信号与光栅位置有着严格的正弦函数关系要求下得出的。因此，它对莫尔条纹信号的波形，两个信号的正交关系以及电路的稳定性都有严格的要求，否则会影响测量精度，带来一定的误差。

采用两个相位差号的信号来进行测量和移相，在测量技术上获得广泛的应用。虽然在具体电路上不完全一样，但都是从这个基本原理出发的。

3）电阻链细分法。

电阻链细分法实际上就是电桥细分，只是结构形式略有不同而已。它的差别是电阻链在取出信号点把总电阻分为两个电阻，而对于这两个电阻，依然是一个细分电桥。对于光敏元器件来说，电阻链细分是一个分压关系，其功率较小，但电阻阻值的调整比较困难。

（2）辨向原理与电路

单个光敏元器件接收一固定点的莫尔条纹信号，只能判别明暗的变化而不能辨别莫尔条纹的移动方向，因而就不能判别运动零件的运动方向，以致不能正确测量位移。

如果能够在物体正向移动时，将得到的脉冲数累加，而物体反向移动时可从已累加的脉冲数中减去反向移动的脉冲数，这样就能得到正确的测量结果。

图 11-13 为辨向电路的原理框图。可以在细分电路之后用"与"门和"或"门，将 0°、90°、180°、270°处产生的 4 个脉冲适当地进行逻辑组合，就能辨别出光栅的运动方向。

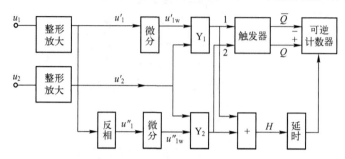

图 11-13 辨向电路的原理框图

当光栅正向移动时，产生的脉冲为加法脉冲，送到计数器中做加法计数；当光栅做反向移动时，产生减法脉冲，送到计数器中做减法计数。这样计数器的计数结果才能正确地反映光栅副的相对位移量。辨向电路各点波形图如图 11-14 所示。

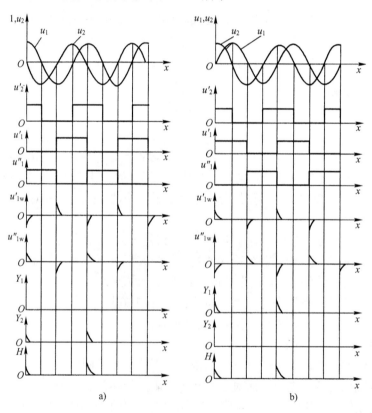

图 11-14 辨向电路各点波形图

a) 正向移动的波形　b) 反向移动的波形

11.1.4　光栅测量系统的应用

光栅测量可以广泛地用于长度与角度的精密测量（如数控机床，测量机等），以及能变为位移的物理量（如震动、应力、应变等）的测量。其特点是：高精度，可达 0.2～0.4μm/m，仅次于激光；高分辨率，可达 0.1μm；大量程，可大于 1m；抗干扰能力强，可实现动态测量。

11.2　数字编码器

数字传感器有计数型和代码型两大类。

计数型又称为脉冲计数型，它可以是任何一种脉冲发生器，所发出的脉冲数与输入量成正比，加上计数器就可以对输入量进行计数。计数型传感器可用来检测通过输送带上的产品个数，也可用来检测执行机构的位移量，这时执行机构每移动一定距离或转动一定角度就会发出一个脉冲信号，例如光栅检测器和增量式光电编码器就是如此。

代码型传感器即绝对值式编码器，它输出的信号是二进制数字代码，每一代码相当于一个一定的输入量之值。代码的"1"为高电平，"0"为低电平，高低电平可用光敏元器件或机械式接触元器件输出。通常被用来检测执行元器件的位置或速度，例如绝对值型光电编码器、接触型编码器等。

相对应地，数字编码器主要分为脉冲盘式（计数型）和码盘式（代码型）两大类。脉冲盘式编码器不能直接输出数字编码，需要增加有关数字电路才可能得到数字编码。码盘式编码器也称为绝对编码器，能直接输出某种码制的数码，它能将角度或直线坐标转换为数字编码，能方便地与数字系统（如微型计算机）联接。

这两种形式的数字传感器，由于它们具有高精度、高分辨率和高可靠性，已被广泛应用于各种位移量的测量。

编码器按其结构可分为接触式、光电式和电磁式三种，后两种为非接触式编码器。

11.2.1　接触式码盘编码器

1．接触式码盘编码器结构与工作原理

11-3　接触式
码盘编码器

接触式码盘编码器由码盘和电刷组成，适用于角位移测量。

码盘利用制造印制电路板的工艺，在铜箔板上制作某种码制（如 8-4-2-1 码、循环码等）图形的盘式印制电路板。接触式 4 位二进制码盘如图 11-15 所示。

电刷是一种活动触头结构，在外界力的作用下，旋转码盘时，电刷与码盘接触处就产生某种码制的数字编码输出。下面以 4 位二进制码盘为例，说明其工作原理和结构。

涂黑处为导电区，将所有导电区连接到高电位（"1"）；空白处为绝缘区，为低电位（"0"）。4 个电刷沿着某一径向安装，4 位二进制码盘上有 4 圈码道，每个码道有一个电刷，电刷经电阻接地。当码盘转动某一角度后，电刷就输出一个数码；码盘转动一周，电刷就输出 16 种不同的 4 位二进制数码。

由此可知，二进制码盘所能分辨的旋转角度为 $\alpha=360/2^n$，若 $n=4$，则 $\alpha=22.5°$。位数越多，可分辨的角度越小，若取 $n=8$，则 $\alpha=1.4°$。当然，可分辨的角度越小，对码盘和电刷的制作和

安装要求越严格。当 n 多到一定位数后（一般为 $n>8$），这种接触式码盘将难以制作。

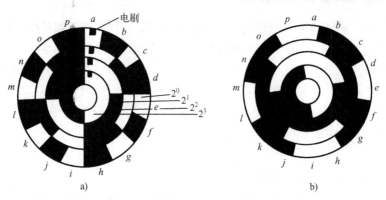

图11-15　接触式4位二进制码盘

a) 8-4-2-1码的码盘　b) 4位循环码的码盘

2. 误差的产生与消除办法

（1）误差的产生

对于 8-4-2-1 码制的码盘，由于电刷安装不可能绝对精确，必然存在机械偏差，这种机械偏差会产生非单值误差。例如，由二进制码 0111 过渡到 1000 时（电刷从 h 区过渡到 i 区），即由 7 变为 8 时，电刷进出导电区的先后可能是不一致的，此时就会出现 8～15 间的某个数字。这就是所谓的非单值误差。

下面讨论如何消除这些非单值误差。

（2）采用循环码（格雷码）

采用循环码制可以消除非单值误差。循环码的特点是任意一个半径径线上只可能一个码道上会有数码的改变，这一特点就可以避免制造或安装不精确而带来的非单值误差。

4 位循环码的码盘结构如图 11-15b 所示。由循环码的特点可知，即使制作和安装不准，产生的误差最多也只是最低位的一个比特。因此采用循环码盘比采用 8-4-2-1 码盘的准确性和可靠性要高得多。

（3）采用扫描法

扫描法有 V 扫描、U 扫描以及 M 扫描三种。它是在最低值码道上安装一个电刷，其他位码道上均安装两个电刷：一个电刷位于被测位置的前边，称为超前电刷；另一个放在被测位置的后边，称为滞后电刷。

若最低位码道有效位的增量宽度为 x，则各位电刷对应的距离依次为 $1x$、$2x$、$4x$、$8x$ 等。这样在每个确定的位置上，最低位电刷输出电平反映了它真正的位值，由于高电位有两只电刷，就会输出两种电平，根据电刷分布和编码变化规律，可以读出真正反映该位置的高位二进制码对应的电平值。

当低一级码道上电刷真正输出的是"1"的时候，高一级码道上的真正输出必须从滞后电刷读出；若低一级码道上电刷真正输出的是"0"，高一级码道上的真正输出则要从超前电刷读出。由于最低位轨道上只有一个电刷，它的输出则代表真正的位置，这种方法就是 V 扫描法。

这种方法的原理是根据二进制码的特点设计的。由于 8-4-2-1 码制的二进制码是从最低位向高位逐级进位的，最低位变化最快，高位逐渐减慢，扫描砝码盘和电刷如图 11-16 所示。

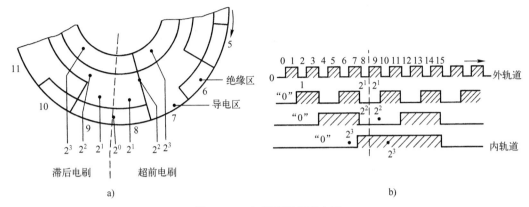

图 11-16　扫描砝码盘和电刷

a) 码盘和电刷布置　b) 码盘结构展开图

当某一个二进制码的第 i 位是 1 时，该二进制码的第 $i+1$ 位和前一个数码的 $i+1$ 位状态是一样的，故该数码的第 $i+1$ 位的真正输出要从滞后电刷读出。相反，当某个二进制码的第 i 位是 0 时，该数码的第 $i+1$ 位的输出要从超前电刷读出。扫描法读出电路如图 11-17 所示。

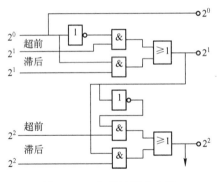

图 11-17　扫描法读出电路

接触式码盘编码器的分辨率受电刷的限制不可能很高；而光电式码盘编码器由于使用了体积小、易于集成的光敏元器件代替机械的接触电刷，其测量精度和分辨率能达到很高水平。

11.2.2　光电式编码器

光电式编码器是一种通过光电转换将输出轴上的机械几何位移量转换成脉冲或数字量的传感器。这是目前应用最多的传感器，光电式编码器是由光栅盘和光电检测装置组成。

11-4　光电式编码器与应用

光栅盘是在一定直径的圆板上等分地开通若干个长方形孔。由于光电码盘与电动机同轴，电动机旋转时，光栅盘与电动机同速旋转，经发光二极管等电子元器件组成的检测装置检测输出若干脉冲信号，光电式编码器原理示意图如图 11-18 所示，通过计算每秒光电编码器输出脉冲的个数就能反映当前电动机的转速。

在发光元件和光电接收元件之间，有一个直接装在转轴上的具有相当数量的透光与不透光扇区的编码盘。当编码盘转动时，就可得到与转角或转速成比例的脉冲电压信号。

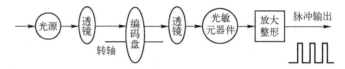

图 11-18　光电式编码器原理示意图

按编码器不同的读数方法、刻度方法及信号输出形式，可分为绝对编码器、增量编码器以及混合式编码器三种。光电式编码器的最大特点是它是非接触式的，因此，它的使用寿命长，可靠性高。

1. 光电式码盘编码器

光电式码盘编码器是一种绝对编码器，几位编码器的码盘上就有几个码道，编码器在转轴的任何位置都可以输出一个固定的与位置相对的数字码。这一点与接触式码盘编码器是一样的。

（1）结构和工作原理

光电式码盘编码器与接触式码盘编码器不同的是光电编码器的码盘采用照相腐蚀工艺，在一块圆形光学玻璃上刻有透光和不透光的码形。在几个码道上，装有相同个数的光电转换元器件代替接触式编码器的电刷，并将接触式码盘上的高、低电位用光源代替。

光电式码盘是目前应用较多的一种，它是在透明材料的圆盘上精确地印制上二进制编码。图 11-19a 所示为 4 位二进制的码盘，码盘上各圈圆环分别代表一位二进制的数字码道，在同一个码道上印制黑白等间隔图案，形成一套编码。

黑色不透光区和白色透光区分别代表二进制的"0"和"1"。在一个 4 位光电码盘上，有 4 圈数字码道，每一个码道表示二进制的一位，里侧是高位，外侧是低位，在 360° 范围内可编数码数为 2^4=16 个。

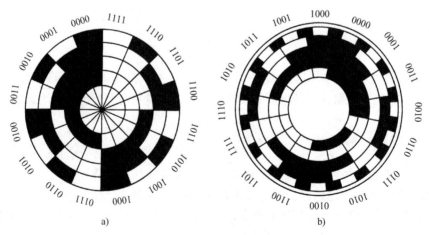

图 11-19　4 位二进制的码盘

a）4 位二进制的码盘　b）带判位光电装置的 4 位二进制循环码盘

工作时，码盘的一侧放置电源，另一边放置光电接收装置，每个码道都对应有一个光电管及放大、整形电路。码盘转到不同位置，光敏元器件接受光信号，并转成相应的电信号，经放大整形后，成为相应数码电信号。但由于制造和安装精度的影响，同样会产生无法估计的数值误差，这种误差称非单值性误差。

光电式编码器与接触式码盘编码器一样，可采用循环码或 V 扫描法来解决非单值误差的问题。

带判位光电装置的二进制循环码盘是在 4 位二进制循环码盘的最外圈再增加一圈信号位。图 11-19b 所示就是带判位光电装置的 4 位二进制循环码盘。该码盘最外圈上的信号位的位置正好与状态交线错开，只有当信号位处的光敏元器件有信号时才读数，这样就不会产生非单值性误差。

（2）用插值法提高分辨率

为了提高测量的精度和分辨率，常规的方法就是增加码盘的码道数，即增加刻线数。但是，由于制造工艺的限制，当刻度数多到一定数量后，就难以实现了。在这样的情况下，可以采用一种用光学分解技术（插值法）来进一步提高分辨率。

例如，若码盘已具有 14 条（位）码道，在 14 位的码道上增加 1 条专用附加码道，用插值法提高分辨率的光电编码器如图 11-20 所示。附加码道的扇形区的形状和光学的几何结构与前 14 位有所差异，且使之与光学分解器的多个光敏元器件相配合，产生较为理想的正弦波输出。附加码道输出的正弦或余弦信号，在插值器中按不同的系数叠加在一起，形成多个相移不同的正弦信号输出。各正弦波信号再经过零比较器转换为一系列脉冲，从而细分了附加码道的光电元件输出的正弦信号。于是产生了附加的低位的几位有效数值。

图 11-20 所示的 19 位光电编码器的插值器产生 16 个正弦波信号。每两个正弦信号之间的相位差为 $\pi/8$，从而在 14 位编码器的最低有效数值间隔内插入了 32 个精确等分点，即相当于附加 5 位二进制数的输出，使编码器的分辨率从 2^{-14} 提高到 2^{-19}，角位移小于 3s。

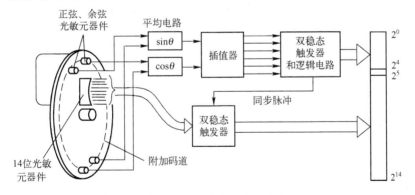

图 11-20　用插值法提高分辨率的光电编码器

2. 光电式脉冲盘编码器

脉冲式编码器又称为增量编码器。增量编码器一般只有 3 个码道，它不能直接产生几位编码输出，故它不具有绝对码盘码的含义，这是脉冲盘式编码器与绝对编码器的不同之处。

（1）结构和工作原理

增量编码器的圆盘上等角距地开有两道缝隙，内外圈（A、B）的相邻两缝错开半条缝宽；另外在某一径向位置（一般在内外两圈之外），开有一狭缝，表示码盘的零位。在它们相对的两侧面分别安装光源和光电接收元件，基于脉冲盘式编码器的数字传感器如图 11-21 所示。

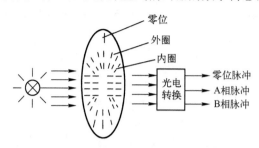

图 11-21　基于脉冲盘式编码器的数字传感器

当转动码盘时，光线经过透光和不透光的区域，每个码道将有一系列光电脉冲由光电元件输出，码道上有多少缝隙每转过一周就将有多少个相差 90°的两相（A、B 两路）脉冲和一个零位（C 相）脉冲输出。增量编码器的精度和分辨率与绝对编码器一样，主要取决于码盘本身的精度，码盘辨向原理图如图 11-22 所示。

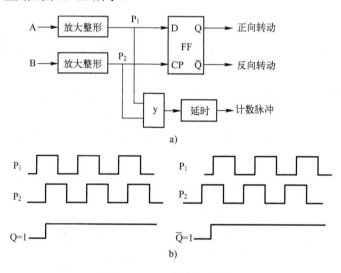

图 11-22　码盘辨向原理图

（2）旋转方向的判别

为了辨别码盘旋转方向，可以采用图 11-22 所示的电路，利用 A、B 两相脉冲来实现。

光电元件 A、B 输出信号经放大整形后，产生 P_1 和 P_2 脉冲。将它们分别接到 D 触发器 FF 的 D 端和 CP 端，由于 A、B 两相脉冲（P_1 和 P_2）脉冲相差 90°，D 触发器 FF 在 CP 脉冲（P_2）的上升沿触发。

正转时 P_1 脉冲超前 P_2 脉冲，FF 的 Q="1"表示正转；当反转时，P_2 超前 P_1 脉冲，FF 的 Q="0"表示反转。可以用 Q 作为控制可逆计数器是正向还是反向计数，即可将光电脉冲变成编码输出。

C 相脉冲接至计数器的复值端，实现每码盘转动一圈复位一次计数器的目的。码盘无论正转还是反转，计数器每次反映的都是相对于上次角度的增量，故这种测量称为增量法。

除了光电式的增量编码器外，目前相继开发了光纤增量传感器和霍尔效应式增量传感器等，它们都得到广泛的应用。

11.2.3　光电编码传感器的应用

钢带式光电编码数字液位计是典型的光电编码传感器的应用实例。

1．结构与工作原理

钢带式光电编码数字液位计如图 11-23 所示，是目前油田浮顶式储油罐液位测量普遍应用的一种测量设备。在量程超过 20m 的应用环境中，液位测量分辨率仍可达到 1mm，可以满足计量的精度要求。

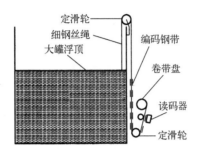

图 11-23　钢带式光电编码数字液位计

这种测量设备主要由编码钢带、读码器、卷带盘、定滑轮、牵引钢带用的细钢丝绳及伺服系统等构成。

编码钢带的一端（最大量程读数的一端）系在牵引钢带用的细钢丝绳上，细钢丝绳绕过罐顶的定滑轮系在大罐的浮顶上，编码钢带的另一端绕过大罐底部的定滑轮缠绕在卷带盘上。

当大罐液位下降时，细钢丝绳和编码钢带中的张力增大，卷带盘在伺服系统的控制下放出盘内的编码钢带；当大罐液位上升时，细钢丝绳和编码钢带中的张力减小，卷带盘在伺服系统的控制下将编码钢带收入卷带盘内。读码器可随时读出编码钢带上反应液位位置的编码，经处理后进行就地显示或以串行码的形式发送给其他设备。

2．细分技术原理

编码钢带如图 11-24 所示。如果最低码位（最低码道数据宽度）为 1m（透光和不透光的部分各为 1m），则需要 15 个码道，即最高码位（最高码道数据宽度）为 16384mm（16.384m），编码钢带的最大有效长度可达 32.768m。这样的编码钢带的加工工艺的难度较大，强度也较低，使用起来也不方便。因此有必要采用插值细分技术以减少码道数量，增加最低码道的数据宽度。

图 11-24　编码钢带

如果将最低码道的数据宽度增加到 5mm，次最低码道的数据宽度将为 1cm，在最低码道上应用插值细分技术也可以获得 1m 的分辨率。这样一来，在量程为 20m 的条件下，码道数量将减少到 12 个。

插值细分示意图如图 11-25 所示。采用这种办法可以将原来的两种可能的不同状态，细分成 10 种可能的不同状态。将这种细分方式应用到最低位码道上，就可以把 5mm 的数据宽度细分成为 1mm。

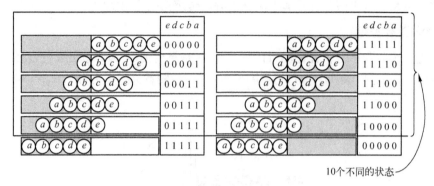

图 11-25 插值细分示意图

习题与思考题

1. 莫尔条纹是怎样产生的？它具有哪些特性？

2. 在精密车床上使用刻线为 5400 条/周围光栅作长度检测时，其检测精度为 0.01mm，问该车床丝杆的螺距为多少？

3. 试分析四倍频电路，当传感器做反向移动时，其输出脉冲的状况（画图表示之），该电路的作用是什么？

4. 函数变压器在鉴幅型感应同步器数显表中的作用是什么？

5. 简述码盘式转角-数字编码器的工作原理及用途。

6. 机械工业中常用的数字式传感器有哪几种？各利用了什么原理？它们各有何特点？

7. 什么是细分？什么是辨向？它们各有何用途？

8. 数字式传感器及数显表采用微机后，有什么好处？

第12章　检测装置的信号处理技术

一般测量系统通常由传感器、测量电路及显示记录三部分组成。检测装置的信号处理技术是指测量电路中采用的信号处理技术，由信号转换电路和信号处理电路两部分组成。

对于被测非电量变换为电路参数（电阻、电感、电容、互感）的无源型传感器（如电阻式、电感式、电容式、电涡流式等），因为传感器的输出是电路参数的变化，所以需要对它们先进行激励，通过不同的转换电路把电路参数转换成电流或电压信号，然后再经过放大输出。

对于直接把非电量变换为电学量（电流或电动势）的有源型传感器（如电压式、磁电式及热电式等），虽然他们输出的是电量，但仍然需要进行放大或特殊处理。

因此，一个非电量检测装置中，必须具有对电信号进行转换和处理的电路。转换和处理电路的任务比较复杂。除了微弱信号放大、滤波外，还有诸如零点校正、线性化处理、温度补偿、误差修正、量程切换等信号处理功能。信号处理电路的重点是微弱信号放大及线性化处理。

12.1　信号处理技术

12.1.1　信号放大技术

1. 基本测量放大器

通常对一个单纯的微弱信号，可以采用运算放大器进行放大。运算放大器可以采用反相输入接法，也可以接成同相输入形式。

由于传感器的工作环境往往比较恶劣，在传感器的两个输出端上经常产生干扰较大的信号，有时是完全相同的干扰信号（称为共模干扰）。对简单的反相输入或同相输入接法，由于电路结构不对称，运算放大器抵御共模干扰的能力很差。我们可以采用运算放大器的差动接法，从比较大的共模信号中检出差值信号并加以放大。

对于传感器输出的微弱信号，通常是用一组运算放大器构成的测量放大器来进行放大的，经典的测量放大器由 3 个运算放大器构成，测量放大器原理图如图 12-1 所示。其中 N_1、N_2 构成同相并联差动放大器，差动输入信号和共模输入信号从 N_1、N_2 的同相输入，所以它的差动输入电阻和共模输入电阻都很大。

对 N_1、N_2 来说，电路的平衡对称机构也有助于失调及其漂移影响的互相抵消。运算放大器 N_3 接成差动式输入，它不但能割断共模信号的传递，还将 N_1、N_2 的双端输出变成单端输出，以适应接地负载的需要。不难证明这个电路的电压放大倍数为

$$K_u = \frac{R_4}{R_3}\left(1 + \frac{2R_2}{R_1}\right) \tag{12-1}$$

可见，调整 R_1 即可改变放大倍数。

测量放大器所采用的上述电路形式，具有输入阻抗高、增益调节方便、漂移相互补偿以及输出不包含共模信号等一系列优点。这种放大器在许多高精度、低电平的放大方面是极其有用的，而且它的共模抑制能力强，所以能从高的共模信号背景中检测出微弱的有用信号。

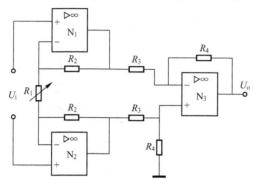

图 12-1　测量放大器原理图

2. 实用测量放大器

目前各公司竞相推出了许多型号的单片测量放大器芯片，供用户选择使用。因此信号处理中需对微弱信号放大时，可以不必再用分立的通用运算放大器来构成测量放大器。

采用单片测量放大器芯片具有性能优异、体积小、电路结构简单、成本低等优点。如 AD 公司推出的单片精密测量放大器 AD521 和 AD522 就是最常用的两种单片测量放大器。

（1）AD521

AD521 的引脚功能与基本接法如图 12-2 所示。引脚 OFFSET（4、6）用来调节放大器零点，调整方法是将该端子接到 10kΩ 电位器的两个固定端，滑动端接电源负端。

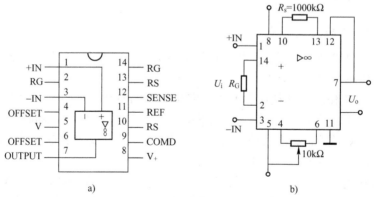

图 12-2　AD521 的引脚功能与基本接法

a）引脚功能　b）基本接法

测量放大器的计算公式为

$$K_u = \frac{U_o}{U_i} = \frac{R_s}{R_G} \qquad (12\text{-}2)$$

放大倍数在 0.1～1000 范围内调整，选用 R_s=100kΩ 时，可以得到较稳定的放大倍数。在使用 AD521（或任何其他测量放大器）时，都要特别注意为偏置电流提供回路。为此，输入端（1 或 3）必须与电源的地线构成回路。可以直接相连，也可以通过电阻相连。

（2）AD522

AD522 也是单芯片集成精密测量放大器，$K_0=100$ 时，非线性仅为 0.005%，杂波 0.1～100Hz 频带内噪声的峰值为 1.5mV，其中共模抑制比 CMRR>120dB（$K_0=1000$ 时）。

AD522 的引脚功能如图 12-3 所示。引脚 4、6 是调零端，2 和 14 端连接调整放大倍数的电阻。与 AD521 不同的是，该芯片引出了电源地 9 和数据屏蔽端 13，该端用于连接输入信号引线的屏蔽网，以减少外电场对信号的干扰。

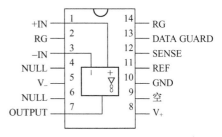

图 12-3　AD522 的引脚功能

传感器输出的微弱信号经放大后，通常面临长距离传输的问题，为了避免电压信号在传输过程中的损失和抗干扰方面的需要，可将直流电压信号变换为直流电流信号进行传输。另外在对测量值进行显示时，常采用动圈表头，这也需要将直流电压变换为直流电流来驱动线圈。

为了不受传输线路电阻变化和负载电阻大小的影响，输出电流应具有良好的恒流特性。因此，使用电压-电流变换器实现信号的电流传送时，应使变换器输出电阻尽量大，这可以减小对信号的影响，同时输出电阻也应尽量大，以保持输出电流的恒流特性。

12.1.2　线性化处理技术

在自动检测系统中，利用多种传感器把各种被测量转换成电信号时，大多数传感器的输出信号和被测量之间的关系并非是线性关系。这是由于不少传感器的转换原理并非线性，其次是由于采用的电路（如电桥电路）非线性。要解决这个问题，在模拟量自动检测系统中可采用三种方法来消除非线性影响：一是缩小测量范围，取近似值；二是采用非均匀的指示刻度；三是增加非线性校正环节。显然，前两种方法的局限性和缺点比较明显。

下面着重介绍增加非线性校正环节的方法。为了保证测量仪表的输出与输入之间具有线性关系，就需要在仪表中引入一种特殊环节，用它来补偿其他环节的非线性，这就是非线性校正环节，称其为线性化器。

测量仪表静态特性非线性的校正方法通常有两种：一种是开环节式非线性校正法，另一种是非线性反馈校正法。这里着重介绍前一种方法。

具有开环式非线性校正的测量仪表，开环式非线性校正结构原理框图如图 12-4 所示。

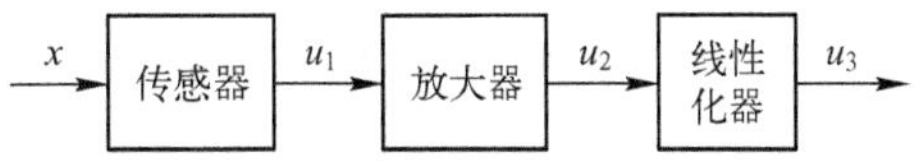

$$x \rightarrow \boxed{传感器} \xrightarrow{u_1} \boxed{放大器} \xrightarrow{u_2} \boxed{线性化器} \xrightarrow{u_3}$$

图 12-4　开环式非线性校正结构原理框图

传感器将被测量物理量 x 转换成电量 u_1，这种转换通常是非线性的。电量 u_1 经放大器放大后成为电量 u_2，放大器一般是线性的。引入线性化器的作用是利用它本身的非线性补偿传感器的非线性，从而使整台仪表的输出 u_o 和输入 x 之间具有线性关系。

这里解决的关键问题有以下两个。

一是在给定 u_o～x 线性关系的前提下，根据已知的 u_1～x 非线性关系和 u_1～u_2 线性关系，求出线性化器应当具有的 u_2～u_3 非线性关系。即寻找非线性校正的方法。

二是设计适当的电路实现线性化器的非线性特性。即完成非线性校正的电路。

1．非线性校正的方法

工程上求取线性化器非线性特性的方法有两种，分述如下。

（1）解析计算法

如图12-4所示的传感器、放大器特性可做如下分析：

$$u_1 = f_1(x) \tag{12-3}$$

$$u_2 = Ku_1 \tag{12-4}$$

要求测量工具有的刻度方程为

$$u_3 = Ku_2 \tag{12-5}$$

将以上三式联立求解，消去中间变量 u_1 和 x，就可以得到线性化器非线性特性的解析式：

$$u_2 = Kf_1\left(\frac{U_0}{s}\right) \tag{12-6}$$

根据式（12-6）即可设计线性化器的具体电路。

（2）图解法

当传感器等环节的非线性特性用解析式表示比较复杂或比较困难时，可用图解法求取线性化器的特性曲线。图解法的步骤如下（图解法求线性化器特性见图12-5）。

1）将传感器特性曲线作于直角坐标的第一象限，$u_1 = f_1(x)$。

2）将放大器线性特性作于第二象限，$u_2 = Ku_1$。

3）将整台测量仪表的线性特性作于第四象限，$u_0 = sx$。

4）将 x 轴划分为 n 段，段数 n 由精度要求决定。分别由点 1，2，3，$\cdots$，n 各作 x 轴垂线，与 $u_1 = f(x)$ 曲线及第四象限中的 $u_0 = sx$ 直线交于 1_0，1_2，1_3，$\cdots$，1_n 及 4_1，4_2，4_3，$\cdots$，4_n 各点。然后以第一象限中这些点作 x 轴平行线与第二象限 $u_2 = Ku_1$ 直线交于 2_1，2_2，2_3，$\cdots$，2_n 各点。

5）由第二象限各点作 x 轴垂线，再由第四象限各点作 x 轴平行线，两者在第三象限的交点连线即为校正曲线 $u_0 = f_2(u_2)$。这也是线形化器的非线性特性曲线。

（3）非线性反馈补偿法

对测量仪表中非线性环节的校正，还可以采用非线性反馈补偿法，图12-6所示为非线性反馈补偿法原理框图。

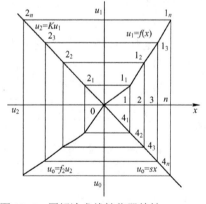

图12-5　图解法求线性化器特性

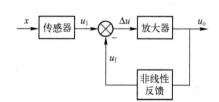

图12-6　非线性反馈补偿法原理框图

在放大器上增加非线性反馈之后，使 u_0 与 u_1 之间出现非线性关系，用以补偿传感器非线性，从而使整台仪表的输入-输出特性 $x \sim u_0$ 具有线性特性。

2. 非线性校正电路

用解析法或图解法求出线性化器的输入-输出特性曲线之后，接下来的问题就是如何用适当的电路来实现它。

显然在这类电路中需要有非线性元器件或者利用某种元器件的非线性区域，例如将二极管或晶体管置于运算放大器的反馈回路中构成的对数运算放大器，就能对输入信号进行对数运算，构成非线性函数运算放大器，它可以用于射线测厚仪的非线性校正电路中。

目前最常用的是利用二极管组成非线性电阻网络，配合运算放大器产生折线形式的输入-输出特性曲线。由于折线可以分段逼近任意曲线，从而就可以得到非线性校正环节（线性化器）所需要的特性曲线。转折点越多，折线越逼近曲线，精度也越高。但折线太多了则会因电路本身误差而影响精度。

在校正电路中通常采用运算放大器，当输入电压为不同范围时，相应改变运算放大器的增益，从而获得所需要的斜率，其本身就是一个非线性放大器。

3．非线性特性软件线性化处理

对测量系统非线性环节的线性化处理，除了采用前述的硬件电路来实现外，在有微型计算机的智能化检测系统中，还可利用软件功能方便地实现非线性的线性变化。这种方法精度高，成本低，应用灵活。

局部非线性特性如图 12-7 所示。它是一个非线性函数关系。我们将输入量 x 按一定要求分为 N 个区间，每个 x_k 都对应一个输出 y_k。把这些 (x_k, y_k) 编制成表格存储起来。实际的输入量 x_i 一定会落在某个区间 (x_{k-1}, x_k) 内，即 $x_{k-1} < x_i < x_k$。

软件法的含义是用一段直线近似地代替这段区间里的实际曲线，然后通过近似插值公式计算出 y_i，这种方法称为线性插值法。

由图 12-7 可以看出，通过 M_1、M_2 两点的直线斜率 k 为

$$k = \frac{\Delta y}{\Delta x} = \frac{y_k - y_{k-1}}{x_k - x_{k-1}} \qquad (12\text{-}7)$$

而 y_i 的计算公式为

$$y_i = y_{k-1} + k(x_i - x_{k-1}) = y_{k-1} + \frac{(y_k - y_{k-1})(x_i - x_{k-1})}{x_k - x_{k-1}} \qquad (12\text{-}8)$$

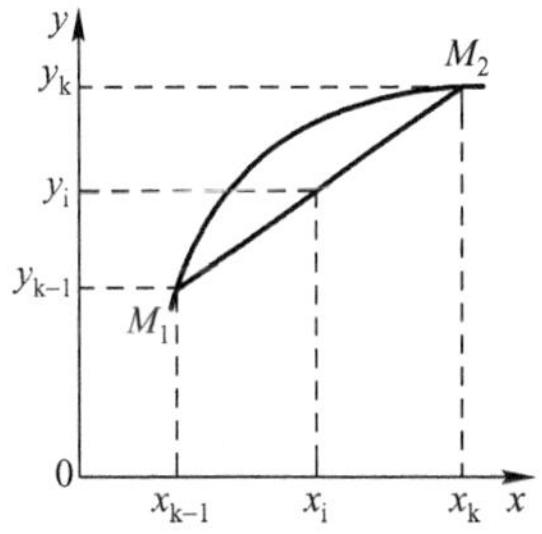

图 12-7　局部非线性特性

软件线性插值法的线性化精度由折线的段数决定，所分段数越多，精度越高，但数据所占内存越多。具体分段数，可视非线性特性曲线形状而定，可以是等分的，也可以是不等分的。

当 x_i 确定后，首先通过查表确定 x_i 所在区间，查出后顺序取出区间两端点 x_{k-1}、x_k 及其对应的 y_{k-1}、y_k，然后利用式（12-8）计算出 y_i。这样，得到的输出量 y_i 和传感器所检测的被测量之间呈线性关系。

12.2　干扰抑制技术

12.2.1　共模与差模干扰

各种噪声源产生的噪声，必然要通过各种耦合方式进入检测装置，对其产生干扰。根据噪声进入信号测量电路的方式以及与有用信号的关系，可将噪声干扰分为差模干扰与共模干扰。

1．差模干扰

差模干扰又称为串模干扰、正态干扰、常态干扰、横向干扰等，它使检测仪器的一个信号输入端子相对另一个信号输入端子的电位差发生变化，即干扰信号与有用信号按电压源形式串联起来作用于输入端。

因为它和有用信号叠加起来直接作用于输入端，所以它直接影响测量结果。

差模干扰等效电路可用图 12-8 所示两种方式表示，图 12-8a 所示为串联电压源形式；图 12-8b 所示为并联电流源形式。图中 e_s 及 R_s 为有用信号源及内阻；U_n 表示等效干扰电压，I_n 表示等效干扰电流，Z_n 为干扰源等效阻抗，R_i 为接收器的输入电阻。当干扰源的等效内阻较小时，宜用串联电压源形式；当干扰源等效内阻较高时，宜用并联电流源形式。

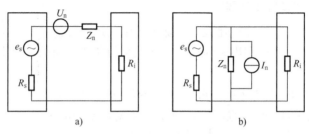

图 12-8　差模干扰等效电路

a) 串联电压源形式　b) 并联电流源形式

造成差模干扰的原因很多，常见的差模干扰例如外交变磁场对传感器的输入进行电磁耦合。

图 12-9a 表示用热电偶作敏感器件进行测温时，由于有交变磁通穿过信号传输回路产生干扰电动势，造成差模干扰；图 12-9b 表示高压直流电场通过漏电流对动圈式检流计造成差模干扰。

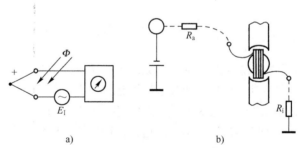

图 12-9　产生差模干扰的例子

a) 热电偶测温差模干扰　b) 漏电流差模干扰

针对具体情况可以采用双绞信号传输线、传感器耦合端加滤波器、金属隔离线及屏蔽等措施来消除差模干扰。

2．共模干扰

共模干扰又称为纵向干扰、对地干扰、同相干扰及共态干扰等，它是相对于公共的电位基准点（通常为接地点），在检测仪器的两个输入端子上同时出现的干扰。

虽然它不直接影响测量结果，但是当信号输入电路参数不对称时，它会转化为差模干扰，对测量产生影响。在实际测量过程中，因为共模干扰的电压一般都比较大，而且它的耦合机理和耦合电路不易搞清楚，排除也比较困难，所以共模干扰对测量的影响更为严重。

共模干扰一般用等效电压源表示，如图 12-10 所示为共模干扰等效电路。图中 U_n 表示干扰电压源；Z_{cm1}、Z_{cm2} 表示干扰源阻抗；Z_1、Z_2 表示信号传输线阻抗；Z_{s1}、Z_{s2} 表示信号传输线对地漏阻抗；R_i 表示仪器输入电阻；R_s 为信号源内阻。

从图 12-10 中可以看出，共模干扰电流的通路只是部分地与信号电路所共有；共模干扰会通过干扰电流通路和信号电流通路的不对称性转化为差模干扰，从而影响测量结果。

造成共模干扰的原因很多，常见的共模干扰耦合有下面几种。

在检测装置附近有大功率的电气设备，因绝缘不良或三相动力电网负载不平衡，零线有较大电流时，都存在着较大的地电流和地电位差，这时若检测系统有两个以上接地点，则地电位差就会造成共模干扰。

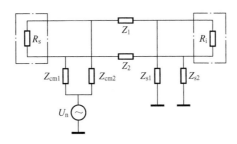

图 12-10　共模干扰等效电路

热电偶共模干扰如图 12-11 所示，这是一个热电偶测温系统，热电偶的金属保护套管通过炉体外壳与生产管路接地，而热电偶的两条温度补偿导线不接指示仪表外壳，但仪表外壳接大地，地电位差造成共模干扰。当电气设备的绝缘性能不良时，动力电源会通过漏电阻耦合到检测系统的信号回路，形成干扰。

工频共模干扰如图 12-12 所示，在这个交流供电的电气测量装置中，动力电源会通过电源变压器的一次、二次侧绕组间的杂散电容、整流滤波电路、信号电路与地之间的杂散电容到地构成回路，形成工频共模干扰。

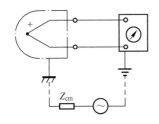

图 12-11　热电偶共模干扰

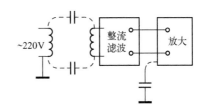

图 12-12　工频共模干扰

3．共模干扰抑制比

根据共模干扰只有转换成差模干扰才能对检测装置产生干扰作用的原理可知，共模干扰对检测装置的影响大小，直接取决于共模干扰转换成差模干扰的大小。

为了衡量检测系统对共模干扰的抑制能力，就形成了"共模干扰抑制比"这个重要概念。共模干扰抑制比定义为：作用于检测系统的共模干扰信号与使该系统产生同样输出所需的差模信号之比。共模干扰抑制比有时简称共模抑制比。通常以对数形式表示：

$$CMRR = 20\lg\frac{U_{cm}}{U_{cd}} \qquad (12\text{-}9)$$

式中，U_{cm} 为作用此检测系统的实际共模干扰信号；U_{cd} 为使检测系统产生同样输出所需的差模信号。

共模干扰抑制比也可以定义为检测系统的差模增益与共模增益之比。可用数学式表示为

$$CMRR = 20\lg\frac{K_d}{K_c} \qquad (12\text{-}10)$$

式中，K_d 为差模增益；K_c 为共模增益。

以上两种定义都说明，共模干扰抑制比是检测装置对共模干扰抑制能力的量度。$CMRR$ 值越高，说明检测装置对共模干扰的抑制能力越强。

图 12-13 所示是一个差动输入运算放大器受共模干扰的等效电路。电路中，U_n 为共模干扰电压，Z_1、Z_2 为共模干扰源阻抗，R_1、R_2 为信号传输线路电阻，U_s 为信号源电压。

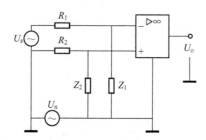

图 12-13　差动输入运算放大器受共模干扰的等效电路

从图 12-13 中很容易得出，在 U_n 作用下出现在运算放大器两输入端之间的差模干扰电压为

$$U_{cd} = U_n\left(\frac{Z_1}{R+Z_1}\frac{Z_2}{R+Z_2}\right) \qquad (12\text{-}11)$$

从而可求得差动运算放大器的共模抑制比为

$$CMRR = 20\lg\frac{U_n}{U_{cd}} = 20\lg\frac{(R_1+Z_1)(R_2+Z_2)}{Z_1R_2 - Z_2R_1} \qquad (12\text{-}12)$$

式中，当 $Z_1R_2 = Z_2R_1$ 时，共模抑制比趋于无穷大，但实际上很难做到这一点。

一般 Z_1、$Z_2 \gg R_1$、R_2，并且 $Z_1 \approx Z_2 = Z$，则上式可简化为

$$CMRR = 20\lg\frac{Z}{R_2 - R_1} \qquad (12\text{-}13)$$

式（12-13）表明，使 Z_1、Z_2 尽量高可以提高差动放大器的抗共模干扰能力。

通过上例分析可见，共模干扰在一定条件下是要转换成差模干扰的，而且电路的共模抑制比与电路对称性密切相关。

12.2.2　常用的干扰抑制技术

在检测装置中用到的干扰抑制技术应根据具体情况，对干扰加以认真分析后，有针对性地正确使用，往往可以得到满意的效果。

在对具体问题进行分析时，一定要注意到信号与干扰之间的辩证关系。也就是说，干扰对

测量结果的影响程度是相对信号而言的。例如，高电平信号允许有较大的干扰；而信号电子越低，对干扰的限制也越严。

通常干扰的频率范围也是很宽的，但是对于一台具体的测量仪器，并非一切频率的干扰所造成的效果都相同。例如对直流测量仪表，一般都具有较大的惯性，即仪表本身具有低通滤波特性，因此它对频率较高的交流干扰不敏感；对于低频测量仪表，若输入端装有滤波器，则可将通带频率以外的干扰大大衰减。但是，若对工频干扰采用滤波器，会将 50Hz 的有用信号滤掉。因此，工频干扰是低频检测装置最严重的问题，是不易除去的干扰，对于宽频带的检测装置，在工作频带内的各种干扰都将起作用。在非电量的检测技术中，动态测量应用日趋广泛，所用的放大器、显示器及记录仪等的频带越来越宽，因此，这些装置的抗干扰问题也日趋重要。

1. 屏蔽技术

利用铜或铝等低阻材料制成容器，将需要防护的部分包起来，或者是用导磁性良好的铁磁性材料制成容器，将要防护的部分包起来，此种方法主要是防止静电或电磁干扰，称为屏蔽。

（1）静电屏蔽

在静电场作用下，导体内部无电力线，即各点等电位。静电屏蔽就是利用了与大地相连接的导电性良好的金属容器，使其内部的电力线不外传，同时也不使外部的电力线影响其内部。

静电屏蔽能防止静电场的影响，用它可以消除或削弱两电路之间由于寄生分布电容耦合而产生的干扰。例如，在电源变压器的一次、二次侧绕组之间插入一个梳齿形薄铜皮并将它接地，以此来防止两绕组间的静电耦合，就是静电屏蔽的范例。

（2）电磁屏蔽

电磁屏蔽是采用导电良好的金属材料做成屏蔽层，利用高频干扰电磁场在屏蔽体内产生涡流，再利用涡流消耗高频干扰磁场的能量，从而削弱高频电磁场的影响。

若将电磁屏蔽层接地，则同时兼有静电屏蔽的作用。也就是说，用导电良好的金属材料做成的接地电磁屏蔽层，同时起到电磁屏蔽和静电屏蔽两种作用。

（3）低频磁屏蔽

在低频磁场干扰下，采用高导磁材料做成屏蔽层。以便将干扰磁力线限制在磁阻很小的磁屏蔽体内部，防止其干扰作用。通常采用坡莫合金之类的对低频磁通有高磁导率的材料。同时要求其有一定的厚度，以减少磁阻。

（4）驱动屏蔽

驱动屏蔽就是使被屏蔽导体的电位与屏蔽导体的电位相等。驱动屏蔽示意图如图 12-14 所示。若 1:1 电压跟随器是理想的，即在工作中导体 B 与屏蔽层 D 之间的绝缘电阻为无穷大并且等电位。那么在导体 B 与屏蔽层 D 之间的空间无电力线，各点等电位。

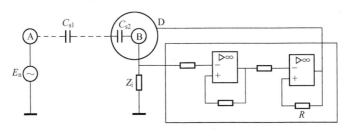

图 12-14 驱动屏蔽示意图

这说明，导体 A 噪声源的电场 E_n 影响不到导体 B。这时，尽管导体 B 与屏蔽层 D 之间有寄生电容 C_{s2} 存在，但是因 B 与 D 是等电位的，故此寄生电容也不起作用。因此，驱动屏蔽能有效地抑制通过寄生电容的耦合干扰。应该指出的是，在驱动屏蔽中所应用的 1：1 电压跟随器，不仅要求其输出电压与输入电压的幅值相同，而且要求两者之间的相移亦为零。另一方面，电压跟随器的输入阻抗与导体 B 的对地阻抗 Z_i 相并联，为减小其并联作用，要求跟随器有无穷大的输入阻抗。实际上，这些要求只能在一定程度上得到满足。驱动屏蔽属于有源屏蔽，只有当线性集成电路出现以后，驱动屏蔽才有实用价值，并在工程中获得越来越广泛的应用。

2．接地技术

一般来讲，检测装置电路接地是为了如下目的：安全；对信号电压有一个基准电位，满足静电屏蔽的需要；抑制噪声干扰。在这里主要研究用接地技术来抑制噪声干扰。

（1）接地线的种类

接地线按照功能分为以下 4 种。在自动检测装置中，这 4 种地线一般应分别设置，以消除各地线之间的相互干扰。

1）信号地线。信号地线只是检测装置的输入与输出的零信号电位公共线，除特别情况之外，一般与真正大地是隔绝的。信号地线分为模拟信号地线及数字信号地线，因前者信号较弱，故对地线要求较高，而后者则要求可低些。

2）保护接地线。保护接地线是出于安全防护的目的，将检测装置的外壳和电缆屏蔽层接地用的地线。

3）信号源地线。信号源地线是传感器本身的信号电位基准公共线。

4）交流电源地线。

（2）检测装置的接地线系统

通常在检测装置中至少要有 3 种分开的地线，3 种地线分开设置图如图 12-15 所示。若设备使用交流电源时，则交流电源地线应和保护接地线相连。

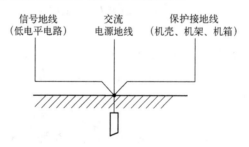

图 12-15　3 种地线分开设置图

图中 3 条地线应连在一起并通过一点接地。使用这种接地方式可以避免公共地线各点电位不均匀所产生的干扰。

为了使检测不受外界电场的电容性或电阻性漏电影响，防护装置充分发挥屏蔽作用，应将屏蔽线接到大地上。但是大地各处电位很不一致，如果一个测量系统在两点接地，因两接地点不易获得同一电位，从而对两点（多点）接地电路造成干扰。这时，地电位是装置输入端共模干扰电压的主要来源。因此，对一个测量电路只能一点接地。信号电路一点接地是消除因公共阻抗耦合干扰的一种重要方法。在一点接地的情况下，虽然避免了干扰电流在信号电路中流动，但还存在着绝缘电阻、寄生电容等组成的漏电通路，所以干扰不可能全部被抑制掉。

3．浮置技术

浮置又称为浮空、浮接，它是指检测装置的输入信号和放大器公共线（模拟信号地）不接机壳或大地。这种被浮置的检测装置的测量电路与机壳或大地之间无直流联系，阻断了干扰电路的通路，明显地加大了测量电路放大器公共线与地（或机壳）之间的阻抗，因此浮置与接地相比能大大减小了共模干扰电流。

4．平衡电路技术

平衡电路又称为对称电路。它是指双线电路中的两根导线与连接到这两根导线的所有电路，对地或对其他导线电路结构对称，对应阻抗相等。例如，电桥电路和差分放大器等电路就属于平衡电路。采用平衡电路可以使对称电路结构所检拾的噪声相等，并可以在负载上自行抵消。

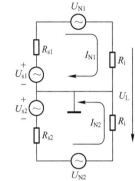

图 12-16　简单的平衡电路图

图 12-16 所示的电路是简单的平衡电路图。图中 U_{N1}、U_{N2} 为噪声源，它们与导线串联；U_{s1}、U_{s2} 为信号源；两噪声电流 I_{N1}、I_{N2}。由电路原理可求出在负载上产生的总电压为

$$U_L = I_{N1}R_{L1} - I_{N2}R_{L2} + I_s(R_{L1} + R_{L2})$$

式中，前两项表示噪声电压，第三项表示信号电压。

若电路对称，则 $I_{N1}=I_{N2}$，负载上噪声电压互相抵消。上式可简化为

$$U_L = I_s(R_{L1} +- R_{L2}) \tag{12-14}$$

如果电路完全对称，则负载上噪声电压为零。但实际上电路很难做到完全对称，这时抑制噪声的能力决定于电路的对称性。

在一个不平衡系统中，电路的信号传输部分可用两个变压器得到平衡，用两个变压器使传输线路平衡如图 12-17 所示。图 12-17a 表示原不平衡系统；图 12-17b 表示接变压器后构成的平衡传输系统。

因为长导线最容易检拾噪声，所以这种方法对于信号传输电路，在噪声抑制上是很有用的。同时，变压器还能断开任何的环路，因此消除了负载与信号源之间由于地电位差所造成的噪声干扰。

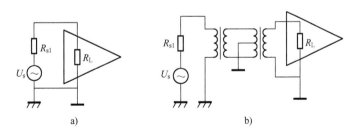

a)　　　　　　　　　　　　　　　　　b)

图 12-17　用两个变压器使传输线路平衡

a) 原不平衡系统　b) 接变压器后构成的平衡传输系统

5．滤波技术

滤波器是一种只允许某频带信号通过或只阻止某一频带信号通过的电路，是抑制噪声干扰

的最有效手段之一。特别是对抑制经导线传导耦合到电路中的噪声干扰，它是一种被广泛采用的技术手段。下面分别介绍在检测设备中的各种滤波器。

（1）交流电源进线的对称滤波器

任何使用交流电源的检测装置，噪声经电源线传导耦合到测量电路中去，对检测装置工作造成干扰是最明显的。

为了抑制这种噪声干扰，在交流电源进线端子间加装滤波器，高频干扰电压对称滤波器如图 12-18 所示。其中图 12-18a 为线间电压滤波器、图 12-18b 为线间电压和对地电压滤波器、图 12-18c 为简化的线间电压和对地电压滤波器。这种高频干扰电压对称滤波器，对于抑制中波段的高频噪声干扰是很有效的。

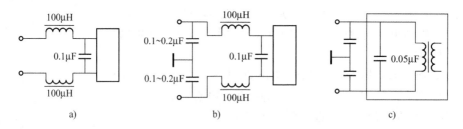

图 12-18　高频干扰电压对称滤波器

a) 线间电压滤波器　b) 线间电压和对地电压滤波器　c) 简化的线间电压和对地电压滤波器

图 12-19 所示的是低频干扰电压滤波电路。此电路对抑制因电源波形失真而含有较多高次谐波的干扰很有效。

（2）直流电源输出的滤波器

直流电源往往是检测装置的几个电路公用的。为了减弱经公用电源内阻在电路之间形成的噪声耦合，对直流电源输出需加高低频成分的滤波器，高低频干扰电压滤波器如图 12-20 所示。

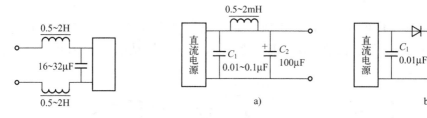

图 12-19　低频干扰电压滤波电路　　　　图 12-20　高低频干扰电压滤波器

a) R-C 退耦滤波器　b) L-C 退耦滤波器

（3）退耦滤波器

当一个直流电源对几个电路同时供电时，为了避免通过电源内阻造成几个电路之间互相干扰，应在每个电路的直流电源进线与地线之间加装退耦滤波器，如图 12-21 所示，其中图 12-21a 是 R-C 退耦滤波器，图 12-21b 是 L-C 退耦滤波器。

应注意，L-C 滤波器有一个谐振频率，其值为

$$f_r = \frac{1}{2\pi\sqrt{LC}} \tag{12-15}$$

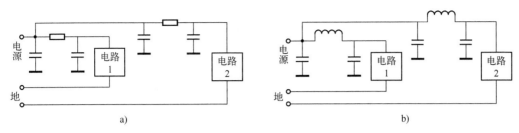

图 12-21 电源退耦滤波器

a) R-C 退耦滤波器 b) L-C 退耦滤波器

在这个谐振频率 f_r 上，经滤波器传输过去的信号比没有滤波器时还要大。因此，必须将谐振频率取在电路的通频带之外。在谐振频率 f_r 下，滤波器的增益与阻尼系数 ξ 成反比。L-C 滤波器的阻尼系数为

$$\xi = \frac{R}{2}\sqrt{\frac{C}{L}} \qquad (12\text{-}16)$$

式中，R 为电感线圈的等效电阻。

为了把谐振时的增益限制在 2dB 以下，应取 $\xi > 0.5$。对于一台多级放大器，各放大级之间会通过电源的内阻抗产生耦合干扰。因此，多级放大器的级间及供电必须进行退耦滤波，可采用 R-C 退耦滤波器。

因为电解电容在频率较高时呈现电感特性，所以退耦电容常由两个电容并联组成。一个为电解电容，起低频退耦作用；另一个为小容量的非电解电容，起高频退耦作用。

6. 光电耦合器

使用光电耦合器切断地环路电流干扰是十分有效的。用于断开地路的光电耦合器如图 12-22 所示。由于两个电路之间采用光束来耦合，因此能把两个电路的地电位完全隔离开。这样两电路的地电位即使不同也不会造成干扰。

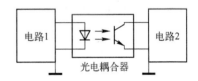

图 12-22 用于断开地路的光电耦合器

光电耦合对数字电路很适用；但在模拟电路中，因其线性度较差而应用较少。近来在模拟电路中开始应用光反馈技术。光反馈对光电耦合器中的非线性失真可进行校正。随着科学技术的发展，它在模拟电路中的应用也会越来越广。

7. 脉冲电路中的噪声抑制

（1）积分电路

在脉冲电路中，为抑制脉冲型的噪声干扰，可使用积分电路。

当脉冲电路以脉冲前沿的相位作为信息传输时，通常用微分电路取出前沿相位。但是，这时如果有噪声脉冲存在，其宽度即使很小也会出现在输出中。如果再使用积分电路，由于脉冲宽度大的信号输出大，而脉冲宽度小的噪声脉冲输出也小，所以能将噪声干扰滤除掉。图 12-23 所示为用积分电路排除干扰脉冲图，说明了用积分电路消除干扰脉冲的原理。

（2）脉冲干扰隔离门

可以用硅二极管的正向电压降对幅度较小的干扰脉冲加以阻挡，而让幅度较大的脉冲信号顺利通过。脉冲隔离门如图 12-24 所示。电路中的二极管最好选用开关管。

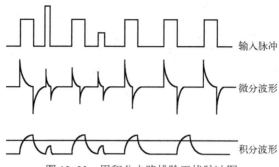

图 12-23 用积分电路排除干扰脉冲图

（3）相关量的利用

有脉冲干扰和信号的脉冲列，如图 12-25a 所示。此脉冲干扰幅值之高、时间之长都超过正常的脉冲信号，因此用上述方法是不能抑制的。

这里介绍一种相关量法，其基本思想是找出脉冲信号相关量（同步脉冲），以此量与脉冲信号同时作用到与门上，如图 12-25b 所示。当两输入皆有信号时，才能使与门打开送出脉冲信号，这样就抑制了脉冲中的干扰。

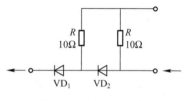

图 12-24 脉冲隔离门

用相关量抑制脉冲干扰具体方法之二：如图 12-25c 所示，即延迟环节法，这里要使延迟的时间恰好与脉冲信号周期相同，才能有效地抑制干扰。

图 12-25 用相关量抑制脉冲干扰

a) 有脉冲干扰和信号的脉冲列 b) 相关量抑制脉冲干扰 c) 延迟环节法

习题与思考题

1. 传感器输出的微弱电压信号进行放大时，为什么要采用测量放大器？

2. 在模拟自动检测系统中为什么要用隔离放大器？变压器式的隔离放大器的结构特点是什么？

3. 采用 4～20mA 电流信号来传送传感器输出信号有什么优点？

4. 在模拟量自动检测系统中常用的线性化处理方法有哪些？

5. 说明检测系统中非线性校正环节（线性化器）的作用。

6. 如何得到非线性校正环节的曲线？

7. 检测装置中常见的干扰有几种？采取何种措施予以防止？

8. 屏蔽有几种形式？各起什么作用？

9. 接地有几种形式？各起什么作用？

10. 脉冲电路中的噪声抑制有哪几种方法？请简单阐述它的抑制原理？

第13章 智能传感器与检测新技术

13.1 智能传感器

13.1.1 智能传感器概述

国际电气电子工程师学会（IEEE）对智能传感器的定义为："除产生一个被测量或被控量的正确表示之外，还同时具有简化换能器的综合信息以用于网络环境的功能的传感器"。

1. 智能传感器的功能

先看一个智能传感器的例子，智能红外线测温仪原理框图如图 13-1 所示。

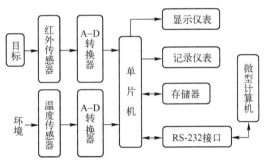

图 13-1　智能红外线测温仪原理框图

其工作原理为：红外传感器将被检测目标的温度转换为电信号，经 A-D 转换器变换后输入单片机。温度传感器将环境温度转换为电信号，经 A-D 转换器变换后输入单片机。单片机中存放有红外传感器的非线性校正数据，红外传感器检测的数据经单片机计算处理，消除非线性误差后，可获得被测目标的温度特性与环境温度的关系，供显示、记录、存储备用。

可见，从功能上，智能传感器是具备了记忆、分析和思考能力，输出期望值的传感器。

1）能提供更全面、更真实的信息，消除异常值、例外值。

2）具有信号处理包括温度补偿、线性化等功能。

3）随机调整和自适应。

4）一定程度的存储、识别和自诊断。

5）含有特定算法并可根据需要改变算法。

这种传感器不仅在物理层面上检测信号，而且在逻辑层面上对信号进行分析、处理、存储和通信。相当于具备了人类的记忆、分析、思考和交流的能力，即具备了人类的智能。所以称为智能传感器。

2. 智能传感器的层次结构

如果想了解智能传感器智能的构成，必须了解人类智能的构成，人类的智能是基于即时获得的信息和原先掌握的知识，如图 13-2 所示。人类的智能是实现了多重传感信息的融合，并且将其与人类积累的知识结合了起来。

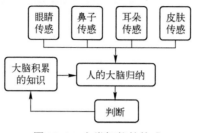

图 13-2　人类智能的构成

智能传感器也是由多重传感器或不同类型传感器从外部目标以分布和并行的方式收集信息；通过信号处理过程把多重传感器的输出或不同类型传感器的输出结合起来或集成在一起，实现传感器信号融合或集成；最后根据先前拥有的关于被测目标的有关知识，进行最高级的智能信息处理过程。从而将信息转换为知识和概念，提供人们使用。

可见，理想智能传感器的层次结构应是 3 层：

1）底层，分布并行传感过程，实现被测信号的收集。

2）中间层，将收集到的信号融合或集成，实现信息处理。

3）顶层，中央集中抽象过程，实现融合或集成后的信息的知识处理。

3．智能传感器的实现

实现传感器智能化，让传感器具备理想智能传感器的层次结构，让传感器具备记忆、分析和思考能力。就目前发展状况看，有 3 条不同的途径：

1）利用计算机合成方式，称作计算型智能。

2）利用特殊功能的材料，称作智能材料型。

3）利用功能化几何结构，称作智能结构型。

13.1.2　计算型智能传感器

1．计算型智能传感器的构成方式

计算型智能传感器是最常见的一种智能传感器，其底层、中间层和顶层分别由基本传感器、信号处理电路和微处理器构成。它们通常集成在一起，形成一个整体，封装在一个壳体内，称为集成化方式。也可以互相远离，分开放置在不同的位置或区域，称为非集成化方式。或者介于两种方式之间，称为混合集成化方式。

1）集成化方式：集成化方式是采用微型计算机技术和大规模集成电路工艺，把传感元件、信号处理电路、微处理器集成在一个硅材料芯片上制成独立的智能传感器功能块。

作为商品已有多种集成化智能传感器，如单片智能压力传感器和智能温度传感器等。

2）非集成化方式：非集成化传感器是把基本传感器、信号处理电路和带数字总线接口的微处理器相隔一定距离组合在一起，构成智能传感器系统。

此类智能传感器系统实现方式方便快捷，熟悉自动化仪表与嵌入式系统设计的人都能入手。

3）混合集成化方式：混合集成化方式是将智能传感器的传感元件、信号处理电路、微处理器等各个部分以不同的组合方式分别集成在几个芯片上。然后封装在同一个外壳里。

2. 计算型智能传感器的基本结构

计算型智能传感器通常表现为并行的多个基本传感器（也可以是一个）与期望的数字信号处理硬件结合的传感功能组件，计算型智能传感器基本结构图如图 13-3 所示。期望的数字信号处理硬件安装有专用程序，可以有效地改善测量质量，增加准确性，可以为传感器加入诊断功能和其他形式的智能。

现今已有硅芯片等多种半导体和计算机技术应用于数字信号处理硬件的开发。典型的数字信号处理硬件有如下几种。

（1）微控制器（Microcontroller Unit，MCU）

MCU 实际上是专用的单片机。它包括中央处理器单元（CPU）、存储器、时钟信号发生器和片内输入/输出（I/O）接口等。MCU 结构框图如图 13-4 所示。

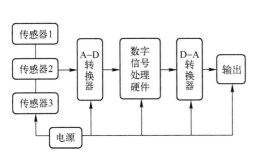

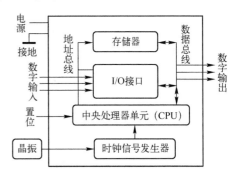

图 13-3　计算型智能传感器基本结构图　　　　图 13-4　MCU 结构框图

MCU 为智能传感器提供了灵活、快速、省时的实现一体控制的捷径。MCU 编程较容易，逻辑运算能力强，可与各种不同类型的外设连接，这为 MCU 增加了设计中的选择能力。

此外，大批量的硅芯片集成生产能力可使系统获得更低成本、更高质量和更高的可靠性。

（2）数字信号处理器（Digital Signal Processor，DSP）

DSP 比一般单片机或 MCU 运算速度快，可供实时信号处理用。

典型的 DSP 可在不到 100ns（10^{-9}s）的时间内执行数条指令。这种能力使其可获得最高达 20MI/s（百万条指令每秒）的运行速度，是通常 MCU 的 10～20 倍。

例如，汽车的接近障碍探测系统和减噪系统就使用了 DSP 与传感器的结合；检查电机框架上螺栓孔倾斜度的智能传感器就是用 DSP 代替原先的一台主计算机，速度由原来的一分钟检查一个孔，提高到一分钟检查 100 个孔，用来处理传感器信号的 DSP 设计工具只有一张名片大。

（3）专用集成电路（Application-SpecificIntegrated Circuit，ASIC）

ASIC 技术是利用计算机辅助设计，将可编程逻辑装置（PLD）用于小于 5000 只逻辑门的低密度集成电路上，设计成可编程的低、中密度集成的用户电路，作为数字信号处理硬件使用。

ASIC 具有相对低的成本和更短的更新周期。用户电路上附加的逻辑功能可以实现某些特殊传感要求的寻址。混合信号的 ASIC 则可同时用于模拟信号与数字信号处理。

（4）场编程逻辑门阵列（Field Programmable Gate Array，FPGA）

FPGA 以标准单元用于中密度（小于 100000 只逻辑门）高端电路，设计成可编程的高密度集成的用户电路，作为数字信号处理硬件使用。

FPGA 和用于模拟量处理的同系列装置场编程模拟阵列（FPAA）作为传感器接口具有特殊的吸引力。它们具有很强的计算能力，能减小开发周期，在投入使用后还可以重新设计信号处理程序，调整传感功能。

（5）微型计算机

期望的数字信号处理硬件也可以用微型计算机来实现。这样组合成的计算型智能传感器就不是一个集成单片传感功能装置，而是一个智能传感器系统了。

计算型智能传感器将进一步利用人工神经网络、人工智能、多重信息融合等技术，从而具备分析、判断、自适应、自学习能力，完成图像识别、特征检测和多维检测等更为复杂的任务。

13.1.3 生物传感器

生物传感器定义为"使用固定化的生物分子（Immobilized Biomolecule）结合换能器，用来侦测生体内或生体外的环境化学物质或与之起特异性交互作用后产生响应的一种装置"。

生物传感器的发展已经距今已有几十年的历史了。作为一门在生命科学和信息科学之间发展起来的交叉学科，生物传感器在发酵工艺、环境监测、食品工程、临床医学、军事及军事医学等方面得到了深度重视和广泛应用。随着社会的进一步信息化，生物传感器必将获得越来越广泛的应用。

1. 生物传感器的主要应用

（1）发酵工业

因为发酵过程中常存在对酶的干扰物质，并且发酵液往往不是清澈透明的，不适用于光谱等方法测定。而应用微生物传感器则极有可能消除干扰，并且不受发酵液混浊程度的限制。

同时，由于发酵工业是大规模的生产，微生物传感器具有的成本低、设备简单等特点，使其具有极大的优势。所以具有成本低、设备简单、不受发酵液混浊程度的限制、能消除发酵过程中干扰物质的干扰的微生物传感器在发酵工业中得到了广泛的应用。

（2）食品工业

生物传感器可以用来检测食品中营养成分和有害成分的含量、食品的新鲜程度等。如已经开发出来的酶电极型生物传感器可用来分析白酒、苹果汁、果酱和蜂蜜中的葡萄糖含量，从而衡量水果的成熟度。采用亚硫酸盐氧化酶为敏感材料制成的电流型二氧化硫酶电极可用于测定食品中的亚硫酸含量。此外，也有用生物传感器测定色素和乳化剂的应用。

（3）医学领域

生物传感器在医学领域也发挥着越来越大的作用。例如临床上用免疫传感器等生物传感器来检测体液中的各种化学成分，为医生的诊断提供依据；在军事医学中，对生物毒素的及时快速检测是防御生物武器的有效措施。

生物传感器已应用于监测多种细菌、病毒及其毒素。生物传感器还可以用来测量乙酸、乳酸、乳糖、尿酸、尿素、抗生素及谷氨酸等，以及各种致癌和致变物质。

（4）环境监测

环保问题已经引起了全球性的广泛关注，用于环境监测的专业仪器市场也越来越大，目前已经有相当数量的生物传感器投入到大气和水中各种污染物质含量的监测中去，在英国、法国、德国、西班牙和瑞典等国家，在水质检测过程都采用了生物冷光型的生物传感器。

生物传感器因其具有快速、连续在线监测的优点，相信在未来，还会有更广泛的应用。

2. 生物传感器的未来发展

生物传感器是一个多学科交叉的高技术领域，伴随着生物科学、信息科学和材料科学等相关学科的高速发展，生物传感器的发展将会有以下新特点。

（1）功能全、微型化

未来的生物传感器将进一步涉及医疗保健、食品检测、环境监测及发酵工业等各个领域。

当前生物传感器研究中的重要内容之一就是研究能代替生物视觉、听觉和触觉等感觉器官的生物传感器，即仿生传感器。随着微加工技术和纳米技术的进步，生物传感器将不断地微型化，各种便携式生物传感器将出现在人们面前。

（2）智能化

未来的生物传感器将会和计算机完美紧密地结合，能够自动采集数据、处理数据，可以更科学、更准确地提供结果，实现采样、进样、最终形成检测的自动化系统。

同时，芯片技术将越来越多地进入传感器领域，实现检测系统的集成化、一体化。

（3）生物传感器发展的条件

要使生物传感器尽快被市场接受，还要具备以下条件。

1）足够的敏感性和准确性。

2）操作简单。

3）价格便宜，容易进行批量生产。

4）生产过程中进行质量监测。

5）使用寿命长。

相信随着一些关键技术（如固定化技术）的进一步完善，随着人们对生物体认识的不断深入，随着各学科的不断发展，生物传感器技术必将在将来大有作为。

13.1.4　其他类型的智能传感器

1. 特殊材料型智能传感器

特殊材料型智能传感器利用了特殊功能材料对传感信号的选择性能。例如酶和微生物对特殊物质具有高选择性，有时甚至能辨别出一个特殊分子。

另一种化学智能传感器是用具有不同特性和非完全选择性的多重传感器组成。例如"电子鼻"的嗅觉系统。

目前已经发现有几种对有机或无机气体具有不同敏感性或传导性的材料，都已经或者正在获得应用。

2. 几何结构型智能传感器

几何结构型智能传感器的信号处理是以传感器本身的几何或机械结构得以实现的，这使得信号处理可以大大简化，响应很迅速。

几何结构型智能传感器的最重要特点是传感器和信号处理、传感和执行、信号处理和信号传输等多重功能的合成。

13.1.5　智能传感器实例

1. 智能压力传感器

智能压力传感器是计算型智能传感器，它由主传感器、辅助传感器、微型计算机硬件系统

（数字信号处理器）三部分构成。智能压力传感器构成的框图如图 13-5 所示。主传感器为压力传感器，用来测量被测压力参数。辅助传感器为温度传感器和环境压力传感器。微型计算机硬件系统（数字信号处理器）用于对传感器输出的微弱信号进行放大、处理、存储和与计算机通信。

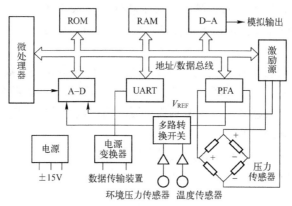

图 13-5　智能压力传感器构成框图

UART—通用异步接收/发送器　PFA—可编程反馈放大器

2. 气象参数测试仪

气象参数测试仪也是一台计算型智能传感器，气象参数测试仪结构框图如图 13-6 所示。其功能如下。

1）实现风向、风速、温度、湿度及气压的传感器信号采集。

2）对采集的信号进行处理、显示。

3）实现与微型计算机的数据通信，传送仪器的工作状态、气象参数数据。

3. 汽车制动性能检测仪

汽车制动性能检测有路试法和台试法。

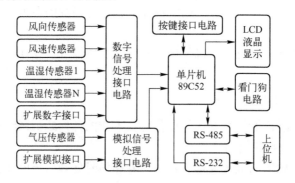

图 13-6　气象参数测试仪结构框图

台试法用得较多，它是通过在制动试验台上对汽车进行制动力的测量，并以车轮制动力的大小和左右车轮制动力的差值来综合评价汽车的制动性能。

汽车制动性能检测仪由左轮、右轮制动力传感器及数据采集、处理与输出系统组成，汽车制动性能检测仪总体框图如图 13-7 所示。

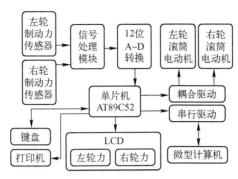

图 13-7　汽车制动性能检测仪总体框图

13.2　检测新技术

13.2.1　检测新技术简介

1. 软测量技术

（1）软测量的概念

软测量是指利用一些容易测得的过程参数或物理参数，借助于测量模型，由程序或神经元网络计算出难以直接测量的过程参数。测量系统一般先对来自传感器的信号进行一些一致性检验、滤波、标度变换的预处理，然后按具体的测量方法，对传感器的数据进行处理，而得到最终的测量结果。软测量方法的关键是传感器模型的建立。

软测量也指过程参数的预测、估计或辨识。它是在已知的过程知识和传感器模型的基础上，对传感器的输出信号进行适当的数据处理，而得到隐含在原信号之中，但不能直接表现出来的信息。

（2）软测量的应用举例

对于气固两相流中的固体粒子的质量流量，很难用一个传感器直接测得，这时可以利用管道上的压力传感器、温度传感器、测量内部摩擦噪声的声音传感器，以及管道上其他的受该两相流体的湿度、密度、粒子分布影响的接触或非接触式传感器的输出，将这些传感器信号进行适当的处理（如滤波预处理），送入通过实验回归得到的测量公式，或送入通过训练得到的含有神经元网络的运算单元，从而估算管道中实时的质量流量。

2. 虚拟仪器技术

（1）虚拟仪器的概念

虚拟仪器是以通用计算机及丰富的信号处理模块库、通用的数据采集和总线接口模块库为平台，集完整的测量、控制功能为一体的，具有完整的人机使用界面的计算机测量与控制仪器系统。

虚拟仪器是继模拟仪表、数字仪表以及智能仪表之后的又一个新的仪器概念。它是指将计算机与功能硬件模块（信号获取、调理和转换的专用硬件电路等）结合起来，通过开发计算机应用程序，使之成为一套多功能的可灵活组合的并带有通信功能的测试技术平台，它可以替代传统的示波器、万用表、动态频谱分析仪器及数据记录仪等常规仪器，也可以替代信号发生器、调节器及手操器等自动化装置。使用虚拟仪器时，用户可以通过操作显示屏上的"虚拟"按钮或面板，完成对被测量的采集、分析、判断、调节和存储等功能。

编程语言是虚拟仪器的最重要的部分，程序设计语言主要有两种：一种是文本式编程语言（如 VisualC++、LabWindow/CVl）；另一种是图形化编程语言（如 LabVIEW）。LabVIEW 编程类似于使用 Matlab 中的 Simulink，编写程序就是选用适当的模块，并将它们连线。

（2）虚拟仪器的应用举例

虚拟仪器易于设计和使用，但软件成本、数据采集卡设备价格相对较高，所以虚拟仪器一般用于实验中的测控系统的设计。就是工程研究设计人员以此为设计平台，快速地实现在线的测控方案，以考察该测量方案的可行性或测量出被测对象的有关参数。

例如使用虚拟仪器的电动机性能测试系统，整个系统的协调功能，都可以简单地用编程来实现。这些工作若用各种物理测试仪器和控制仪器构成，则需要很多专用设备，得多人操作。即使采用一般的计算机控制，因为需要考虑各种仪器的接口，各种信号处理功能的实现、编程工作相比之下也会变得非常复杂。

3. 模糊传感器技术

（1）模糊传感器的概念

模糊传感器是一种以模糊逻辑和模糊知识库为核心的、难以用精确方法测量的复杂参数或状态的模糊估计系统。

采用模糊测量的方法不是因为模糊测量方法优于传统的精确测量方法，而是在面临一些很复杂的测量问题的时候，由于缺乏足够的信息，或是由于问题本身的复杂性，使用精确的方法就变得没有意义，因为对这样的问题，从整体上而言，精确的方法是不存在的，用局部的精确方法去估计系统，也达不到准确估计的目标。在这种情况下，测量可以模仿人思维的模糊性、概括性的特点，用模糊的推理方式对有关传感器信号进行处理，从而得到比较满意的测量结果。

模糊传感器或测量系统一般由多个常规的传感器及模糊处理系统构成。模糊测量系统的核心是有关模糊量的确定，模糊量隶属度函数的选取，以及适当的模糊推理规则。专家知识库中的推理规则应该是全面而稳健的，这样可以正确地处理各种模式的输入组合，实现有效的测量。

（2）模糊传感器的应用举例

模糊测量系统可以用于精馏塔塔况的在线诊断。精馏塔塔况的判断对于精馏塔的合理操作具有重要的安全和经济意义。但精馏塔塔况是一个复杂的信息，受许多因素影响，本身具有内在的不确定性，只能通过对可以测量的信息按人的经验和已知的知识处理，最后得到实用的模糊的测量结果。为此，将精馏塔各部分的温度、压力、料位及成分量等信息用传感器测量出来，送入精馏塔塔况模糊测量系统，测量结合原有的模糊推理规则、模糊专家知识库、精馏塔历史数据库，来获得尽可能准确的关于精馏塔实时的炉况信息，用以指导精馏塔的操作和有关的控制。

精馏塔塔况的在线诊断系统是一种以人工智能为平台的、对大量的传感器信息进行处理的模糊推理识别系统。针对其中各环节测量模型的表现形式，有的信息可以用专家系统模块处理，就是在相应的专家知识库、经验库中提取推理规则或特征数据而对这些来自传感器的信息进行处理、解释，然后再将该结果用于后续信息的估计和观测；有的信息可以用神经元网络处理。神经元网络可以用计算机软件模拟，但这时就无法具有像硬件神经元网络那样的即时响应的优点。

4．传感器网络技术

随着通信技术和计算机技术的飞速发展，人类社会已经进入了网络时代。单独的传感器数据采集已经不能适应现代控制技术和检测技术的发展，智能传感器的开发和大量使用，使得在分布式控制系统中，对传感信息交换提出了许多新的要求。

分布式数据采集系统组成的传感器网络系统结构如图 13-8 所示。

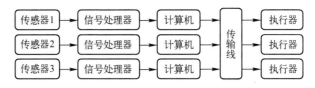

图 13-8　分布式数据采集系统组成的传感器网络系统结构

（1）传感器网络的作用

传感器网络可以实施远程采集数据，并进行分类存储和应用。传感器网络上的多个用户可同时对同一过程进行监控。凭借智能化软硬件，灵活调用网上各种计算机、仪器仪表和传感器各自的资源特性和潜力。

（2）传感器网络的结构

传感器网络的结构形式多种多样，可以是图 13-8 所示全部互联型的分布式传感器网络系统。也可以是图 13-9 所示的多个传感器计算机工作站和一台服务器组成的主从结构传感器网络。

网络形式可以是以太网或其他网络形式，总线连接可以是环形、星形、线形。

传感器网络还可以是多个传感器和一台计算机或单片机组成的智能传感器，传感器网络组成的智能传感器如图 13-10 所示。传感器网络可以组成个人网、局域网及城域网，甚至可以联合遍布全球的数量巨大的传感器加入 Internet，如图 13-11 所示。

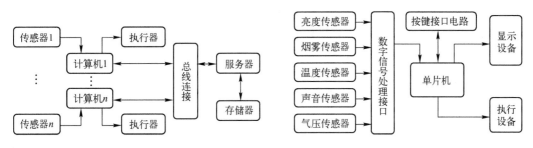

图 13-9　主从结构传感器网络　　　图 13-10　传感器网络组成的智能传感器

若将数量巨大的传感器加入互联网络，则可以将互联网延伸到更多的人类活动领域。

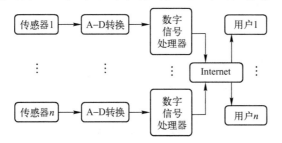

图 13-11　数量巨大的传感器加入 Internet

目前，传感器网络建设工作遇到的最大问题是传感器的供电电源问题。理想的情况是采用能保持几年不用更换的高效能电池，或采用耗电少的传感器。

在传感器网络的所有应用中，传感器节点是否需要逐个设置定位编号和网络上的数据是否需要融合，是必须考虑的两个重要因素。

值得关注的是，随着移动通信技术的发展，传感器网络也正朝着开发无线传感器网络的方向发展。

5. 多传感器数据融合技术

（1）多传感器数据融合的概念

多传感器数据融合是将多个和多种类型的传感器的信息组合在一起，并以最佳方式将来自各个传感器的数据融合到一个协同的信息库中，形成一种多功能综合测量诊断、估计系统，从而获得单一传感器难以提供的信息。

多传感器融合就像人脑综合处理信息一样，其充分利用多传感器资源，把多传感器在空间或时间上的冗余或互补信息依据某种准则进行组合，以获得被测对象的一致性解释或描述。

多传感器数据融合的形式与信息的种类有关。信息可分为冗余信息、互补信息和协同信息。冗余信息可以是由多个独立传感器提供的关于环境中同一特征的多个信息，也可以是某一传感器在一段时间内多次测量得到的信息，这些传感器一般都是同类的。

冗余信息可用来提高系统的容错能力及可靠性。这种信息的融合主要是做均值运算，所以冗余信息的融合可以减少测量噪声引起的不确定性，提高测量精度。同一特征的冗余信息融合前要进行基于传感器数据先验的统计特征的一致性检验，以剔除不合理数据。

互补信息是多传感器系统中每个传感器提供的彼此独立、只是描述某一环境特征的侧面的信息，将这些信息综合起来，可以构成对该特征的更为完整的描述。互补信息的融合减少了由于缺乏某些环境因素而产生的对所测量的环境特征理解的歧义，提高了系统描述环境的完整性和正确性，增强了系统正确决策的能力。

在多传感器系统中，当一个传感器信息的获得必须依赖于另一个传感器的信息，或一个传感器必须与另个传感器配合工作才能获得所需信息时，这两个传感器提供的信息称为协同信息。

多传感器信息融合不仅仅是多传感器信息的处理。在多传感器信息处理中，来自多个传感器的数据被送入相应的传感器模型处理而得到局部的结果，然后送入总的测量系统的模型中对被测量进行求取或估计。这是测量的一般方法，它假定所有传感器的数据都是确定的。多传感器数据融合是基于这种一般的测量力法，进一步考虑每种传感器的测量结果的置信度、统计特征，用明确的数学的方式考察它们对最终测量、估计结果的影响。因为在测量环境中有大量的不同类别、空间分布不同的传感器，它们在时间上也不断地产生各自的数据，对这些大量的数据进行针对具体问题的特定方式的各种层次下的处理、推理，最后才能得到被观测值的最佳估计。

（2）多传感器数据融合的结构

从形式上，多传感器数据融合的结构可分为并行结构、串行结构以及混合结构。依据具体的测量、观测原理，复杂观测问题的数据融合一般有 3 个层次：像素级融合、特征级融合和决策级融合。

1）像素级融合直接在原始数据层上进行，它用于抽取测量值的统计信息，对传感器数据进行一致性处理。测量数据的滤波就是一种像素级的融合，它只向后续的数据融合提供完备的数据，而不负责对数据进行解释，不用来得到观测的结果。

2）特征级融合是对像素级融合的结果按具体的测量模型和数学融合技术进行处理，而得到被观测对象的有关的具体的参数，这就是传统意义上的参数的测量或估计，采用数据融合技术可以使这种测量的置信度有明确的定量的描述，从而提高测量和估计的可靠性和精度。

3）决策级融合是测量系统最高层次的融合，其结果是测量系统的设计目标，即所观测、估计参数或状态的测量值或估计值，从而直接用于系统的控制和决策。

每一级的数据融合都由该级的测量模型和数据融合功能共同确定。多传感器数据融合一般用于复杂的工业控制系统、武器系统，甚至是综合性的经济、社会系统的状态预测和估计中。

数据融合技术是当今传感器数据处理的发展方向，它的本质是根据多种信息资源进行检测、互联、相关、估计的多种方式及多层次的信息处理，从而获取精确的有关状态和属性的估计，获取完整的实时状态和趋势的评估的方法和手段。通过对多传感器的智能化综合配置，可以获取更丰富、更精确和高质量的目标相关信息。数据融合技术以数据融合算法为核心。数据融合算法以有关被测对象的知识库和历史数据库为前提，对来自多种传感器的信号进行适当的处理而提取完整的信息，并提高测量系统的可靠性和测量精度。

（3）多传感器数据融合的应用举例

石化厂的大型气体压缩机的状态诊断就是一种多传感器数据融合技术的应用。这个诊断过程中，监控系统首先采集压缩机有关部位的压力传感器、温度传感器、振动传感器、电流传感器、电压传感器及流量传感器等的信号，然后用基于压缩机的工作原理、工作曲线、正常工作状态和故障状态的知识和经验而设计的诊断逻辑，对这些信号进行相应的处理，从而得到发电机设备的实时工作状态。

6. 无线传感器网络技术

无线传感器网络技术是位居十大新兴技术首位的结合了现有的多种先进技术，为各种应用系统提供了一种全新的信息采集、分析和处理的途径的新兴技术。无线传感器网络技术，与现有的网络技术相比存在较大区别，因而为检测技术和仪表系统的发展带来了新的生机，也提出了很多新的挑战。

（1）无线传感器网络的构成

无线传感器网络是由许多传感器节点协同组织起来的。传感器网络的节点可以随机或者特定地布置在目标环境中，它们之间通过无线网络、采用特定的协议自组织起来，从而形成了由传感器节点组成的网络系统，以实现能够获取周围环境的信息并且相互协同工作完成特定任务的功能。

传感器节点一般由传感单元、处理单元、收发单元及电源单元等功能模块组成。除此之外，根据具体应用需要还可能有定位单元、电池再生单元和移动单元等。其中，电源单元是最重要的模块之一，有的系统可能采用太阳电池等方式来补充能量，但是大多数情况下传感器节点的电池是不可补充的。

在传感器网络中，每个节点的功能都是相同的，大量传感器节点被布置在整个被观测区域中，各个传感器节点将自己所探测到的有用信息通过初步的数据处理和信息融合再传送给用户。传感器工作区内的数据传送是通过相邻节点的接力传送方式实现的，通过一系列的传感器节点将相关信息传送到基站；此后的数据传送是通过基站以卫星信道或者有线网络连接的传送方式实现的，并最终将有用信息传送给最终用户。

（2）无线传感器网络的应用

经过国内外业内专家的研究和开发，基于传感器网络的基本功能，无线传感器网络目前已在以下方面得到了初步应用。

1）军事侦察：采集尽可能多的有关敌方部队的移动、布防和其他相关信息。

2）危险品监测：监测化学物品、生物物品、放射性物品、核物品和爆炸性物品等。

3）环境监测：检测平原、森林和海洋的环境变化情况。

4）交通监控：监测高速公路的交通状况和城市交通的拥堵情况。

5）公共安全：提供购物中心、停车场和其他公共设施的安全监测。

6）车位管理：实现停车场车位检测和管理。

13.2.2 基于检测新技术的智能系统

1．智能调节阀系统概述

智能调节阀系统是以调节阀为主体，把许多部件组装在一起的一体化结构。它是集常规仪表的检测、控制、执行、调节等功能于一身，具有智能化的控制、显示、诊断、保护和通信功能的系统。

一般来说，智能调节阀系统包含如下几个部分。①带有微处理器及智能控制软件的控制器。②用于提供各种参数变化信号的传感器。③信号变换器与I/O及通信接口。④执行机构和阀。

图13-12是一种智能调节阀系统的结构图。从图13-12中可以看出，除了执行机构和阀组成的气缸式调节阀外，还有电-气转换定位器、微处理器、现场指示器、压力传感器、温度传感器、阀位传感器、模拟及数字量输入输出通道以及与计算机通信的接口等。

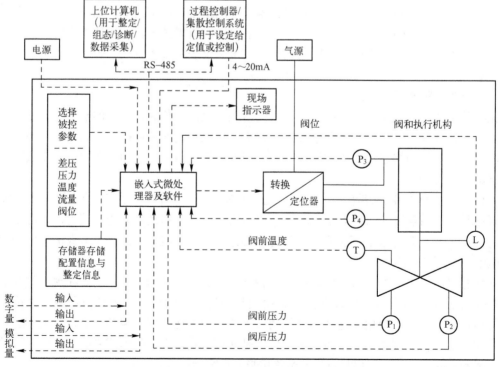

图13-12　智能调节阀系统的结构图

由此可见，智能调节阀系统是多传感器数据融合技术在调节阀产品上的应用，这是一个并行结构的像素级融合的多传感器系统。

　　同时，智能调节阀又是一个软测量技术的典型应用，它利用容易测得的过程参数温度、压力、阀位等参数，借助于模型，由程序计算出难以直接测量的过程参数，如流量。

2. 智能调节阀系统的智能

（1）控制智能

　　智能调节阀系统具有更完善的控制智能。图 13-12 所示的智能调节阀系统可以在程序控制下作为调节阀门开度，也可以作为一个独立的控制器或变送器单独工作。在作为控制器使用时，它接收 4～20mA 的模拟信号，或经由 RS-485 通信口发送的数字信号，或按编定的程序进行 PID 调节。阀前和阀后都有压力、温度和阀位等参数的传感器，可对流量、压力、温度、阀位等参数进行调节。这种调节阀系统由于采用微处理器控制，调节质量高，有利于实现最优控制和自适应控制。

（2）通信智能

　　智能调节阀系统可以采用数字通信的办法与主控制室相连接。主控制室进出的可寻址数字信号通过电缆被智能调节阀接收，系统中的微处理器根据信号对阀进行调节。

　　主计算机可以对调节阀群进行调节和管理，也可以用其他方法连接网络，单独连接或多阀门连接都可以。智能调节阀系统还允许远程检测、整定并修改参数或算法。

（3）诊断智能

　　在现场安装智能调节阀系统要比仪表控制室集中控制的方式更迅速、更准确、更安全。

　　这是因为集中控制系统对传感器所采集的数据进行检测和处理的时间比较长，特别是对子气路传输系统而言，气路很长将使滞后严重。而采用现场智能调节阀系统进行诊断和控制是十分及时的。

　　从图 13-12 中可以看出，系统中有各种各样的传感器，这些传感器就是诊断的工具。即使是对电路上的电压、电流也可以进行检测。有些软件使用阶跃法或斜坡函数法自动测试某些参数，并把这些参数与标准值相比较，进行自动诊断。这些诊断项目包括量程、始点和终点、线性度、变差、填料的密封性、膜头的气密性、阀芯阀杆的对中性等，甚至过滤器是否堵塞、阀门的磨损和其他障碍，都能进行诊断。总之，只要编好程序，就可以诊断各种故障项目。

　　智能调节阀系统在运行中受微处理器装置的监视，发生故障的能及时采取措施并报警。

（4）保护智能

　　智能调节阀系统的保护智能体现在两个方面，一是要保护调节阀本身，二是要保护整个系统。

　　调节阀的故障是多种多样的。气动调节阀主要是机械部分的损坏，而电动调节阀还有电动机和一套减速机构。电动机可能因为电路接线错误而转动方向相反，减速机构可能因零件损坏而不能传动，气动调节阀可能因为气源中断而没有动作，也可能有其他原因。

　　智能型调节阀的特点就在于正确诊断之后进行自身保护。例如，监视电动执行机构的电源相序及信号输入，确保电动机正确转动；当阀门卡住时切断电源，保护电动机不被烧坏并及时报警；当阀门填料泄漏、温度、压力及阀位等参数变化时及时调整。

　　对整套系统的保护功能体现在各种应急措施上。例如，给系统配备辅助电源，一旦断电时，自动切换到辅助电源，用新电路供电；对电路的电压、电流进行周期性检查，过高、过低都将报警并进行调整；当防爆装置可能因为损坏而诱发火灾时，应能检测出温度和烟气的变化而报警并切断能源；当系统的位置、温度、压力等状况超过规定时，有自我保护措施。

13.3 MEMS 传感器技术与应用

传感器种类多样，因此根据用途、原理都有特定的分类。例如霍尔传感器、温度传感器、压力传感器等。而传感技术在近年来也得到了长足的发展，MEMS 就是最具代表性的例子，MEMS 技术能够在有限的空间内最大限度地发挥传感器的功能，广泛用于多种场合。

13.3.1 MEMS 传感器的基本知识

1. MEMS 传感器的定义

微机电系统（Micro-electromechanical System，MEMS）是将微电子技术与机械工程融合到一起的一种工业技术，它的操作范围在微米范围内。比它更小的，在纳米范围的类似的技术被称为微机电系统。

MEMS 是指集微型传感器、执行器以及信号处理和控制电路、接口电路、通信和电源于一体的微型机电系统。

早在 20 世纪 60 年代，在硅集成电路制造技术发明不久，研究人员就想利用这些制造技术和利用硅很好的机械特性，制造微型机械部件，如微传感器、微执行器等。如果把微电子器件同微机械部件做在同一块硅片上，就是微机电系统。

由于 MEMS 是微电子同微机械的结合，如果把微电子电路比作人的大脑，微机械比作人的五官（传感器）和手脚（执行器），两者的紧密结合，就是一个功能齐全而强大的微系统。

2. MEMS 器件的组成

MEMS 器件根据其特性分成微传感器、微执行器、微结构器件及微机械光学器件等。

（1）微传感器

微传感器共有 5 类。

1）机械类：力学传感器、速度传感器、力矩传感器、加速度传感器、位置传感器、流量传感器及角速度传感器（陀螺仪）。

2）磁学类：磁通计、磁场计。

3）热学类：温度计。

4）化学类：气体成分传感器、湿度传感器、pH 值传感器及离子浓度传感器。

5）生物类：DNA 分析仪

（2）微执行器

电动机、齿轮、开关及扬声器。

（3）微结构器件

薄膜、探针、弹簧、微梁、微腔、沟道、锥体及微轴。

（4）微机械光学器件

微镜阵列、微光扫描器、微斩光器、光编码器、微光阀、微干涉仪、微光开关及微透镜。

3. MEMS 传感器的特点

MEMS 传感器的特点是微型化，智能化，多功能，高集成度，适于大批量生产。使用

MEMS 传感器可以获得额外的优势。

1）可提高信噪比。在同一个芯片上进行信号传输前可放大信号以提高信号水平，减小干扰和传输的噪声，特别是同一芯片上进行 A-D 转换时，更能改善信噪比。

2）可改善传感器的性能。因这种传感器集成了敏感元器件、放大电路和补偿电路（如微型压力传感器）。在同一芯片上在实现传感探测的同时，具有信号处理的功能（在同一芯片上的反馈电路可改善输出，比如改善线性度和频响特性）；因为集成了补偿电路，可降低由温度或由应变等因素引起的误差；在同一芯片上的电路可提供自动的或周期性的自校准和自诊断。

3）输出信号的调节功能。集成在芯片上的电路可以在信号传输前预先完成 A-D 转换、阻抗匹配、输出信号格式化以及信号平均等信号调节和处理工作。

4）MEMS 传感器还可以把多个相同的敏感元器件集成在同一芯片上形成传感器阵列（如微型触觉传感器）；或把不同的敏感元器件集成在同一芯片上实现多功能传感（如微型气敏传感器）。

13.3.2　MEMS 传感器的应用

由于 MEMS 器件和系统具有体积小、重量轻、功耗小、成本低、可靠性高、性能优异、功能强大及可以批量生产等传统传感器无法比拟的优点，因此在航空、航天、汽车、生物医学、环境监测、军事以及几乎人们接触到的所有领域中都有着十分广阔的应用前景。

1．MEMS 在空间科学上的应用

MEMS 在导航、飞行器设计和微型卫星等方面有着重要应用。例如基于航天领域里的小卫星、微卫星、纳米卫星和皮米卫星的概念，提出了全硅卫星的设计方案，整个卫星的重量缩小到以千克计算，进而大幅度降低成本，使较密集的分布式卫星系统成为现实。

1995 年美国提出硅固态卫星的概念设计，即整个卫星由硅太阳能电池板、硅导航模块、硅通信模块等组合而成，这个卫星除了蓄电池外，全由硅片构成，直径仅为 15cm。

MEMS 已在空间超微型卫星上得到应用，该卫星外形尺寸为 2.54cm×7.62cm×10.6cm，重量仅为 250g。2000 年 1 月，发射的两颗试验小卫星证明基于 MEMS 的超微型卫星能大大增强美国的空基防御能力。

2．MEMS 在军事国防上的应用

用 MEMS 技术制造的微型飞行器、战场侦察传感器、智能军用机器人和其他 MEMS 器件，在军事上的无人技术领域发挥着重要作用。美国采用 MEMS 技术已制成尺寸为 10cm×10cm 的微型侦察机。

海上的应用方面：一个实例是 MEMS 引信/保险和引爆装置已成功地用于潜艇鱼雷对抗武器上。引信/保险和引爆装置的工作包括 3 个独立步骤：发射鱼雷后，解除炸药保险、引爆引信和防止在不正确时间爆炸保险。

陆地上的应用方面：包括灵活且坚固的爆破装置、发射装置和其他使用 MEMS 惯性制导系统的武器平台。MEMS 轮胎压力传感器已经用在美国军队装甲运兵车的轮胎中。分布式战场微型传感器网络系统是可以准确地探测与查明敌人的作战部署与军队调动的新型探测装置，这种微型机电系统在布设、耐久和易损性等方面有明显的优点。

在空中应用方面：MEMS 压力传感器已在 F-14 战斗机弹射座的助推火箭上进行了测试。喷射式涡轮发动机使用的适于在恶劣环境下工作的材料，被用于各种监视该类发动机内部动力

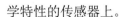

学特性的传感器上。

3. MEMS 在汽车工业上的应用

汽车是传感器第二大市场，汽车发展趋势（智能化）需要更多传感器，特别是安全方面。MEMS 传感器在汽车应用中的优势有成本低、性能高、可靠性好及质量轻。

汽车发动机控制模块是最早使用 MEMS 技术的汽车装备，在汽车领域应用最多的是微加速度计和微压力传感器，并且以每年 20%的比例在迅速增长。此外，角速度计也是应用于汽车行业的重要 MEMS 传感器，它可用于车轮的侧滑控制。

MEMS 传感器及其组成的微型惯性测量组合在汽车自动驾驶、汽车防撞气囊、汽车防抱死系统（ABS）、减震系统、防盗系统及 GPS 定位系统等方面有广泛的应用。

MEMS 传感器在汽车里作为加速表来控制碰撞时安全气囊防护系统的施用。在汽车里作为陀螺来测定汽车倾斜，控制动态稳定控制系统。在轮胎里作为压力传感器使用。

4. MEMS 在医疗和生物技术上的应用

微机械技术在生物医疗中的应用尤其令人惊叹。例如，将微型传感器用口服或皮下注射法送入人体，就可对体内的五脏六腑进行直接有效的监测。将特制的微型机器人送入人体，可刮去导致心脏病的油脂沉积物，除去体内的胆固醇，可探测和清除人体内的癌细胞。

微小的 MEMS 可进入很小的器官和组织，智能自动地进行细微精确的操作。从而大大提高介入治疗的精度，直接进入相应病变地进行工作，降低手术风险。此外，还可进行基因分析和遗传诊断。

利用微加工技术制造各种微泵、微阀、微镊子、微沟槽、微器皿和微流量计的器件适合于操作生物细胞和生物大分子。所以，MEMS 在现代医疗技术中的应用潜力巨大，为人类最后征服各种绝症、延长寿命带来了希望。

5. MEMS 在环境科学上的应用

利用 MEMS 技术制造的微型仪器在环境检测、分析和处理方面大有作为，它们主要是由化学传感器、生物传感器和数据处理系统组成的微型测量和分析设备，其优势在于体积小、价格低、功耗小和易于携带。

6. MEMS 在信息技术领域中的应用

MEMS 技术的发展对信息技术产生了深远的影响。近年来，MEMS 又逐渐向光通信领域渗透，形成了由微光学、微电子学、微机械学和材料科学相结合的全新研究领域，即微光电子机械系统（MOEMS）。随着世界通信业务量的飞速增长，光传送网技术已成为国际上的研究热点。

7. MEMS 在个人产品中的应用

智能游戏机是运动跟踪和手势识别应用的突出代表，以具有革命性的任天堂 WII 游戏机为例，微型运动传感器能够捕捉到玩家任何细微的动作，并将其转化成游戏动作。MEMS 技术让玩家动起来，陶醉于真实的游戏体验，通过不同的动作融入游戏中。例如，模仿一场真实的网球赛、一场引人入胜高尔夫球赛、一场紧张的拳击赛或轻松的钓鱼比赛的动作等。

目前大多数智能手机都含有 MEMS 传感器实现重力加速计和陀螺仪的功能，例如通过对旋转时运动的感知，智能手机可以自动地改变横竖屏显示，以便消费者能够以合适的水平和垂直视角看到完整的页面或者数字图片。

13.3.3 MEMS 传感器的典型产品简介

1．MEMS 加速计

MEMS 技术在手机中的使用率正在提高，目前市场上采用 MEMS 加速计的手机越来越多。手机中的 MEMS 加速计使人机界面变得更简单、更直观，通过手的动作就可以操作界面功能，全面增强了用户的使用体验。

根据终端设备的指向，MEMS 传感器可以把图像、视频和网页（无论是人物肖像还是风景画面）进行旋转。通过上下左右倾斜手机，还可以查看手机菜单；只要轻轻击打手机机身，就可以在屏幕上选中不同的图标。

有了 MEMS 加速计，只要把设备向某一方向倾斜，就能在小屏幕上详细查看地图，显示放大的图像。MEMS 还能检测到用户抖动手机和音乐播放器的动作，通过简单的手势可以让播放器跳到下一首歌或返回到上一首歌。

低功耗的 MEMS 运动传感器可用作先进的节能技术，当手机没有关闭放在饭桌上时，MEMS 传感器将会把耗电大的模块（如显示器背光板和 GPS 模块）全部关闭，以降低手机和便携导航仪的能耗。只要碰触一下机身，又可以打开全部功能。

同样地，无论何时，把手机正面向下反放在桌子上，手机设置就会切换到静音模式；只要碰触一下机身，就可以关闭静音功能。MEMS 运动控制技术折射出了未来手机的样子：只有数量很少的按键，不再有普通的键盘。向手机输入信息时，用户在空中书写数字和字母，MEMS 传感器识别这些动作，手机软件将这些动作还原成数字和字母；软件还可以把用户预定的动作变成特殊的自定义功能。

2．MEMS 陀螺仪

陀螺仪能够测量沿一个轴或几个轴运动的角速度，是补充MEMS加速计功能的理想技术。事实上，如果组合使用加速计和陀螺仪这两种传感器，系统设计人员就可以跟踪并捕捉三维空间的完整运动，为最终用户提供现场感更强的用户使用体验、精确的导航系统以及其他功能。

在系统方面，陀螺仪的信号调节电路可简化为电动机驱动部分和加速传感器感应电路两部分。电动机驱动部分通过静电驱动方法，使机械元件前后振荡，产生谐振。感应部分通过测量电容变化来测量科里奥利力在感应质点上产生的位移。

MEMS 加速计与陀螺仪配合使用，可以把更先进的选择功能变为现实，例如能够在空中操作的三维鼠标和遥控器。在这些设备中，传感器检测到用户的手势，将其转换成 PC 屏幕上的光标移动或机顶盒和电视机的频道和功能选择。一个含有 MEMS 传感器的遥控器解决方案是，MEMS 传感器组有两个陀螺仪和一个加速计，它们检测手腕或鼠标在空中的动作，同时微控制器执行动作跟踪和手势识别功能。然后，重组的运动曲线通过无线连接发送到机顶盒或 PC，无线链路可以采用红外或射频技术，具体视应用要求而定。

13.4 物联网关键技术及其进展

物联网描绘了人类未来全新的信息活动场景：让所有的物品都与网络实现任何时间和任何地点的无处不在地连接。人们可以通过对物体进行识别、定位、追踪、监控并触发相应事件，形成信息化解决方案。

13.4.1　物联网关键技术

物联网是将各种信息传感设备，如射频识别（RFID）装置、红外感应器、全球定位系统、激光扫描器等种种装置与互联网结合起来而形成的一个巨大网络。通过装置在各类物体上的电子标签（RFID）、传感器、二维码等经过接口与无线网络相联，从而给物体赋予智能，可以实现人与物体的沟通和对话，也可以实现物体与物体互相间的沟通和对话。

广义的物联网涵义是：利用条码、射频识别（RFID）、传感器、全球定位系统及激光扫描器等信息传感设备，按约定的协议，实现人与人、人与物、物与物的在任何时间及任何地点的连接，从而进行信息交换和通信，以实现智能化识别、定位、跟踪、监控和管理的庞大网络系统。

因此，物联网的核心是各种传感器与互联网的有机组合。

物联网技术不是对现有技术的颠覆性革命，而是通过对现有技术的综合运用，特别是传感器技术的综合运用。物联网技术融合现有技术实现全新的通信模式转变，同时，通过融合也必定会对现有技术提出改进和提升的要求，催生出一些新的技术。

在通信业界，物联网通常被公认为有 3 个层次，从下到上依次是感知层、网络层和应用层，如图 13-13 所示。如果拿人来比喻，感知层就像皮肤和五官，用来识别物体，采集信息；传送层则是神经系统，将信息传递到大脑进行处理；应用层类似人们从事的各种复杂的事情，完成各种不同的应用。

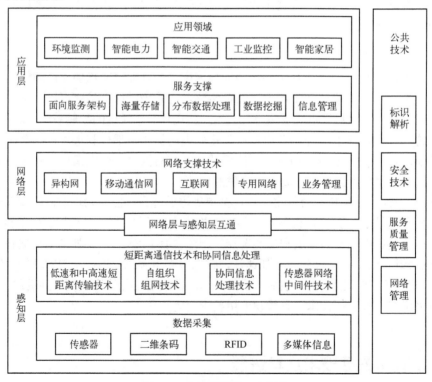

图 13-13　物联网的 3 个层次

物联网涉及的关键技术非常多，从传感器技术到通信网络技术，从嵌入式微处理节点到计算机软件系统，包含了自动控制、通信、计算机等不同领域，是跨学科的综合应用。

1．感知层

物联网的感知层主要完成信息的采集、转换和收集。感知层包含两个部分：传感器（或控制器）、短距离传输网络。

传感器（或控制器）用来进行数据采集及实现控制，短距离传输网络将传感器收集的数据发送到网关或将应用平台控制指令发送到控制器。

感知层的关键技术主要为传感器技术和短距离传输网络技术，例如射频标识（RFID）标签与用来识别 RFID 信息的扫描仪、视频采集的摄像头和各种传感器中的传感与控制技术、短距离无线通信技术（包括由短距离传输技术组成的无线传感网技术）。在实现这些技术的过程中，又涉及芯片研发、通信协议研究、RFID 材料研究、智能节点供电等细分领域。

2．网络层

物联网的网络层主要完成信息传递和处理，又称为传送层，其包括两个部分：接入单元、接入网络。

接入单元是连接感知层的网桥，它汇聚从感知层获得的数据，并将数据发送到接入网络。接入网络即现有的通信网络，包括移动通信网、有线电话网及有线宽带网等。通过接入网络，人们将数据最终传入互联网。

传送层是基于现有通信网和互联网建立起来的层。传送层的关键技术既包含了现有的通信技术，如移动通信技术、有线宽带技术、公共交换电话网（PSTN）技术、WiFi 通信技术等，也包含了终端技术，如实现传感网与通信网结合的网桥设备，为各种行业终端提供通信能力的通信模块等。

3．应用层

物联网的应用层主要完成数据的管理和数据的处理，并将这些数据与各行业应用的结合。应用层包括两部分：物联网中间件、物联网应用。

物联网中间件是一种独立的系统软件或服务程序。中间件将许多可以公用的能力进行统一封装，提供给丰富多样的物联网应用。统一封装的能力包括通信的管理能力、设备的控制能力、定位能力等。

物联网应用是用户直接使用的各种应用，种类非常多。物联网应用包括家庭物联网应用，如家用电器智能控制、家庭安防等，也包括很多企业和行业应用，如石油监控应用、电力抄表、车载应用及远程医疗等。

应用层主要基于软件技术和计算机技术实现。应用层的关键技术主要是基于软件的各种数据处理技术，此外云计算技术作为海量数据的存储、分析平台，也将是物联网应用层的重要组成部分。应用是物联网发展的目的。各种行业和家庭应用的开发是物联网普及的源动力，将给整个物联网产业链带来巨大利润。

13.4.2　物联网与智慧城市

智慧城市是指充分借助物联网、传感网，涉及智能楼宇、智能家居、路网监控、智能医院、城市生命线管理、食品药品管理、票证管理、家庭护理、个人健康与数字生活等诸多领域。

1. 智慧城市内涵

智慧城市内涵是发展更科学，管理更高效，社会更和谐，生活更美好。

从本质方面看：智慧城市是充分利用现代信息通信技术，汇聚人的智慧，赋予物以智能，使汇集智慧的人和具备智能的物互存互动、互补互促，以实现经济社会活动最优化的城市发展新模式和新形态。

从技术层面看：智慧城市是以物联网、互联网等通信网络为基础，通过物联化、互联化及智能化的方式，让城市中各个功能彼此协调运作，以智慧技术高度集成、智慧产业高端发展、智慧服务高效便民为主要特征的城市发展新模式。

2. 智慧城市的愿景

（1）信息网络架构高端

大力推进光纤到户、三网融合、无线城市、物联网和智能管网等建设，形成高端化、系统化的信息网络，加强信息资源开发利用，真正实现信息城市，随时随地共享信息、感知和被感知，为智慧城市建设奠定坚实基础。

（2）公共管理服务高效

打造政府云计算中心和公共管理服务平台，加强智慧政府建设，加快信息资源共享、城市管理模式和理念的转变，创新发展智慧社会保障、智慧医疗卫生、智慧教育文化、智慧社区及智慧交通等，实现公共管理服务能力与水平的提升。

（3）产业体系融合发达

充分利用智慧城市建设契机，积极运用下一代信息技术、新一代网络技术和智能技术，大力发展智慧产业、战略新兴产业和现代服务业，促进传统产业高端化发展，推动产业结构转型升级，打造全面融合、发达的现代产业体系。

（4）生活环境和谐友好

围绕生态宜居发展目标，发挥高新技术在环境建设方面的作用，积极发展低碳经济和循环经济，推进生态环境与城市发展相互促进、资源节约与可再生资源开发利用并举，进一步凸显城市自身特色，实现城市环境生态化、人文化、科学化，形成一个环境和谐友好的城市。

（5）城市系统智慧开放

抓住信息技术引领的城市管理变革机遇，以信息技术、智能技术为手段，抓好专家体系、计算机体系、数据信息体系的综合集成，高标准规划、高起点建设，大力加强城市综合管理与协调，实现城市系统的智慧开放，全面发挥城市的集聚力和辐射力，最终成为智慧开放的城市。

3. 智慧城市的特征

一体化：一是要进一步实现信息系统的整合，二是要进一步将虚拟世界与物理世界融为一体；三是要进一步将信息化与工业化、城市化、市场化、国际化、生态化融为一体。

协同化：就是要使城市规划、建设、管理、服务等各功能单位之间，城市政府、企业及居民等各主体之间更加协同，在协同中实现城市的和谐发展。

互动化：就是要更好地进行物物互动、人物互动、人人互动，进行政府、企业及居民之间的互动，在互动中实现城市治理模式创新和城市创新发展。

最优化：就是要使城市资源配置利用最优，经济社会活动要做到成本更低，效益更好，速度更快，精度更高，满意更多。

4．我国的智慧城市

我国的城市信息化是在城市管理、经济和社会生活各个方面应用信息技术，深入开发和广泛利用信息资源，加速实现城市现代化的进程。城市信息化涵盖电子政府、数字城市、电子商务、智能交通及智能建筑等众多领域。

（1）智能交通

智能交通是一个基于现代电子信息技术面向交通运输的服务系统。它的突出特点是以信息的收集、处理、发布、交换、分析、利用为主线，为交通参与者提供多样性的服务。简单来说，就是利用高科技使传统的交通模式变得更加智能化，更加安全、节能、高效率。

智能交通在我国主要应用于三大领域：公路交通信息化、城市道路交通管理服务信息化、城市公交信息化。

（2）智能医疗

1）数字医疗。所谓数字医疗是把现代计算机技术、信息技术应用于整个医疗过程的一种新型的现代化医疗方式，是公共医疗的发展方向和管理目标。

数字医疗系统主要包括三大部分：医院信息管理系统（Hospital Information System，HIS）；医学图像的存档和通信系统（Picture Archiving and Communication System，PACS）；放射科信息系统（Radiology Information System，RIS）。

2）远程医疗。远程医疗是指通过电子技术、计算机技术、通信技术与多媒体技术，同医疗技术相结合，通过数字、文字、语音和图像资料远距离传送，实现医护人员与病人、专家与病人及专家与医护人员之间异地"面对面"的会诊。

物联网能够使医疗设备在移动性、连续性、实时性方面做到更好，以满足远程医疗门诊管理解决方案。可以用于及时监测相关诊断信息。

3）智慧医疗。其主要内容为：经授权的医生能够随时翻查病人的病历、患病史、治疗措施和保险明细，患者也可以自主选择更换医生或医院。智慧医疗把信息仓库变成可分享的记录，整合并共享医疗信息和记录，以期构建一个综合的专业的医疗网络。

（3）智能电网

智能电网是一个由众多自动化的输电和配电系统构成的电力系统，以协调、有效和可靠的方式实现所有的电网运作；快速响应电力市场和企业业务需求；具有智能化的通信架构，实现实时、安全和灵活的信息流，为用户提供可靠、经济的电力服务。

智能电网（Smart Power Grids）就是电网的智能化，也被称为"电网 2.0"，它是建立在集成的、高速双向通信网络的基础上，通过先进的传感和测量技术、先进的设备技术、先进的控制方法以及先进的决策支持系统技术的应用，实现电网的可靠、安全、经济、高效、环境友好和使用安全的目标。

物联网的相应技术和产品将广泛用于电力系统的发、输、变、配、用环节，并伴随电力物资智能电网的发展，产生巨大的经济和社会效益。

发展物联网就要先关注智能电网，智能化是物联网和智能电网的最核心元素，传感网作为智能电网信息感知末梢不可或缺的基础环节，在智能电网中有着广阔的发展前景。

全方位提高智能电网的信息感知深度、广度，为实现电力系统智能化以及"信息流、业务流、电力流的高度融合"提供基础数据支持。

（4）智能家居

智能家居（Smart Home）或称为智能住宅，是以住宅为平台，兼备建筑、网络通信、信息家电、设备自动化，集系统、结构、服务、管理为一体的高效、舒适、安全、便利及环保的居住环境。

智能家居还可以定义为一个过程或者一个系统，利用先进的计算机技术、网络通信技术、综合布线技术，将与家居生活有关的各种子系统有机地结合在一起，通过统筹管理，让家居生活更加舒适、安全、节能。

智能家居系统包含的主要子系统有：中央控制系统、家庭安防系统、家居设备系统、家庭环境控制系统、家庭娱乐系统、家庭健康系统及家庭通信系统等。以上子系统的实现均是以物联网技术的成熟发展为基础和前提的。

物联网的发展也为智能家居引入了新的概念及发展空间，智能家居可以被看作是物联网的一种重要应用。物联网为家居智能化提供了技术条件，使智能家居成为可能。智能家居是物联网技术应用于生活的具体表现，使一个抽象概念转变成现实应用。

物联网在促进智能家居应用的相关领域主要的应用集中在智能家用电器、智能抄表、智能安防、智能医疗和教育等领域。

13.4.3　物联网与工业互联网

1．工业互联网

通过物联网不仅能够实现机器与机器、人与机器间的互联互通，还包括自主智能控制的高级别需求。这里所说的自助智能控制，强调的是进一步减少生产环节对人类的依赖，但并不意味着人不参与整个生产过程。未来制造将更加依靠高端人才的创新设计和选择判断能力，来不断提高生产力及生产效率，例如现在的 3D 打印技术，能够极大的发挥设计者的创新思维，而不再被低端的制造技术所禁锢，实现人与制造设备的高度密合。相信未来随着个性化制造需求的不断增长，像3D打印这样的技术将很快在整个制造业中逐步普及。

所谓工业互联网（工业4.0）是指通过互联网虚拟生产与现实生产相结合的方式，使制造业实现更高效率、低成本、资源节约、短时间上市、生产更加灵活、个性化的目标。而在这其中，物联网发挥着举足轻重的作用。工业互联网实际上是物联网的工业化应用。

2．工业互联网与物联网、云计算、大数据

互联网新概念层出不穷，在云计算、物联网、大数据火热之后，工业互联网受到越来越多的关注，有必要了解这个新概念究竟是什么含义，它和其他互联网概念间到底是什么关系，工业互联网与云计算、大数据如图13-14所示。

（1）物联网是互联网大脑的感觉神经系统

因为物联网重点突出了传感器感知的概念，同时它也具备网络线路传输，信息存储和处理，行业应用接口等功能。而且也往往与互联网共用服务器，网络线路和应用接口，使人与人（Human to Human，H2H）、人与物（Human to thing，H2T）、物与物（Thing to Thing，T2T）之间的交流变成可能，最终将使人类社会、信息空间和物理世界（人、机、物）融为一体。

（2）云计算是互联网大脑的中枢神经系统

在互联网虚拟大脑的架构中，互联网虚拟大脑的中枢神经系统是将互联网的核心硬件层，

核心软件层和互联网信息层统一起来为互联网各虚拟神经系统提供支持和服务，从定义上看，云计算与互联网虚拟大脑中枢神经系统的特征非常吻合。

在理想状态下，物联网的传感器和互联网的使用者通过网络线路和计算机终端与云计算进行交互，向云计算提供数据，接受云计算提供的服务。

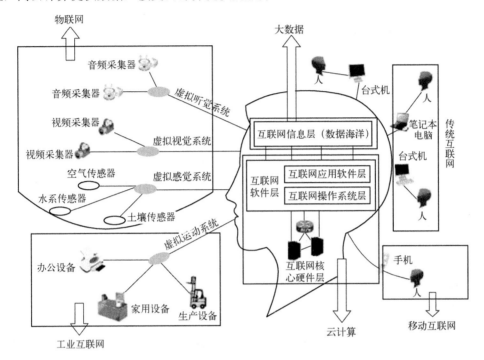

图 13-14　工业互联网与云计算、大数据

（3）大数据是互联网智慧和意识产生的基础，也是互联网梦境时代到来的源泉

随着互联网大脑的日臻成熟，虚拟现实技术开始进入到一个全新的时期，与传统虚拟现实不同，这一全新时期不再是虚拟图像与现实场景的叠加（AR），也不是看到眼前巨幕展现出来的三维立体画面（VR）。它开始与大数据、人工智能结合得更加紧密，以庞大的数据量为基础，让人工智能服务于虚拟现实技术，使人们在其中获得真实感和交互感，让人类大脑产生错觉，将视觉、听觉、嗅觉和运动等神经感觉与互联网梦境系统相互作用，在清醒的状态下产生梦境感（Real dream）。

从图 13-14 中我们可以看出工业互联网本质上是互联网运动神经系统的萌芽，互联网中枢神经系统也就是云计算中的软件系统控制工业企业的生产设备，家庭的家用设备，办公室的办公设备，通过智能化，3D 打印，无线传感等技术使的机械设备成为互联网大脑改造世界的工具。同时 这些智能制造和智能设备也源源不断向互联网大脑反馈大数据数，供互联网中枢神经系统决策使用。

习题与思考题

1. 智能传感器的结构和工作方式有哪些？

2. 计算型智能传感器的有哪些种类？简要说明各自的主要特点。

3. 哪些传感器中应用了高分子材料？

4. 举例用半导体材料制成的传感器。

5. 举出一个智能式传感器的实例，画图并说明其工作原理。

6. 传感器网络有哪些种类？

7. 调查目前比较先进的传感器前沿技术。

8. 设计一个利用虚拟仪器技术测量电流、电压、功率，并监视其波形的方案。

9. 什么是物联网？

10. 物联网的基本结构有哪些？

11. 智慧城市有哪些特征？

12. 什么是医疗信息化？什么是数字医疗？什么是远程医疗？什么是智慧医疗？

13. 什么是智能交通？智能交通系统包括哪些组成部分？

14. 智能电网的特征是什么？物联网在智能电网领域的应用有哪些？

15. 什么是智能家居？智能家居中应用了哪些物联网技术？

16. 什么是 MEMS 传感器？

17. MEMS 器件有哪些部分组成？

18. MEMS 传感器的研究内容有哪些？

19. MEMS 在空间科学上的应用有哪些？

20. MEMS 在个人应用产品中的应用有哪些？

21. MEMS 在军事国防上的应用有哪些？

22. 什么是工业互联网？

23. 工业互联网与物联网、云计算、大数据是什么关系？

参 考 文 献

[1] 俞云强. 传感器与检测技术[M]. 2 版. 北京：高等教育出版社，2019.

[2] 胡向东. 传感器与检测技术[M]. 3 版. 北京：机械工业出版社，2018.

[3] 马西秦. 自动检测技术[M]. 3 版. 北京：机械工业出版社，2012.

[4] 潘立登，董春利. 石油化工自动化[M]. 北京：机械工业出版社，2006.

[5] 杨少春. 传感器原理及应用[M]. 北京：电子工业出版社，2015.

[6] 周乐挺. 传感器与检测技术[M]. 3 版. 北京：高等教育出版社，2021.

[7] 毛新业. 均速管流量计[J]. 自动化信息，2005（5）.

[8] 卢宇. 光电检测技术的参数测量[J]. 中国仪器仪表，2007（3）.

[9] 柳桂国. 检测技术及应用[M]. 北京：电子工业出版社，2003.

[10] 宋文绪. 自动检测技术[M]. 2 版. 北京：高等教育出版社，2004.

[11] 董春利. 强化仪表专业和电气专业在自动控制领域的融合[J]. 炼油化工自动化，1994（5）.

[12] 李新光，张华，孙岩. 过程检测技术[M]. 北京：机械工业出版社，2004.

[13] 张宏勋. 过程分析仪器[M]. 北京：冶金工业出版社，1994.

[14] 魏永广，刘存. 现代传感技术[M]. 沈阳：东北大学出版社，2001.

[15] 董春利. 电容式涡街流量计的特点与技术经济分析[J]. 炼油化工自动化，1994（4）.

[16] 陆德民. 石油化工自动控制设计手册[M]. 2 版. 北京：化学工业出版社，1988.

[17] 董春利. 平均温度计的测量技术及仪表[J]. 炼油化工自动化，1995（1）.

[18] 刘元扬. 自动检测和过程控制[M]. 3 版. 北京：冶金工业出版社，2005.

[19] 乐嘉谦. 化工仪表维修工[M]. 北京：化学工业出版社，2005.

[20] 乐嘉谦. 仪表工手册[M]. 2 版. 北京：化学工业出版社，2003.

[21] 朱炳兴，王森. 仪表工习题集[M]. 2 版. 北京：化学工业出版社，2002.

[22] 武昌俊. 自动检测技术及应用[M]. 3 版. 北京：机械工业出版社，2018.

[23] 林金泉. 自动检测技术[M]. 2 版. 北京：化学工业出版社，2008.

[24] 刘强，崔莉，陈海明. 物联网关键技术与应用[J]. 计算机科学，2010（6）.

[25] 钱志鸿，王义君. 物联网技术与应用研究[J]. 电子学报，2012（5）.

[26] 朱洪波，杨龙祥，朱琦. 物联网技术进展与应用[J]. 南京邮电大学学报，2011（1）.

[27] 刘峰. 互联网进化论[M]. 北京：清华大学出版社，2012.

[28] 王淑华. MEMS 传感器现状及应用[J]. 微纳电子技术，2011（8）.

[29] 曹乐，樊尚春，邢维巍. MEMS 压力传感器原理及其应用[J]. 2012 年全国压力计量测试技术交流年会论文集，2012.

[30] 佟玲，邹文江，刘潇潇. 航空航天 Mems 传感器应用及其发展现状[J]. 电子世界，2011（1）.